数理計画法入門

Introduction to Mathematical Programming

坂和正敏・西﨑一郎 共著

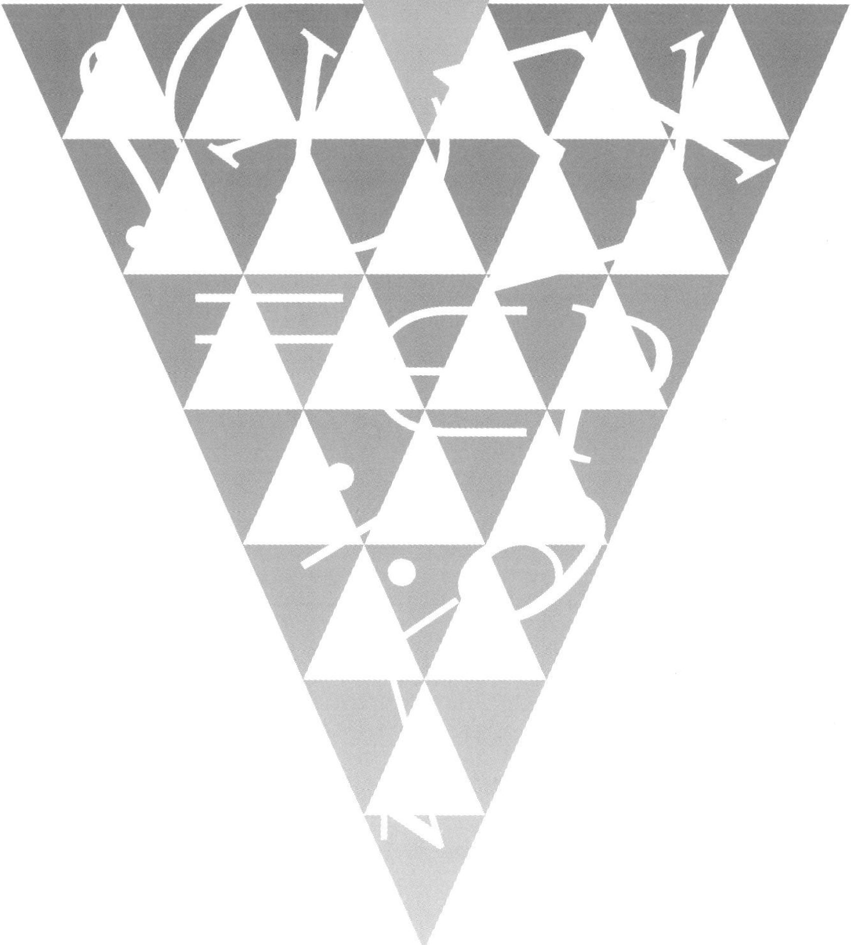

森北出版株式会社

まえがき

与えられた制約条件のもとで，ある一つの目的関数を最大あるいは最小にするという最適化手法としての数理計画法は，1947 年の G.B. Dantzig による線形計画法のシンプレックス法の提案以来，オペレーションズ・リサーチ，システム工学，情報工学，経営工学，経済学，経営学などの分野において，最も基本的な数理的意思決定手法として意欲的に研究され，コンピュータの進歩と共に広く用いられてきている．

本書は，大学および高専の学生を対象とする教えやすく学びやすい数理計画法の教科書として，数理計画法の 3 大分野である線形計画法，整数計画法，非線形計画法を取り上げて，全体の流れや関連がよくわかるようにやさしく解説する．執筆にあたっては，

(1) 論理の厳密さはできるだけ犠牲にしない
(2) 本質的な概念を理解するためのわかりやい例題を数多く取り入れる
(3) 数値例の羅列に終わらず一般性を損なわない
(4) 教養教育科目の数学の素養で容易に理解できる

という点に留意して，紙面の許す限りわかりやすく解説するように心がけた．しかも，本書を通じて一貫した具体例を用いて，線形計画法とその発展的手法の特徴を明らかにするとともに，数理計画問題を Microsoft Excel に付属しているソルバーを用いて解く手順を Web 掲載付録で説明し，読者が本書で学んだ数理計画問題や拡張問題を容易に解けるように考慮している．また，章末には適当な量の問題を与え，巻末には略解を用意し，学んだ内容の理解を深めることができるように配慮している．これらの問題の中には，本文の内容を補足するものも数多く含まれているので，活用していただくことをおすすめする．

本書を読むにあたって必要となるのは，大学の初年次程度の線形代数学と解析学に関する基礎知識だけである．したがって，自然科学系学部で学ぶ学生諸君だけでなく，社会科学系学部で学ぶ学生諸君をはじめ，技術者や意思決定に携わっている人々にも幅広く利用していただけるものと信じている．

本書は，4 章からなっているが，各章のあらましは，次のとおりである．第 1 章では，本書で考察する数理計画問題を 2 変数の数値例を用いて，平面上でやさしく説明する．第 2 章では，2 変数の数値例に対する代数的解法により線形計画法の基本的な考えを把握したあと，シンプレックス法，2 段階法，双対定理，双対シンプレックス法にいたるまでの流れや関連が理解できるように説明する．第 3 章では，整数計画問

題として定式化されるいくつかの具体例を紹介するとともに，整数計画法の基本的な枠組みと分枝限定法について平易に解説する．第4章では，多変数の実数値関数や凸関数と凸集合の概念を概観したあと，非線形計画問題に対する最適性の条件と最適化手法をわかりやすく解説する．また，Web 掲載付録として，表計算ソフト Microsoft Excel に付属しているアドインソフト「ソルバー」を用いて，数理計画問題を解く手順をパソコンの画面を用いてわかりやすく説明して読者への便宜を図っている．次のページからダウンロードして，活用していただきたい．

http://www.morikita.co.jp/books/mid/092181

なお，記述はできるだけ厳密にしたつもりであるが，思い違いや誤りを含んでいることを恐れている．読者の忌憚のない御指摘ならびに御叱正を賜れば幸いである．

2014年9月

坂和正敏・西崎一郎

目　　次

第 1 章

数理計画法の概要

本章では，2 変数の生産計画の問題を線形計画問題として定式化し，2 次元平面上のグラフを描いて最適解を求めるという図式解法によりその特徴を明らかにする．また，生産量は整数でなければならないという条件が付加された場合との平面上での比較により，整数計画法の必要性を確認する．さらに，利潤が線形関数のように一定ではなくて，製品の生産量に依存して非線形になる場合の非線形計画問題に対する図的考察により，これらの数理計画問題を概観する．

1.1　2 変数の線形計画問題

数理計画問題とは，与えられた条件のもとで関数を最大化あるいは最小化する問題である．与えられた条件は制約条件，最大化あるいは最小化すべき関数は目的関数とよばれる．とくに，制約条件が線形不等式あるいは線形等式で目的関数が線形関数である問題は線形計画問題とよばれる．線形計画問題として定式化できる簡単な具体例として，次の生産計画の問題がよく知られている．

例 1.1　2 変数の生産計画の問題

ある製造会社では，2 種類の製品 P_1，P_2 を生産して利潤を最大にするような生産計画を立案しようとしている．製品 P_1 を 1 トン生産するには，原料 M_1，M_2，M_3 が 2，3，4 トン必要であり，製品 P_2 を 1 トン生産するには，原料 M_1，M_2，M_3 が 6，2，1 トン必要である．原料 M_1，M_2，M_3 には利用可能な最大量が決まっていて，それぞれ 27，16，18 トンまでしか利用できないものとする．また製品 P_1，P_2 の 1 トン当たりの利潤はそれぞれ 3，8 万円であるとする．これらの生産条件と利潤に関するデータは表 1.1 のように表される．このとき利潤を最大にするためには，製品 P_1，P_2 をそれぞれ何トンずつ生産すればよいか．

製品 P_1，P_2 の生産量をそれぞれ x_1，x_2 トンとする．このように，意思決定者である製造会社が決定すべき変数 x_1，x_2 は決定変数とよばれ，生産計画の問題では利潤を最大にする決定変数 x_1，x_2 である最適解を見つけようとする．生産条件を線形の

表 1.1　生産条件と利潤

原料	製品 P_1	製品 P_2	利用可能量
M_1 ［トン］	2	6	27
M_2 ［トン］	3	2	16
M_3 ［トン］	4	1	18
利潤［万円］	3	8	

制約条件式とし，利潤を線形の目的関数とすれば，生産計画の問題は，線形計画問題として，「線形の利潤を表す目的関数

$$3x_1 + 8x_2$$

を，線形の制約条件

$$2x_1 + 6x_2 \leqq 27$$
$$3x_1 + 2x_2 \leqq 16$$
$$4x_1 + x_2 \leqq 18$$

とすべての決定変数に対して正または0であるという非負条件

$$x_1 \geqq 0, \quad x_2 \geqq 0$$

のもとで，最大にせよ」と定式化される. ◀

このような2変数の線形計画問題は，2次元平面上のグラフを描くことにより，容易に最適解を求めることができる．このような解法を図式解法という．

ここでは，第2章以降での記述との整合性から，最小化問題に統一するために，目的関数を -1 倍し，

$$z = -3x_1 - 8x_2 \tag{1.1}$$

と表して，線形の制約条件と変数に対する非負条件のもとで，z を最小にするという問題として考えてみよう．

ここで，x_1 を横軸，x_2 を縦軸とする x_1-x_2 平面上で，不等式制約と非負条件を満たす点 (x_1, x_2) は，図 1.1 の五角形 ABCDE の境界線上および内部であり，このような制約条件を満たす解を実行可能解といい，その集合を実行可能領域という．

実行可能領域である五角形 ABCDE に注意すれば，制約条件を満たし目的関数 z を最小にするこの問題の解は，式 (1.1) を

$$x_2 = -\frac{3}{8}x_1 - \frac{1}{8}z$$

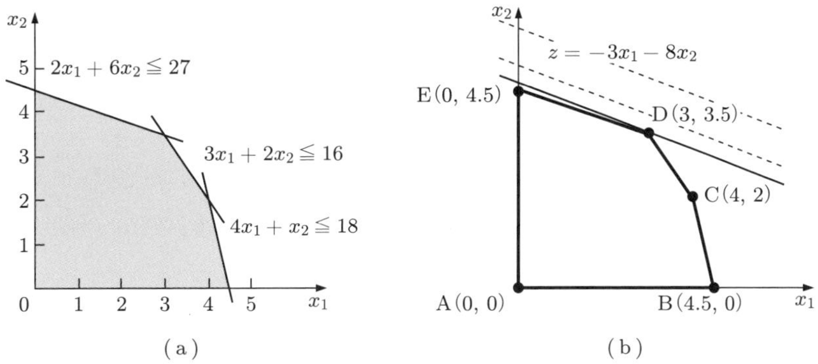

図 1.1　生産計画の問題の実行可能領域と最適解

と変形すると，$x_1 = 0$ のとき，z を最小化することは，x_2 を最大化することになる．すなわち，図 1.1 から z の x_2 軸の切片を最大にする点 D となり，最適解は

$$x_1 = 3, \quad x_2 = 3.5, \quad z = -37$$

であることがわかる．点 D は製品 P_1 を 3 トン，P_2 を 3.5 トン生産することによって，最大の利潤 37 万円が得られることを意味している．

ここで，頂点 A，B，C，D，E に対する目的関数の値 z は，それぞれ，0，-13.5，-28，-37，-36 であるので，たとえば頂点 A から出発して，頂点 A → B → C → D あるいは A → E → D のように目的関数の値が減少するような頂点へ，次々と移動していけば，最小値を与える頂点に到達できることがわかる．

本書の第 2 章では，例 1.1 の問題のように目的関数が線形関数で，制約式が線形不等式や線形等式で表現された線形計画問題を取扱い，シンプレックス法などの解法をわかりやすく解説する．

1.2　2 変数の整数計画問題

例 1.1 の簡単な 2 変数の生産計画の問題では，生産量は連続量として取り扱うことができたのに対して，たとえば，テレビ，自動車，住宅，飛行機などのような，分割不可能な最小単位をもつ製品の生産計画の問題は，生産量が整数値でなければならない．このような状況における，2 変数の分割不可能な最小単位をもつ製品の生産計画の問題は，整数計画問題として定式化される．

例 1.2　2 変数の分割不可能な最小単位をもつ製品の生産計画の問題

製品 P_1，P_2 の生産量をそれぞれ x_1，x_2 単位とすれば，この問題は，すべての決

定変数に対する整数条件が付加された整数計画問題として，「線形の利潤を表す目的関数

$$3x_1 + 8x_2$$

を，線形の制約条件

$$\begin{aligned} 2x_1 + 6x_2 &\leqq 27 \\ 3x_1 + 2x_2 &\leqq 16 \\ 4x_1 + x_2 &\leqq 18 \end{aligned}$$

とすべての決定変数に対する非負条件と整数条件

$$x_1 \geqq 0, \quad x_2 \geqq 0$$
$$x_1: \text{整数}, \quad x_2: \text{整数}$$

のもとで，最大にせよ」と定式化されることになる． ◀

このように定式化される整数計画問題を解く場合に，誰しも最初に思いつく解法は，変数に対する整数条件を取り除いた線形計画問題を解いて得られる，最適解の小数部分を適当に丸めて整数解にするということであろう．というのは，得られた整数解が最適解になるという保証はないものの，少なくとも近似的最適解になるのではないかということが期待されるからである．

一般に，整数計画問題の変数に対する整数条件を取り除いた線形計画問題を解いて得られる最適解を何らかの適当な方法で丸めた解は，変数の取り得る範囲が十分に大きければ近似解になることが期待されるが，一般に必ずしももとの整数計画問題の近似的な最適解にもなり得ないことに注意しよう．

このことを例示するために，例 1.1 の 2 変数の生産計画の問題と対応する，例 1.2 の 2 変数の分割不可能な最小単位をもつ製品の生産計画の問題を考えてみよう．ここで，x_1 を横軸，x_2 を縦軸とする x_1-x_2 平面上で，例 1.1 で示した 2 変数の生産計画の問題の不等式制約と，変数に対する非負条件を満たす点 (x_1, x_2) は，図 1.2(a) の網かけ部分の五角形の境界線上と内部にある．したがって，制約条件を満たし目的関数 z を最大にするこの問題の解は，図 1.2(a) から z の x_2 軸の切片を最大にする点 D となり，最適解は $(x_1, x_2) = (3, 3.5)$ であることがわかる．しかし，このような例 1.1 の線形計画問題の最適解 $(x_1, x_2) = (3, 3.5)$ は整数条件を満たしていないので，例 1.2 の整数計画問題の最適解ではないことは明らかである．そこで，$(x_1, x_2) = (3, 3.5)$ の非整数成分 3.5 を適当に丸めて整数解にするために四捨五入すれば 4 になってしまう．ところが，四捨五入によって得られる点 (3, 4) は，図 1.2(a) の網かけ部分の五角形の

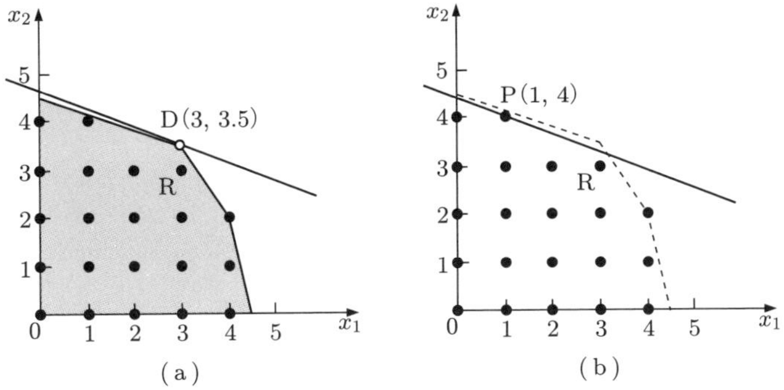

図 1.2　例 1.1 の 2 変数の生産計画の問題の最適解と対応する整数計画問題の最適解

外部の点となってしまい，制約条件を満たさない点になり，実行可能解にもなり得ないことがわかる．そこで，網かけの部分の実行可能領域において $(x_1, x_2) = (3, 3.5)$ に最も近い格子点を探してみると，点 R(3, 3) であることがわかる．しかし，点 R は整数計画問題の最適解 $P(x_1, x_2) = (1, 4)$ からかなり離れた点となっている．

本書の第 3 章では，このような線形計画問題の一部の変数，あるいはすべての変数に整数条件が付加された問題としての整数計画問題に焦点をあて，整数計画問題として定式化されるいくつかの具体例を紹介したあと，整数計画法の基本的枠組みと整数計画問題を解くための分枝限定法の基礎をわかりやすく解説する．

1.3　2 変数の非線形計画問題

例 1.1，1.2 では，利潤が製造数に正比例することを仮定していたが，製造数の増大にともない単位当たりの利潤が変動することが考えられる．そのような利潤関数は非線形関数となり，対応する生産計画の問題は非線形計画問題として定式化される．

例 1.3　2 変数の非線形の生産計画の問題

例 1.1 の生産計画の問題に対して，実際には，製品 P_1，P_2 の 1 トン当たりの利潤は，線形関数のように一定ではなくて，製品 P_1，P_2 の生産量 x_1，x_2 に依存して，P_1，P_2 に対して，それぞれ，$4 - x_1$，$11 - x_2$ であることがわかったものとしよう．その結果，利潤を表す目的関数は次式で定義されることになる．

$$z = (4 - x_1)x_1 + (11 - x_2)x_2$$

このような状況での生産計画の問題は，「非線形の利潤を表す目的関数

$$z = -x_1^2 - x_2^2 + 4x_1 + 11x_2 \tag{1.2}$$

を，線形の原料の使用可能量に関する制約条件

$$2x_1 + 6x_2 \leqq 27$$
$$3x_1 + 2x_2 \leqq 16$$
$$4x_1 + \ \ x_2 \leqq 18$$

とすべての決定変数に対する非負条件

$$x_1 \geqq 0, \quad x_2 \geqq 0$$

のもとで最大にせよ」という非線形計画問題として定式化される. ◀

ここで，この問題の制約条件は，線形の生産計画問題と同じで，5 個の頂点をもつが，非線形の目的関数の等高線は，線形のときのような直線ではなく，円になっていることに注意しよう．目的関数 (1.2) を -1 倍して，f とおくと

$$f = x_1^2 - 4x_1 + x_2^2 - 11x_2$$

となり，この式を変形すると

$$(x_1 - 2)^2 + (x_2 - 5.5)^2 = 34.25 + f$$

となる．f を最小にする最適解は点 Q(2, 5.5) を中心とした円が実行可能領域と重なり合う部分を有し，かつ半径が最小となる点である．このような 2 変数の簡単な非線形計画問題は，x_1-x_2 平面上での図式解法が可能である．図 1.3 に示されているように，負の利潤の最小値は，実行可能領域と少なくとも 1 点を共有するような目的関数の等

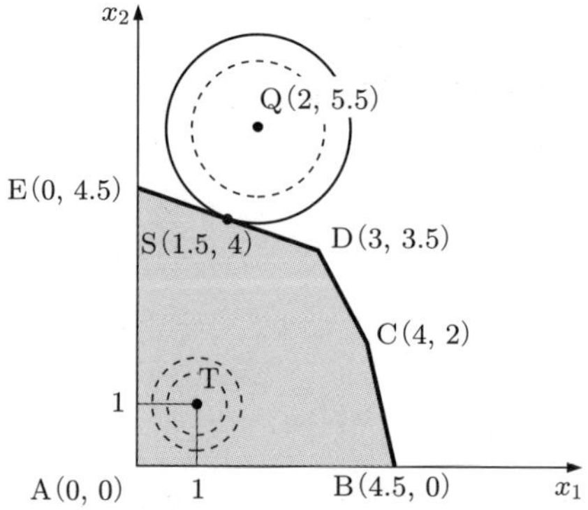

図 1.3　例 1.3 の図式解法

高線の最小値に対応している．したがって，最適解は点 S(1.5, 4) となり，この点での負の利潤の等高線 $x_1^2 + x_2^2 - 4x_1 - 11x_2 = -31.75$ は実行可能領域の境界に接しており，最適解は $x_1 = 1.5$，$x_2 = 4$ で，総利潤は 31.75 であることがわかる．ここで，最適解を与える点は実行可能領域の境界点ではあるが，頂点ではないことに注意しよう．

もし，環境の変化などによって問題の目的関数が $(x_1 - 1)^2 + (x_2 - 1)^2$ に変われば，最適解は明らかに点 T(1, 1) となり，もはや実行可能領域の境界点ではなく，内点になる．

このように，非線形計画問題の最適解は，一般には実行可能領域の頂点や境界点にはならないことに注意しよう．さらに，大域的な最適解ではないような複数個の局所的な最適解が存在するということも，非線形計画法のもう一つのやっかいな特徴である．たとえば，非線形の生産計画の問題の目的関数が二つの極小値をもち，それらが実行可能領域の内点であれば，二つの局所的最小解をもつであろう．

本書の第 4 章では，例 1.3 に示すような非線形計画問題を取扱い，最適性の条件や降下法などの最適化手法をわかりやすく解説する．

演習問題

1.1 ある製造会社では，2 種類の製品 P_1，P_2 を生産して利潤を最大にするような生産計画を立案している．製品 P_1 を 1 トン生産するには，原料 M_1，M_2，M_3 が 2，8，3 トン必要であり，製品 P_2 を 1 トン生産するには，原料 M_1，M_2，M_3 が 6，6，1 トン必要である．原料 M_1，M_2，M_3 には利用可能な最大量が決まっていて，それぞれ 27，45，15 トンまでしか利用できないものとする．また，製品 P_1，P_2 の 1 トン当たりの利潤はそれぞれ 2，5 万円であるとする．このとき利潤を最大にするためには，製品 P_1，P_2 をそれぞれ何トンずつ生産すればよいか．

(1) 製品 P_1，P_2 の生産量をそれぞれ x_1，x_2 トンとして，この問題を線形計画問題として定式化せよ．

(2) x_1 を横軸，x_2 を縦軸とする x_1-x_2 平面上のグラフを描くことにより，最適解を求めよ．

1.2 演習問題 1.1 の生産計画の問題の生産量は整数値でなければならないことがわかった．

(1) このような状況における生産計画の問題を整数計画問題として定式化せよ．

(2) 線形計画問題の最適解に最も近い実行可能領域における格子点は，整数計画問題の最適解にはならないことを確かめて，最適解を求めよ．

1.3 演習問題 1.1 の生産計画の問題において，製品 P_1，P_2 の 1 トン当たりの利潤は，製品 P_1，P_2 に対して，それぞれ，$3 - x_1$，$14 - x_2$ であることがわかった．

(1) このような状況における生産計画の問題を非線形計画問題として定式化せよ．

(2) x_1 を横軸，x_2 を縦軸とする x_1-x_2 平面上のグラフを描くことにより，最適解を求めよ．

1.4 **輸送問題** (transportation problem)　ある製造業者が同一種類の製品を m 個の倉庫から n 個の営業所へ輸送しようとしている．いま，倉庫 i には a_i の量の製品があり，営業所 j ではその製品を b_j の量必要としている．さらに倉庫 i から営業所 j への製品 1 単位当たりの輸送費用 c_{ij} が与えられているものとする．

このとき，総輸送費用を最小にするような輸送計画を，倉庫 i から営業所 j へ輸送される製品の量 x_{ij} を決定変数とする線形計画問題として定式化せよ．ただし，供給可能な総量と総需要量は等しいものと仮定する．

1.5 **割当問題** (assignment problem)　n 人の人に n 個の仕事のいずれかを割り当てる．ただし，2 人以上の人を同一の仕事に重複して割り当てることはできない．また，二つ以上の仕事を同一の人に重複して割り当てることはできない．ここで，個人 i を仕事 j に割り当てたときの費用を c_{ij} とする．

このとき，i 番目の人を j 番目の仕事に割り当てるときには 1，そうでないときには 0 をとるような決定変数 x_{ij} を導入して，総費用を最小にするような割当問題を定式化せよ．

第2章

線形計画法

本章では，2 変数の生産計画の問題に対する代数的解法により，線形計画法の基本的な考えを把握したあと，標準形の線形計画問題と基礎用語を定義する．次に，線形計画法のピボット操作を定義し，この操作に基づくシンプレックス法と 2 段階法に対する基礎理論とアルゴリズムをわかりやすく説明する．最後に，線形計画法の双対性と双対シンプレックス法を紹介する．

2.1　2 変数の線形計画問題に対する代数的解法

1.1 節では，例 1.1 の生産計画の問題，すなわち，「線形の負の利潤関数

$$z = -3x_1 - 8x_2$$

を，線形の不等式制約条件

$$\begin{aligned} 2x_1 + 6x_2 &\leqq 27 \\ 3x_1 + 2x_2 &\leqq 16 \\ 4x_1 + x_2 &\leqq 18 \end{aligned}$$

と決定変数に対する非負条件

$$x_1 \geqq 0, \quad x_2 \geqq 0$$

のもとで，最小にせよ」という線形計画問題に対する 2 次元平面上での図式解法を紹介した．しかし，2 次元（2 変数）以上の実際の多次元（多変数）の問題では，このような図式解法は適用できないので，代数的解法を考察することにより，線形計画法の基本的な考え方を把握してみよう．

そのために，原料 M_1，M_2，M_3 の余り（使い残し）を，それぞれ変数 x_3 ($\geqq 0$)，x_4 ($\geqq 0$)，x_5 ($\geqq 0$) として，不等式制約式を等式制約式に変換するとともに，目的関数 $z = -3x_1 - 8x_2$ を，等式 $-3x_1 - 8x_2 - z = 0$ と変形して制約式に含めて拡大した連立方程式を構成すれば，問題は次のように表される．

「拡大連立線形方程式

$$\left.\begin{array}{rcl} 2x_1 + 6x_2 + x_3 & & = 27 \\ 3x_1 + 2x_2 \qquad + x_4 & & = 16 \\ 4x_1 + \ \ x_2 \qquad\qquad + x_5 & & = 18 \\ -3x_1 - 8x_2 \qquad\qquad\qquad -z & = & 0 \end{array}\right\} \tag{2.1}$$

とすべての変数に対する非負条件 $x_j \geqq 0,\ j = 1, 2, 3, 4, 5$ を満たし，目的関数 z を最小にする解を求めよ.」

2 変数の生産計画問題の実行可能領域を，再び図 2.1 に与える．式 (2.1) で，$x_1 = x_2 = 0$ とおけば $x_3 = 27$，$x_4 = 16$，$x_5 = 18$，$z = 0$ となり，これは図 2.1 の端点 A に対応している[1]．

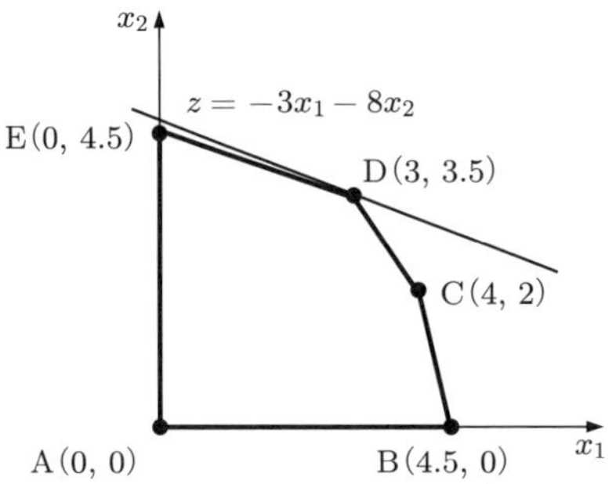

図 2.1　2 変数の生産計画問題の実行可能領域

さて，式 (2.1) の第 4 式より，x_1，x_2 の値を 0 から正に増加させると，z の値は明らかに減少することがわかる．ここで，製品 P_2 のほうが単位当たりの利潤が大である（この場合は負の利潤が小である）ので，製品 P_1 の生産量を $x_1 = 0$ と固定して，x_2 の値を 0 から正の値に増加させてみる．このことは，図 2.1 では，端点 A から辺 AE に沿って端点 E に向かって進むことを意味する．

式 (2.1) より，x_2 の値を増加させると x_3，x_4，x_5 の値は減少するが，x_3，x_4，x_5 は負にはなれないので，x_2 の増加量は式 (2.1) の最初の三つの制約式で制限されている．式 (2.1) の三つの制約式において，いま $x_1 = 0$ であるので，x_2 の値を増加させることのできる限界量は，それぞれ $27/6 = 4.5$，$16/2 = 8$，$18/1 = 18$ である．したがって，x_3，x_4，x_5 の値を負にしないような x_2 の最大増加量は，4.5，8 および 18 の中の最小値，すなわち 4.5 となる．このように x_2 の値を 0 から 4.5 に増加させる

[1] 線形計画法では，頂点のことを辺の端の点という意味で**端点** (extreme point) とよんでいるので，以下では頂点の代わりに端点という用語を用いることにする．

と，$x_3 = 0$ となって，原料 M_1 の最大量が利用されたことになる．

式 (2.1) の第 1 式を x_2 の係数 6 で割り，第 2 式，第 3 式と第 4 式から x_2 を消去すれば，

$$\left.\begin{array}{lllllll} \frac{1}{3}x_1 & + x_2 + & \frac{1}{6}x_3 & & & & = 4.5 \\ \frac{7}{3}x_1 & & - \frac{1}{3}x_3 & + x_4 & & & = 7 \\ \frac{11}{3}x_1 & & - \frac{1}{6}x_3 & & + x_5 & & = 13.5 \\ -\frac{1}{3}x_1 & & + \frac{4}{3}x_3 & & & -z & = 36 \end{array}\right\} \tag{2.2}$$

となる．ここで，$x_1 = x_3 = 0$ とすれば $x_2 = 4.5$，$x_4 = 7$，$x_5 = 13.5$，$z = -36$ が得られる．すなわち，$x_1 = 0$，$x_2 = 4.5$ は端点 E に対応しており，z の値は 0 から -36 に減少している．

次に，$x_3 = 0$ のまま x_1 の値を 0 から正に増加すれば，式 (2.2) の第 4 式から明らかに z の値は減少する．このことは，図 2.1 では端点 E から辺 ED に沿って端点 D に向かって進むことを意味する．x_2，x_4，x_5 の値をすべて非負に保つためには，式 (2.2) の最初の三つの制約式より，x_1 の増加量の限界はそれぞれ $4.5/(1/3) = 13.5$，$7/(7/3) = 3$，$13.5/(11/3) \simeq 3.682$ であるので，これらの最小値 3 までしか，x_1 を増加させることができない．このとき，$x_4 = 0$ となり，原料 M_1，M_2 は，ともに最大量まで使用されたことになる．

式 (2.2) の第 2 式を x_1 の係数 7/3 で割り，第 1 式，第 3 式と第 4 式から x_1 を消去すれば，

$$\left.\begin{array}{lllllll} & x_2 + & \frac{3}{14}x_3 - & \frac{1}{7}x_4 & & & = 3.5 \\ x_1 & & - \frac{1}{7}x_3 + & \frac{3}{7}x_4 & & & = 3 \\ & & \frac{5}{14}x_3 - & \frac{11}{7}x_4 & + x_5 & & = 2.5 \\ & & \frac{9}{7}x_3 + & \frac{1}{7}x_4 & & -z & = 37 \end{array}\right\} \tag{2.3}$$

となる．ここで，$x_3 = x_4 = 0$ とおけば $x_1 = 3$，$x_2 = 3.5$，$x_5 = 2.5$，$z = -37$ となる．これは，図 2.1 の端点 D に対応しており，z の値は -36 から -37 に減少してい

る．式 (2.3) の第 4 式より x_3，x_4 の係数はともに正であるので，x_3 あるいは x_4 の値を 0 から増加させれば，z の値は増加してしまうことがわかる．したがって，z の最小値は -37，すなわち利潤の最大値は，37 万円で，製品 P_1，P_2 の生産量は，それぞれ 3，3.5 トンであることがわかる．このように代数的解法によって得られた最適解は，第 1 章で示した図式解法で得られる最適解と一致し，図式解法で取り扱えない 3 変数以上の問題にも適用可能となる．

2.2 標準形の線形計画問題と基本的な用語

これまで, 2 変数の簡単な生産計画の問題の具体例によって線形計画法を概観してきたが, この問題は, 次のような n 変数の**生産計画の問題** (production planning problem) に一般化される．

例 2.1 n 変数の生産計画の問題

ある製造会社は m 種類の原料を用いて n 種類の製品を生産している．このとき，製品 j を 1 単位生産するのに，原料 i が a_{ij} 単位必要であるが，原料 i の利用可能な最大量は b_i 単位であるものとする．また，製品 j を 1 単位生産することによって得られる利潤は c_j 単位であるとする．会社の目的は，総利潤を最大にするような製品の組合せを生産することである．

この問題に対して，製品 j の生産量を x_j とすれば，使用される原料 i の総量は，利用できる原料 i の最大量 b_i 以下でなくてはならないので，線形不等式

$$a_{i1}x_1 + a_{i2}x_2 + \cdots + a_{in}x_n \leqq b_i, \quad i = 1, 2, \ldots, m$$

が成立する．また，負の生産量は無意味なので $x_j \geqq 0$, $j = 1, 2, \ldots, n$ でなくてはならない．さらに，製品 j を x_j 単位生産することによって得られる利潤は $c_j x_j$ となるので，問題は，線形の**利潤関数** (profit function)

$$c_1x_1 + c_2x_2 + \cdots + c_nx_n \tag{2.4}$$

を，線形の制約条件

$$\left.\begin{array}{c} a_{11}x_1 + \ a_{12}x_2 + \cdots + \ a_{1n}x_n \leqq b_1 \\ a_{21}x_1 + \ a_{22}x_2 + \cdots + \ a_{2n}x_n \leqq b_2 \\ \vdots \\ a_{m1}x_1 + a_{m2}x_2 + \cdots + a_{mn}x_n \leqq b_m \end{array}\right\} \tag{2.5}$$

と，すべての決定変数に対する非負条件

$$x_j \geqq 0, \quad j = 1, 2, \ldots, n \tag{2.6}$$

のもとで最大にするという形の，線形計画問題に定式化される．◀

このような，"≦" の向きの線形の不等式制約のもとで線形の目的関数を最大にするという生産計画の問題に対して，次の**栄養の問題** (diet problem) は，"≧" の向きの線形の不等式制約のもとで線形の目的関数を最小にするという，まったく対称的な線形計画問題としてよく知られている．ただし，いずれの問題にも $x_j \geqq 0, j = 1, 2, \ldots, n$ なる非負条件があることに注意しよう．

例 2.2　n 変数の栄養の問題

健康維持に必要な栄養素の毎日の最低必要量を満たしながら，必要な栄養素を含む食品の組合せを最も経済的に決める問題を考えてみよう．ここで，必要な栄養素の数を m，食品の数を n とし，各食品 j に含まれる栄養素 i の量 a_{ij}，各栄養素 i の毎日の最低必要量 b_i，および，各食品 j の 1 単位当たりの費用 c_j は与えられているものとする．

この問題に対して，食品 j の購入量を x_j とすれば，購入する全食品に含まれている栄養素 i の総量

$$a_{i1}x_1 + a_{i2}x_2 + \cdots + a_{in}x_n, \quad i = 1, 2, \ldots, m$$

は，栄養素 i の 1 日当たりの最低必要量以上でなくてはならないので，この線形計画問題は，線形の**費用関数** (cost function)

$$c_1x_1 + c_2x_2 + \cdots + c_nx_n \tag{2.7}$$

を，線形の制約条件

$$\left.\begin{array}{rcl} a_{11}x_1 + a_{12}x_2 + \cdots + a_{1n}x_n & \geqq & b_1 \\ a_{21}x_1 + a_{22}x_2 + \cdots + a_{2n}x_n & \geqq & b_2 \\ & \vdots & \\ a_{m1}x_1 + a_{m2}x_2 + \cdots + a_{mn}x_n & \geqq & b_m \end{array}\right\} \tag{2.8}$$

と，すべての決定変数に対する非負条件

$$x_j \geqq 0, \quad j = 1, 2, \ldots, n \tag{2.9}$$

のもとで最小にするという形に定式化される．◀

ここで，n 変数の栄養の問題の具体例として，次のような2変数3制約の栄養の問題を示しておこう．

例 2.3　2変数3制約の栄養の問題

ある家庭で，3種類の栄養素 N_1，N_2，N_3 を含む2種類の食品 F_1，F_2 を用いて，栄養素 N_1，N_2，N_3 の最低必要摂取量を含む料理を作って，食品の購入費用を最小にしようとしている．ここで，食品 F_1 の1gに含まれる栄養素 N_1，N_2，N_3 の量は，それぞれ1，1，2mgで，食品 F_2 の1gに含まれる栄養素 N_1，N_2，N_3 の量は，それぞれ3，2，1mgであり，栄養素 N_1，N_2，N_3 の最低必要摂取量は，それぞれ12，10，15mgであるとする．また，食品 F_1，F_2 の1g当たりの価格はそれぞれ4，3千円であるとする．これらの栄養素の含有量，必要量および食品の価格に関するデータは表2.1のように表される．

表 2.1　栄養素の含有量，必要量および食品の価格

栄養素	食品 F_1	食品 F_2	必要量
N_1 [mg]	1	3	12
N_2 [mg]	1	2	10
N_3 [mg]	2	1	15
価格［千円］	4	3	

このとき，栄養素 N_1，N_2，N_3 の最低必要摂取量を満たし，費用を最小にするような料理を作るためには，食品 F_1，F_2 をそれぞれどれだけ購入すればよいか．

食品 F_1，F_2 の購入量をそれぞれ x_1，x_2 [g] とすれば，この問題は，線形計画問題として，次のように定式化される．

「線形の費用関数

$$4x_1 + 3x_2 \tag{2.10}$$

を，線形の不等式制約条件

$$\left.\begin{aligned} x_1 + 3x_2 &\geqq 12 \\ x_1 + 2x_2 &\geqq 10 \\ 2x_1 + x_2 &\geqq 15 \end{aligned}\right\} \tag{2.11}$$

と決定変数に対する非負条件

$$x_1 \geqq 0,\ x_2 \geqq 0 \tag{2.12}$$

のもとで，最小にせよ．」 ◀

このような対称的な生産計画の問題と栄養の問題を含む様々な問題を統一的に取り扱うために，**標準形** (standard form) の**線形計画問題** (linear programming problem) が次のように定義されている．すなわち，線形の**目的関数** (objective function)

$$z = c_1x_1 + c_2x_2 + \cdots + c_nx_n \tag{2.13}$$

を，線形の等式**制約条件** (constraints)

$$\left.\begin{array}{ccccccc} a_{11}x_1 & + & a_{12}x_2 + \cdots + & a_{1n}x_n & = & b_1 \\ a_{21}x_1 & + & a_{22}x_2 + \cdots + & a_{2n}x_n & = & b_2 \\ & & \vdots & & & \\ a_{m1}x_1 & + & a_{m2}x_2 + \cdots + & a_{mn}x_n & = & b_m \end{array}\right\} \tag{2.14}$$

と，すべての決定変数に対する**非負条件** (nonnegativity condition)

$$x_j \geqq 0, \quad j = 1, 2, \ldots, n \tag{2.15}$$

のもとで最小にする問題を，標準形の線形計画問題とよぶことにする．

ここで，a_{ij}，b_i および c_j は，もちろん与えられた定数で，b_i を**右辺定数** (right-hand-side constant) とよぶ．また，目的関数が費用関数の場合のように最小化であることを考慮して，c_j を**費用係数** (cost coefficient) とよぶ．なお，目的関数が利潤関数のように最大化の場合は，c_j は**利潤係数** (profit coefficient) とよばれる．

本書では，このような標準形の線形計画問題を，次のように表すことにする．

$$\left.\begin{array}{ll} \text{minimize} & z = c_1x_1 + c_2x_2 + \cdots + c_nx_n \\ \text{subject to} & a_{11}x_1 + a_{12}x_2 + \cdots + a_{1n}x_n = b_1 \\ & a_{21}x_1 + a_{22}x_2 + \cdots + a_{2n}x_n = b_2 \\ & \qquad \vdots \\ & a_{m1}x_1 + a_{m2}x_2 + \cdots + a_{mn}x_n = b_m \\ & x_j \geqq 0, \quad j = 1, 2, \ldots, n \end{array}\right\} \tag{2.16}$$

あるいは，より簡潔に，

$$\left.\begin{array}{ll} \text{minimize} & z = \displaystyle\sum_{j=1}^{n} c_jx_j \\ \text{subject to} & \displaystyle\sum_{j=1}^{n} a_{ij}x_j = b_i, \quad i = 1, 2, \ldots, m \\ & x_j \geqq 0, \quad j = 1, 2, \ldots, n \end{array}\right\} \tag{2.17}$$

とも表される．

さて，n 次元行ベクトル $\boldsymbol{c}$，$m \times n$ 行列 A，n 次元列ベクトル $\boldsymbol{x}$，および m 次元列ベクトル $\boldsymbol{b}$，ゼロベクトル $\boldsymbol{0}$ を，

$$\boldsymbol{c} = (c_1, c_2, \ldots, c_n) \tag{2.18}$$

$$A = \begin{bmatrix} a_{11} & a_{12} & \cdots & a_{1n} \\ a_{21} & a_{22} & \cdots & a_{2n} \\ \vdots & \vdots & \ddots & \vdots \\ a_{m1} & a_{m2} & \cdots & a_{mn} \end{bmatrix}, \quad \boldsymbol{x} = \begin{pmatrix} x_1 \\ x_2 \\ \vdots \\ x_n \end{pmatrix}, \quad \boldsymbol{b} = \begin{pmatrix} b_1 \\ b_2 \\ \vdots \\ b_m \end{pmatrix}, \quad \boldsymbol{0} = \begin{pmatrix} 0 \\ 0 \\ \vdots \\ 0 \end{pmatrix} \tag{2.19}$$

とおけば，標準形の線形計画問題は，次のような**ベクトル行列形式** (vector-matrix form) で簡潔に表現される．

$$\left.\begin{array}{lrl} \text{minimize} & z = & \boldsymbol{c}\boldsymbol{x} \\ \text{subject to} & & A\boldsymbol{x} = \boldsymbol{b} \\ & & \boldsymbol{x} \geqq \boldsymbol{0} \end{array}\right\} \tag{2.20}$$

さらに，行列 A の各列に対応して，n 個の m 次元列ベクトル

$$\boldsymbol{p}_j = \begin{pmatrix} a_{1j} \\ a_{2j} \\ \vdots \\ a_{mj} \end{pmatrix}, \quad j = 1, 2, \ldots, n \tag{2.21}$$

を定義して，$A = [\,\boldsymbol{p}_1\ \boldsymbol{p}_2\ \cdots\ \boldsymbol{p}_n\,]$ と表せば，標準形の線形計画問題は，次のような**列形式** (column form) で表現される．

$$\left.\begin{array}{ll} \text{minimize} & z = c_1x_1 + c_2x_2 + \cdots + c_nx_n \\ \text{subject to} & \boldsymbol{p}_1x_1 + \boldsymbol{p}_2x_2 + \cdots + \boldsymbol{p}_nx_n = \boldsymbol{b} \\ & x_j \geqq 0, \quad j = 1, 2, \ldots, n \end{array}\right\} \tag{2.22}$$

ここで，任意の線形計画問題は，次のようにして，容易に標準形の線形計画問題に変換できることに注意しよう．

たとえば，“$\leqq$” の向きの不等式制約式

$$\sum_{j=1}^{n} a_{ij}x_j \leqq b_i, \quad i = 1, 2, \ldots, m \tag{2.23}$$

は，非負の**スラック変数** (slack variable) $x_{n+i} \geqq 0$ を導入すれば，等式制約

$$\sum_{j=1}^{n} a_{ij}x_j + x_{n+i} = b_i, \quad x_{n+i} \geqq 0, \quad i = 1, 2, \ldots, m \tag{2.24}$$

に変換できる．同様に，“$\geqq$” の向きの不等式制約式

$$\sum_{j=1}^{n} a_{ij}x_j \geqq b_i, \quad i = 1, 2, \ldots, m \tag{2.25}$$

は，非負の**余裕変数** (surplus variable) $x_{n+i} \geqq 0$ を導入すれば，次のような等式制約式になる．

$$\sum_{j=1}^{n} a_{ij}x_j - x_{n+i} = b_i, \quad x_{n+i} \geqq 0, \quad i = 1, 2, \ldots, m \tag{2.26}$$

また，非負条件のない**自由変数** (free variable) x_k は，二つの非負の変数 x_k^+ $(\geqq 0)$，x_k^- $(\geqq 0)$ の差，すなわち

$$x_k = x_k^+ - x_k^-, \; x_k^+ \geqq 0, \; x_k^- \geqq 0 \tag{2.27}$$

で置き換えればよい．

さらに，最大化問題は，目的関数に -1 を掛けて最小化問題に変換すればよい．

ここで，例 1.1 の生産計画の問題に対する代数的解法（2.1 節）では，目的関数に -1 を掛けて最小化問題に変換したあと，3 個の非負スラック変数 x_3，x_4，x_5 を導入して，次のような標準形の線形計画問題に変換したことを思い出してみよう．

$$\left.\begin{array}{lllllll}
\text{minimize} & z = -3x_1 - 8x_2 & & & & & \\
\text{subject to} & 2x_1 + 6x_2 + x_3 & & & = 27 \\
 & 3x_1 + 2x_2 & + x_4 & & = 16 \\
 & 4x_1 + \;\; x_2 & & + x_5 & = 18 \\
 & x_j \geqq 0, \quad j = 1, 2, 3, 4, 5 & & &
\end{array}\right\} \tag{2.28}$$

一般の n 変数の生産計画の問題に対しては，m 個の非負のスラック変数 x_{n+i} $(\geqq 0)$，$i = 1, 2, \ldots, m$ を導入すれば，次のような標準形の線形計画問題に変換される．

$$\left.\begin{array}{lllll} \text{minimize} & -c_1x_1 - \ c_2x_2 - \cdots - \ c_nx_n & & & \\ \text{subject to} & a_{11}x_1 + \ a_{12}x_2 + \cdots + \ a_{1n}x_n & +x_{n+1} & & = b_1 \\ & a_{21}x_1 + \ a_{22}x_2 + \cdots + \ a_{2n}x_n & & +x_{n+2} & = b_2 \\ & \qquad\vdots & & & \\ & a_{m1}x_1 + a_{m2}x_2 + \cdots + a_{mn}x_n & & +x_{n+m} & = b_m \\ & x_j \geqq 0, \quad j = 1, 2, \ldots, n, n+1, \ldots, n+m & & & \end{array}\right\} \tag{2.29}$$

さらに，n 変数の栄養の問題に対しては，m 個の非負の余裕変数 x_{n+i} ($\geqq$ 0), $i = 1, 2, \ldots, m$ を導入すれば，次のような標準形の線形計画問題に変換される．

$$\left.\begin{array}{lllll} \text{minimize} & c_1x_1 + \ c_2x_2 + \cdots + \ c_nx_n & & & \\ \text{subject to} & a_{11}x_1 + \ a_{12}x_2 + \cdots + \ a_{1n}x_n & -x_{n+1} & & = b_1 \\ & a_{21}x_1 + \ a_{22}x_2 + \cdots + \ a_{2n}x_n & & -x_{n+2} & = b_2 \\ & \qquad\vdots & & & \\ & a_{m1}x_1 + a_{m2}x_2 + \cdots + a_{mn}x_n & & -x_{n+m} & = b_m \\ & x_j \geqq 0, \quad j = 1, 2, \ldots, n, n+1, \ldots, n+m & & & \end{array}\right\} \tag{2.30}$$

1947 年に G.B. Dantzig によって考案された線形計画法は，標準形の線形計画問題の等式制約式と非負条件を満たす解が存在するかどうかを調べ，もし存在すれば，目的関数 z の値を最小にするような解を見つけるという基本的な考えに基づいている．

ところが，標準形の線形計画問題の等式制約式を満たす解が存在しなければ，最適化はありえない．したがって，最も興味がある場合は式 (2.14) の m 個の等式が線形独立で，制約式を満たす解が無数に存在して，その中から目的関数 z の値を最小にする解を求めることである．そのために，変数の数 n のほうが方程式の数 m より多いこと，すなわち，

$$n > m \tag{2.31}$$

を仮定する．さらに m 個の等式が線形独立であることを仮定する．このことを線形代数の表現でいいかえれば，行列 A の**階数** (rank) が m，すなわち，

$$\text{rank}(A) = m \tag{2.32}$$

と表される．

ここで，線形従属な制約式があれば（すなわち，係数行列 A の階数 $\mathrm{rank}(A)$ が m より小さければ），制約条件の中にむだな制約式が含まれていることになるので，それらを取り除いても解は変化しないことに注意しよう[2)].

さて，このような仮定のもとで，標準形の線形計画問題に対する基本的な用語を定義していこう.

まず，標準形の線形計画問題の等式制約式と非負条件を満たすような任意のベクトル[3)] $\boldsymbol{x} = (x_1, x_2, \ldots, x_n)^T$ を**実行可能解** (feasible solution) とよぶことにすれば，目的関数 z の値を最小にするような実行可能解を**最適解** (optimal solution) とよび，そのときの目的関数 z の値を**最適値** (optimal value) とよぶことは自然な定義である.

ここで，$n > m$ と $\mathrm{rank}(A) = m$ の仮定より，標準形の線形計画問題の m 個の等式制約式を満たすベクトル $\boldsymbol{x} = (x_1, x_2, \ldots, x_n)^T$ は無数に存在するが，すべての変数に対する非負条件，すなわち $x_j \geqq 0,\ j = 1, 2, \ldots, n$ を利用すれば，特殊な場合として，ある $(n-m)$ 個の変数 x_j の値をすべて 0 とおけば，等式制約式は，残りの m 個の変数 x_j に対する m 個の線形独立な連立線形方程式となる．このような m 個の線形独立な連立線形方程式を解くことにより，m 個の変数 x_j の値は一意的に定められる．このようにして得られた解ベクトル $\boldsymbol{x} = (x_1, x_2, \ldots, x_n)^T$ は，等式制約式を満たし，しかも $(n-m)$ 個の成分が必ず 0 であるような特殊な解となるが，もし，求められた m 個の変数 x_j の値がすべて非負であれば，実行可能解となることに注目しよう.

このような特殊な解の概念は線形計画法ではきわめて重要であり，行列 A を用いて次のように定義される．行列 A の階数が m，すなわち $\mathrm{rank}(A) = m$ の仮定より，$m \times n$ 長方行列 $A = [\, \boldsymbol{p}_1\ \boldsymbol{p}_2\ \cdots\ \boldsymbol{p}_n \,]$ の n 個の列ベクトル $\boldsymbol{p}_j,\ j = 1, 2, \ldots, n$ から m 個の線形独立な列ベクトルを選ぶことができる．このように，行列 A の m 個の線形独立な列ベクトルにより構成される $m \times m$ 正方正則の部分行列 B を，線形計画法では，とくに，**基底行列** (basic matrix) と定義する．また，基底行列 B の各列ベクトルを**基底列ベクトル** (basic column vector) とよび，基底行列 B に対応する m 個の変数を**基底変数** (basic variable) とよぶ．これに対して，基底行列 B に含まれない行列 A の各列ベクトルを**非基底列ベクトル** (nonbasic column vector)，非基底列ベクトルから構成される A の残りの $m \times (n-m)$ 部分行列 N を**非基底行列** (nonbasic matrix)，行列 N に対応する $(n-m)$ 個の変数を**非基底変数** (nonbasic variable) とよぶ（図 2.2）.

---

2) 等式制約式の数が多いときには線形独立かどうかを調べることは困難になるが，2.3 節で述べるシンプレックス法の第 1 段階で確認できる.

3) 本書では，上付きの添字 ^{T} はベクトルや行列の転置 (transpose) を表すものとする.

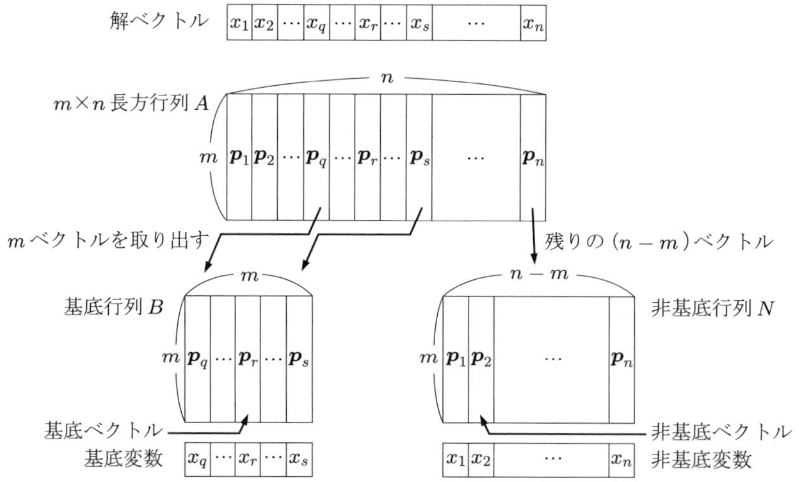

図 2.2　基底行列と非基底行列

さて，基底行列 B を選び，B に含まれない A の残りの列に対応した $(n-m)$ 個の変数の値を 0 とおけば，等式制約式は m 個の基底変数に対する m 個の線形独立な連立線形方程式となるので，m 個の基底変数の値は一意的に定まることになる．このようにして得られる一意的なベクトル $\boldsymbol{x} = (x_1, x_2, \ldots, x_n)^T$ を**基底解** (basic solution) と定義する．さらに，すべての変数の値が非負となるような基底解を**実行可能基底解** (basic feasible solution) と定義する．ここで，基底解の数は，n 個の変数の集合から m 個の変数を選ぶ組合せの数，すなわち ${}_nC_m$ 個で，実行可能基底解の数はそれ以下であることに注意しよう．また，基底解の定義より，基底解の $(n-m)$ 個の成分は必ず 0 であるので，実行可能基底解は，たかだか m 個の基底変数の値が正で残りの変数の値は 0 であることがわかる．ここで，ちょうど m 個の基底変数の値がすべて正であるような実行可能基底解を，**非退化実行可能基底解** (nondegenerate basic feasible solution) とよぶ．

さて，添字の煩わしさを避けるため，変数の順番を適当に入れ替えることにより，一般性を失うことなく，標準形の線形計画問題 (2.20) の基底行列 B を行列 A の最初の m 列と仮定し，残りの $(n-m)$ 列を N とおけば，

$$B = [\,\boldsymbol{p}_1\ \boldsymbol{p}_2\ \cdots\ \boldsymbol{p}_m\,], \quad N = [\,\boldsymbol{p}_{m+1}\ \boldsymbol{p}_{m+2}\ \cdots\ \boldsymbol{p}_n\,] \tag{2.33}$$

と表される．さらに，基底行列 B と非基底行列 N に対応する基底変数ベクトル $\boldsymbol{x}_B$ と非基底変数ベクトル $\boldsymbol{x}_N$ を，

$$\boldsymbol{x}_B = (x_1, x_2, \ldots, x_m)^T, \quad \boldsymbol{x}_N = (x_{m+1}, x_{m+2}, \ldots, x_n)^T \tag{2.34}$$

とし，対応する目的関数の係数ベクトルを，それぞれ，

$$\boldsymbol{c}_B = (c_1, c_2, \ldots, c_m), \quad \boldsymbol{c}_N = (c_{m+1}, c_{m+2}, \ldots, c_n) \tag{2.35}$$

と表すことにしよう．このように変数ベクトル $\boldsymbol{x}$ を基底変数ベクトル $\boldsymbol{x}_B$ と非基底変数ベクトル $\boldsymbol{x}_N$ に分割すれば，標準形の線形計画問題 (2.20) は，

$$\left.\begin{array}{lrl} \text{minimize} & z = \boldsymbol{c}_B\boldsymbol{x}_B + \boldsymbol{c}_N\boldsymbol{x}_N & \\ \text{subject to} & B\boldsymbol{x}_B + N\boldsymbol{x}_N & = \boldsymbol{b} \\ & \boldsymbol{x}_B \geqq \boldsymbol{0}, \quad \boldsymbol{x}_N & \geqq \boldsymbol{0} \end{array}\right\} \tag{2.36}$$

と表すことができる．

ここで，非基底変数の値を 0 とおけば，基底解

$$\boldsymbol{x}_B = B^{-1}\boldsymbol{b}, \quad \boldsymbol{x}_N = \boldsymbol{0} \tag{2.37}$$

が得られる．とくに，

$$\boldsymbol{x}_B = B^{-1}\boldsymbol{b} \geqq \boldsymbol{0} \tag{2.38}$$

のときは，この基底解は実行可能基底解となる．

例 2.4 基底解

例 1.1 で示した生産計画の問題に対する標準形の線形計画問題 (2.28) の基底解について考えてみよう．

標準形の線形計画問題 (2.28) の制約条件は，

$$A = \begin{bmatrix} 2 & 6 & 1 & 0 & 0 \\ 3 & 2 & 0 & 1 & 0 \\ 4 & 1 & 0 & 0 & 1 \end{bmatrix}, \quad \boldsymbol{x} = \begin{pmatrix} x_1 \\ x_2 \\ x_3 \\ x_4 \\ x_5 \end{pmatrix}, \quad \boldsymbol{b} = \begin{pmatrix} 27 \\ 16 \\ 18 \end{pmatrix}$$

とおくと，$A\boldsymbol{x} = \boldsymbol{b}$ と表される．まず，A から部分行列 $\begin{bmatrix} 1 & 0 & 0 \\ 0 & 1 & 0 \\ 0 & 0 & 1 \end{bmatrix}$ を基底行列 B に選び，x_3，x_4，x_5 を基底変数にとれば，基底解は明らかに $x_1 = 0$，$x_2 = 0$，$x_3 = 27$，$x_4 = 16$，$x_5 = 18$ で，実行可能基底解である．これは図 2.1 の端点 A に対応している．

一方，$\begin{bmatrix} 2 & 6 & 0 \\ 3 & 2 & 1 \\ 4 & 1 & 0 \end{bmatrix}$ を基底行列 B に選び，x_1，x_2，x_4 を基底変数にとり，連立線形方程式

$$\begin{aligned} 2x_1 + 6x_2 \phantom{{}+x_4} &= 27 \\ 3x_1 + 2x_2 + x_4 &= 16 \\ 4x_1 + x_2 \phantom{{}+x_4} &= 18 \end{aligned}$$

を解けば，$x_1 = 81/22, x_2 = 36/11, x_4 = -35/22$ を得るので，基底解は $x_1 = 81/22$，$x_2 = 36/11$，$x_3 = 0$，$x_4 = -35/22$，$x_5 = 0$ となるが，これは実行可能基底解でない．

他方，$\begin{bmatrix} 2 & 6 & 0 \\ 3 & 2 & 0 \\ 4 & 1 & 1 \end{bmatrix}$ を基底行列 B に選び，x_1，x_2，x_5 を基底変数にとり，連立線形方程式

$$\begin{aligned} 2x_1 + 6x_2 \phantom{{}+x_5} &= 27 \\ 3x_1 + 2x_2 \phantom{{}+x_5} &= 16 \\ 4x_1 + x_2 + x_5 &= 18 \end{aligned}$$

を解けば，実行可能基底解 $x_1 = 3$，$x_2 = 3.5$，$x_3 = 0$，$x_4 = 0$，$x_5 = 2.5$ が得られる．これは，図 2.1 の端点 D に対応しており，最適解である．◀

2.3　シンプレックス法

例 1.1 の生産計画の問題に対する代数的解法で把握した線形計画法の概略を，一般の標準形の線形計画問題 (2.16) に拡張してみよう．

標準形の線形計画問題 (2.16) の目的関数の式を等式

$$-z + c_1x_1 + c_2x_2 + \cdots + c_nx_n = 0 \tag{2.39}$$

として，制約式に含めて拡張した連立方程式を構成すれば，標準形の問題は次のように表される．

「拡大連立線形方程式

$$
\left.\begin{array}{rl}
a_{11}x_1 + \ a_{12}x_2 + \cdots + \ a_{1n}x_n = b_1 \\
a_{21}x_1 + \ a_{22}x_2 + \cdots + \ a_{2n}x_n = b_2 \\
\vdots \qquad\qquad \\
a_{m1}x_1 + a_{m2}x_2 + \cdots + a_{mn}x_n = b_m \\
-z + \quad c_1x_1 + \quad c_2x_2 + \cdots + \quad c_nx_n = \ 0
\end{array}\right\} \tag{2.40}
$$

と，すべての変数に対する非負条件 $x_1 \geqq 0, x_2 \geqq 0, \ldots, x_n \geqq 0$ を満たし，目的関数 z の値を最小にする解を求めよ．」

ここで，2.2 節と同様に $n > m$ であることと，m 個の等式制約にはむだな制約式は含まれていないことを仮定する．

線形計画法では，解を誘導する過程で，$x_1, x_2, \ldots, x_n$ と $-z$ に関する $(m+1)$ 個の等式からなる連立方程式 (2.40) を，$x_1, x_2, \ldots, x_n$ のうちの m 個の変数と $-z$ について解き，残りの $(n-m)$ 個の変数で表すことになるが，その手順として，**ピボット操作** (pivot operation) が用いられる．ピボット操作とは，連立線形方程式の指定された変数の係数を，ある一つの式においてのみ 1 とし，残りの式では 0 にするような連立線形方程式の等価変換で，線形計画法の基本演算である．

■ピボット操作

手順は次のとおりである．

手順 1 r 行（式）s 列における**ピボット項** (pivot term) とよばれる項（係数）a_{rs} $(\neq 0)$ を選ぶ．

手順 2 r 番目の式の両辺を a_{rs} で割る．

手順 3 r 番目の式を除く残りのすべての等式から，手順 2 によって得られた新しい r 番目の式に a_{is} $(i \neq r)$ を掛けた式を引く．

線形計画法においては，ピボット操作は**サイクル** (cycle) という名称で，その回数が数えられる．

さて，標準形の線形計画問題 (2.16) の制約式において，最初の m 列が基底行列 B あると仮定して，連立方程式 (2.40) を解くためのピボット操作を次のように繰り返してみよう．

まず，$a_{11} \neq 0$ なら a_{11} をピボット項としてピボット操作を行えば，式 (2.40) と等価な次式が得られる（ここで，$a_{11} = 0$ のときは，x_1 の係数の 0 でない式の係数 $a_{i1} \neq 0$ をピボット項に選べばよい．以下同様である）．

$$
\left.\begin{array}{rl}
x_1 + a'_{12}x_2 + a'_{13}x_3 + \cdots + a'_{1n}x_n & = b'_1 \\
a'_{22}x_2 + a'_{23}x_3 + \cdots + a'_{2n}x_n & = b'_2 \\
\vdots & \\
a'_{m2}x_2 + a'_{m3}x_3 + \cdots + a'_{mn}x_n & = b'_m \\
-z \quad + c_2x_2 + c_3x_3 + \cdots + c_nx_n & = -z'
\end{array}\right\} \tag{2.41}
$$

次に，$a_{22} \neq 0$ なら a_{22} をピボット項としてピボット操作を行えば，式 (2.41) は次式と等価になる．

$$
\left.\begin{array}{rl}
x_1 \quad + a''_{13}x_3 + \cdots + a''_{1n}x_n & = b''_1 \\
x_2 + a''_{23}x_3 + \cdots + a''_{2n}x_n & = b''_2 \\
a''_{33}x_3 + \cdots + a''_{3n}x_n & = b''_3 \\
\vdots & \\
a''_{m3}x_3 + \cdots + a''_{mn}x_n & = b''_m \\
-z \qquad + c''_3x_3 + \cdots + c''_nx_n & = -z''
\end{array}\right\} \tag{2.42}
$$

以下，同様なピボット操作を $x_3, x_4, \ldots, x_m$ に対して繰り返せば，サイクル m で式 (2.40) は次の形の式と等価になる．

$$
\left.\begin{array}{rl}
x_1 \qquad + \bar{a}_{1,m+1}x_{m+1} + \cdots + \bar{a}_{1n}x_n & = \bar{b}_1 \\
x_2 \qquad + \bar{a}_{2,m+1}x_{m+1} + \cdots + \bar{a}_{2n}x_n & = \bar{b}_2 \\
\ddots \qquad\qquad \vdots & \\
x_m + \bar{a}_{m,m+1}x_{m+1} + \cdots + \bar{a}_{mn}x_n & = \bar{b}_m \\
-z \qquad + \bar{c}_{m+1}x_{m+1} + \cdots + \bar{c}_nx_n & = -\bar{z}
\end{array}\right\} \tag{2.43}
$$

ここで，各サイクルで係数に付けた記号 ′，″，¯ は係数がその段階で変化していることを示している．

このように m 回のピボット操作により，基底行列の列に対応したすべての変数の係数が，ある一つの式では 1，その他の式では 0 となるように等価変換された連立方程式を，**正準形** (canonical form) あるいは**基底形式** (basic form) とよぶ[4]．このような正準型では，$-z$ は基底変数とみなされるが，つねに基底変数となるので，とくに断わ

[4] $-z$ の行を含む正準形は，しばしば拡大正準形とよばれるが，本書では，必要なとき以外はとくに区別しないことにする．

らずに，変数 $x_1, x_2, \ldots, x_m$ のみを基底変数とよび，残りの変数 $x_{m+1}, x_{m+2}, \ldots, x_n$ を非基底変数とよぶ．

正準形 (2.43) は表 2.2 のように表すとわかりやすい．この表は**シンプレックス・タブロー** (simplex tableau) または**単体表**とよばれ，正準形の諸係数が表中にあり，各式に含まれている基底変数と基底解がこの表から容易に読み取れるようになっている．ここで，シンプレックス・タブローの空欄の部分は 0 である．

表 2.2 シンプレックス・タブロー

基底	x_1	x_2	$\cdots$	x_m	x_{m+1}	x_{m+2}	$\cdots$	x_n	定数
x_1	1				$\bar{a}_{1,m+1}$	$\bar{a}_{1,m+2}$	$\cdots$	$\bar{a}_{1n}$	$\bar{b}_1$
x_2		1			$\bar{a}_{2,m+1}$	$\bar{a}_{2,m+2}$	$\cdots$	$\bar{a}_{2n}$	$\bar{b}_2$
$\vdots$			$\ddots$		$\vdots$	$\vdots$	$\ddots$	$\vdots$	$\vdots$
x_m				1	$\bar{a}_{m,m+1}$	$\bar{a}_{m,m+2}$	$\cdots$	$\bar{a}_{mn}$	$\bar{b}_m$
$-z$					$\bar{c}_{m+1}$	$\bar{c}_{m+2}$	$\cdots$	$\bar{c}_n$	$-\bar{z}$

正準形あるいはシンプレックス・タブローより，$x_1, x_2, \ldots, x_m$ を基底変数とする基底解は，

$$
\begin{aligned}
&x_1 = \bar{b}_1,\ x_2 = \bar{b}_2, \ldots, x_m = \bar{b}_m, \\
&x_{m+1} = x_{m+2} = \cdots = x_n = 0
\end{aligned}
\tag{2.44}
$$

で，目的関数の値は

$$
z = \bar{z} \tag{2.45}
$$

であることがただちにわかる．ここで，もし，

$$
\bar{b}_1 \geqq 0,\ \bar{b}_2 \geqq 0, \ldots, \bar{b}_m \geqq 0 \tag{2.46}
$$

が成立すれば，基底解 (2.44) は実行可能解となるので，このときの正準形（タブロー）を，**実行可能正準形** (feasible canonical form)（実行可能タブロー）という．また，もし 1 個以上の $\bar{b}_i$ が 0，すなわち $\bar{b}_i = 0$ であれば，そのときの実行可能基底解は**退化** (degenerate) しているという．

ところで，拡大連立線形方程式 (2.43) は，基底変数ベクトル $\boldsymbol{x}_B$ に対応する $m \times m$ 単位行列 I，非基底変数ベクトル $\boldsymbol{x}_N$ に対応する非基底行列 $\bar{A}_N = [\bar{a}_{ij}]$, $i = 1, 2, \ldots, m$, $j = m+1, m+2, \ldots, n$，ならびに非基底変数ベクトル $\boldsymbol{x}_N$ に対応する目的関数の係数ベクトル $\bar{\boldsymbol{c}}_N = (\bar{c}_{m+1}, \bar{c}_{m+2}, \ldots, \bar{c}_n)$ を用いて，ベクトル行列形式で次のように簡潔に表現されることに注意しておこう．

$$\left.\begin{aligned} I\boldsymbol{x}_B + \bar{A}_N\boldsymbol{x}_N &= \bar{\boldsymbol{b}} \\ -z + \boldsymbol{0}^T\boldsymbol{x}_B + \bar{\boldsymbol{c}}_N\boldsymbol{x}_N &= -\bar{z} \end{aligned}\right\} \tag{2.47}$$

このとき，もとの標準形の線形計画問題 (2.36) の等式制約 $B\boldsymbol{x}_B + N\boldsymbol{x}_N = \boldsymbol{b}$ より，基底変数 $\boldsymbol{x}_B$ は非基底変数 $\boldsymbol{x}_N$ を用いて

$$\boldsymbol{x}_B = B^{-1}\boldsymbol{b} - B^{-1}N\boldsymbol{x}_N \tag{2.48}$$

と表されるので，目的関数 z を非基底変数 $\boldsymbol{x}_N$ のみで表すと，

$$\begin{aligned} z &= \boldsymbol{c}_B\boldsymbol{x}_B + \boldsymbol{c}_N\boldsymbol{x}_N \\ &= \boldsymbol{c}_B B^{-1}\boldsymbol{b} + (\boldsymbol{c}_N - \boldsymbol{c}_B B^{-1}N)\boldsymbol{x}_N \end{aligned} \tag{2.49}$$

となる．一方，式 (2.47) の第 2 式より，

$$z = \bar{z} + \bar{\boldsymbol{c}}_N\boldsymbol{x}_N \tag{2.50}$$

であるので，次の関係が成立していることがわかる．

$$\bar{z} = \boldsymbol{c}_B B^{-1}\boldsymbol{b}, \quad \bar{\boldsymbol{c}}_N = \boldsymbol{c}_N - \boldsymbol{c}_B B^{-1}N \tag{2.51}$$

ここで，標準形の線形計画問題の基底行列 B に関する**シンプレックス乗数ベクトル** (simplex multiplier vector)

$$\boldsymbol{\pi} = (\pi_1, \pi_2, \ldots, \pi_m) = \boldsymbol{c}_B B^{-1} \tag{2.52}$$

を導入すれば，式 (2.51) より

$$\bar{\boldsymbol{c}}_N = \boldsymbol{c}_N - \boldsymbol{\pi}N \tag{2.53}$$

と簡潔に表され，

$$\bar{c}_j = c_j - \boldsymbol{\pi}\boldsymbol{p}_j, \quad j = m+1, m+2, \ldots, n \tag{2.54}$$

であることがわかる．さらに，

$$\bar{z} = \boldsymbol{\pi}\boldsymbol{b} \tag{2.55}$$

と表されることもわかる．

さて，実行可能正準形がただちに得られる例として，例 2.1 の一般の生産計画の問題について考えてみよう．この問題に対して m 個のスラック変数 $x_{n+i} \geqq 0,\ i = 1, 2, \ldots, m$ を導入して，目的関数に -1 を掛けて最小化問題に変換すれば，次の形の拡大連立線

形方程式に変換される[5]．

$$\left.\begin{array}{l} a_{11}x_1 + a_{12}x_2 + \cdots + a_{1n}x_n + x_{n+1} = b_1 \\ a_{21}x_1 + a_{22}x_2 + \cdots + a_{2n}x_n + x_{n+2} = b_2 \\ \vdots \\ a_{m1}x_1 + a_{m2}x_2 + \cdots + a_{mn}x_n + x_{n+m} = b_m \\ c_1x_1 + c_2x_2 + \cdots + c_nx_n - z = 0 \end{array}\right\} \tag{2.56}$$

ここで，m 個のスラック変数 $x_{n+1}, x_{n+2}, \ldots, x_{n+m}$ を基底変数にとれば，式 (2.56) は明らかに正準形で，基底解は，

$$\begin{aligned} &x_1 = x_2 = \cdots = x_n = 0, \\ &x_{n+1} = b_1, x_{n+2} = b_2, \ldots, x_{n+m} = b_m \end{aligned} \tag{2.57}$$

となる．ここで，b_i は資源 i の利用可能な最大量を表しているので，当然 $b_i \geqq 0$, $i = 1, 2, \ldots, m$ であるので，この基底解は実行可能解である．したがって，この正準形は実行可能正準形であることがわかる．

これに対して，例 2.2 の栄養の問題に m 個の余裕変数 $x_{n+i} \geqq 0$, $i = 1, 2, \ldots, m$ を導入して，両辺に -1 を掛けて余裕変数を基底変数としても，基底解は，

$$\begin{aligned} &x_1 = x_2 = \cdots = x_n = 0, \\ &x_{n+1} = -b_1, x_{n+2} = -b_2, \ldots, x_{n+m} - -b_m \end{aligned} \tag{2.58}$$

となるが，$b_i \geqq 0$, $i = 1, 2, \ldots, m$ であるので，実行可能正準形にはならない．

このように，栄養の問題は m 個の余裕変数を導入しても，ただちに実行可能正準形にはならない．しかし，幸いにも，生産計画の問題は m 個のスラック変数を基底変数にとれば，ただちに実行可能正準形になる．したがって，本節の以下の議論では，正準形 (2.43) が実行可能正準形，すなわち $\bar{b}_1 \geqq 0$, $\bar{b}_2 \geqq 0, \ldots, \bar{b}_m \geqq 0$ であることを仮定して，実行可能正準形から出発する**シンプレックス法** (simplex method) について考察していこう．

まず最初に，正準形 (2.43) が実行可能正準形 ($\bar{b}_1 \geqq 0$, $\bar{b}_2 \geqq 0, \ldots, \bar{b}_m \geqq 0$) であると仮定して，目的関数 z に関する式を

$$z = \bar{z} + \bar{c}_{m+1}x_{m+1} + \bar{c}_{m+2}x_{m+2} + \cdots + \bar{c}_nx_n$$

[5] 式 (2.56) では，目的関数に -1 を掛けたあとの目的関数を $z = c_1x_1 + c_2x_2 + \cdots + c_nx_n$ とみなしている．

と変形すれば，この式における非基底変数 $x_{m+1}, x_{m+2}, \ldots, x_n$ の現在の値はすべて 0 であるので，対応する目的関数の値は $z = \bar{z}$ である．ここで，すべての変数に対する非負条件より $x_j \geqq 0,\ j = 1, 2, \ldots, n$ でなければならないことに注意すれば，$\bar{c}_j \geqq 0$, $j = m+1, m+2, \ldots, n$ であれば，$\bar{c}_j x_j \geqq 0,\ j = m+1, m+2, \ldots, n$ となり，非基底変数の値を 0 から正に増加させても目的関数 z の値を減少させることができないので，現在の実行可能基底解は最適解でなければならないことがわかる．

このようにして，実行可能正準形 (2.43) は，実行可能基底解をただちに与えるのみならず，$\bar{c}_j,\ j = m+1, m+2, \ldots, n$ の符号を見るだけで，最適性がただちに判定できるという大変望ましいものである．

◆定理 2.1　最適性規準

実行可能正準形 (2.43) において，すべての $\bar{c}_{m+1}, \bar{c}_{m+2}, \ldots, \bar{c}_n$ が非負，すなわち

$$\bar{c}_j \geqq 0, \quad j = m+1, m+2, \ldots, n \tag{2.59}$$

であれば，このときの実行可能基底解は最適解である．

ここで，ベクトル行列形式の拡大連立線形方程式 (2.47) に対する最適性規準は，「実行可能正準形 (2.47) において，$\bar{\boldsymbol{c}}_N \geqq \boldsymbol{0}$ であれば，このときの実行可能基底解 $(\boldsymbol{x}_B, \boldsymbol{x}_N) = (\bar{\boldsymbol{b}}, \boldsymbol{0})$ は最適解である」と表されることは容易にわかる．

式 (2.59) の $\bar{c}_j,\ j = m+1, m+2, \ldots, n$ は，非基底変数の変化にともなう目的関数の変化率を意味するので，**相対費用係数** (relative cost coefficient) とよばれるが，基底変数に対する相対費用係数はつねに 0 である．

式 (2.59) を**最適性規準** (optimality criterion) あるいは**シンプレックス規準** (simplex criterion) とよび，最適性規準を満たす実行可能正準形を，**最適正準形** (optimal canonical form) あるいは**最適基底形式** (optimal basic form) とよぶ．また，最適性規準を満たすタブローを**最適タブロー** (optimal tableau) とよぶ．

相対費用係数から，最適解が複数個存在するかどうかの判定もできる．いま，すべての非基底変数 x_j に対して $\bar{c}_j \geqq 0$ で，しかもある非基底変数 x_k に対して $\bar{c}_k = 0$ としよう．このとき，非基底変数 x_k の値を 0 から正に増加させても制約式を満たせば，目的関数 z の値は変化しないので，複数個の最適解が存在することになり，最適解の一意性に関する次の定理が成立することがわかる．

◆定理 2.2　最適解の一意性

実行可能正準形 (2.43) において，すべての非基底変数に対して $\bar{c}_j > 0$ であれば，このときの実行可能基底解は唯一の最適解，すなわち，**一意的な最適解** (unique optimal solution) である．

もちろん，$\bar{c}_j$ の中に負のものが存在すれば，対応する非基底変数 x_j の値を 0 から正に増加させることにより，目的関数 z の値を減少させることができる．したがって，最適解ではない現在の解の改良方法について考察してみよう．

もし，少なくとも 1 個の $\bar{c}_j$ は負，すなわち $\bar{c}_j < 0$ ならば，そのとき非退化（すべての $\bar{b}_i > 0$）の仮定のもとで，ピボット操作によって目的関数 z の値を改善するような実行可能基底解を得ることが可能である．このとき，もし 2 個以上の負の $\bar{c}_j$ (< 0) があれば，負の最も小さな $\bar{c}_j$，すなわち，相対費用係数

$$\bar{c}_s = \min_{\bar{c}_j < 0} \bar{c}_j \tag{2.60}$$

に対応する非基底変数 x_s を 0 から正に増加させる変数に選ぶことが自然である．もちろん，このような選択規則は（対応する x_s を必ずしも十分大きくできるとは限らないので）必ずしも目的関数 z の値を最大限に減少させるとは限らないが，直観的には，新たに基底に入れる変数を選定するための一つの納得のできる実用的な規則を与えるので，実際に採用されている．

さて，基底に入る変数 x_s を決定したら，残りの非基底変数の値は 0 のままにして，x_s の値を 0 から増加させて，現在の基底変数への影響を調べてみよう．

そのために，実行可能正準形 (2.43) において x_s 以外のすべての非基底変数の値を 0 とおけば，

$$\left.\begin{aligned}
x_1 &= \bar{b}_1 - \bar{a}_{1s} x_s \\
x_2 &= \bar{b}_2 - \bar{a}_{2s} x_s \\
&\;\;\vdots \\
x_m &= \bar{b}_m - \bar{a}_{ms} x_s \\
z &= \bar{z} + \bar{c}_s x_s, \quad \bar{c}_s < 0
\end{aligned}\right\} \tag{2.61}$$

となる．ここで x_s の値を 0 から増加させると，$\bar{c}_s < 0$ であるので，目的関数 z の値は減少するが，実行可能解であるためには，

$$x_i = \bar{b}_i - \bar{a}_{is} x_s \geqq 0, \quad i = 1, 2, \ldots, m \tag{2.62}$$

を満たさなければならない．ところが，もし，

$$\bar{a}_{is} \leqq 0, \quad i = 1, 2, \ldots, m \tag{2.63}$$

であれば，x_s の値はいくらでも増加させることができるので，$\bar{c}_s < 0$ であることを考慮すれば，式 (2.61) の最後の式より，

$$z = \bar{z} + \bar{c}_s x_s \to -\infty$$

となる．このようにして，解の非有界性に関する性質が導かれる．

◆定理 2.3　非有界性

実行可能正準形 (2.43) において，もしある添字 s に対して

$$\bar{c}_s < 0, \ \bar{a}_{is} \leqq 0, \quad i = 1, 2, \ldots, m \tag{2.64}$$

であれば，解は**非有界** (unbounded) である．

しかし，$\bar{a}_{is}, i = 1, 2, \ldots, m$ の中に正のものがあれば，x_s の値を無限に増加させることはできない．なぜなら，もし x_s の値を増加させていけば，ある基底変数の値が 0 になり，さらに増加させれば負になってしまうからである．

$\bar{a}_{is} > 0$ のとき，式 (2.61) より x_s の値が，

$$x_s = \frac{\bar{b}_i}{\bar{a}_{is}}, \quad \bar{a}_{is} > 0 \tag{2.65}$$

になれば，x_i の値は 0 になることがわかる．したがって，x_s の値を増加させるときの限界値は，$\bar{a}_{is} > 0$ であるような i のうち，$\bar{b}_i / \bar{a}_{is}$ の値の最小のものにより規定されることになる．すなわち，現在の基底変数の値を負にしないような x_s の最大の増加量は，

$$\min_{\bar{a}_{is} > 0} \frac{\bar{b}_i}{\bar{a}_{is}} = \frac{\bar{b}_r}{\bar{a}_{rs}} = \theta \tag{2.66}$$

で与えられる．このとき，対応する基底変数 x_r の値は 0 となり，x_r は非基底変数になるのに対して，x_s の値は $\bar{b}_r / \bar{a}_{rs} = \theta \ (\geqq 0)$ となり，基底変数になるので，目的関数 z の値は式 (2.61) の最後の式より，$|\bar{c}_s x_s| = |\bar{c}_s \theta|$ だけ減少する．

これまでの考察により，x_s を基底に入れる代わりに x_r を基底から出す新たな実行可能基底解が存在し，目的関数 z の値が $|\bar{c}_s \theta|$ だけ減少することがわかった．

さて，$\bar{b}_i \geqq 0, i = 1, 2, \ldots, m$ を満たす実行可能正準形

$$
\left.\begin{array}{l}
x_1 \qquad\qquad + \bar{a}_{1,m+1}x_{m+1} + \cdots + \bar{a}_{1s}x_s + \cdots + \bar{a}_{1n}x_n = \bar{b}_1 \\
\quad x_2 \qquad\quad + \bar{a}_{2,m+1}x_{m+1} + \cdots + \bar{a}_{2s}x_s + \cdots + \bar{a}_{2n}x_n = \bar{b}_2 \\
\qquad\qquad\qquad\qquad \vdots \\
\qquad x_r \qquad + \bar{a}_{r,m+1}x_{m+1} + \cdots + \boxed{\bar{a}_{rs}}x_s + \cdots + \bar{a}_{rs}x_n = \bar{b}_r \\
\qquad\qquad\qquad\qquad \vdots \\
\qquad\quad x_m \; + \bar{a}_{m,m+1}x_{m+1} + \cdots + \bar{a}_{ms}x_s + \cdots + \bar{a}_{mn}x_n = \bar{b}_m \\
\qquad\qquad -z + \bar{c}_{m+1}x_{m+1} + \cdots + \bar{c}_s x_s + \cdots + \bar{c}_n x_n = -\bar{z}
\end{array}\right\} \tag{2.67}
$$

に対して，$\bar{a}_{rs} \neq 0$ をピボット項としてピボット操作を行って得られる新たな実行可能正準形を，得られた係数に * を付けて，

$$
\left.\begin{array}{l}
x_1 + \bar{a}^*_{1r}x_r \qquad + \bar{a}^*_{1,m+1}x_{m+1} + \cdots + 0 + \cdots + \bar{a}^*_{1n}x_n = \bar{b}^*_1 \\
\quad x_2 + \bar{a}^*_{2r}x_r \qquad + \bar{a}^*_{2,m+1}x_{m+1} + \cdots + 0 + \cdots + \bar{a}^*_{2n}x_n = \bar{b}^*_2 \\
\qquad\qquad\qquad\qquad \vdots \\
\qquad \bar{a}^*_{rr}x_r \qquad + \bar{a}^*_{r,m+1}x_{m+1} + \cdots + x_s + \cdots + \bar{a}^*_{rs}x_n = \bar{b}^*_r \\
\qquad\qquad\qquad\qquad \vdots \\
\qquad \bar{a}^*_{mr}x_r + x_m \; + \bar{a}^*_{m,m+1}x_{m+1} + \cdots + 0 + \cdots + \bar{a}^*_{mn}x_n = \bar{b}^*_m \\
\qquad \bar{c}^*_r x_r \qquad -z + \bar{c}^*_{m+1}x_{m+1} + \cdots + 0 + \cdots + \bar{c}^*_n x_n = -\bar{z}^*
\end{array}\right\} \tag{2.68}
$$

と表せば，ピボット操作により，次の関係が成立していることがわかる．

$$
\bar{a}^*_{rj} = \frac{\bar{a}_{rj}}{\bar{a}_{rs}}, \quad \bar{b}^*_r = \frac{\bar{b}_r}{\bar{a}_{rs}} \tag{2.69}
$$

$$
\bar{a}^*_{ij} = \bar{a}_{ij} - \bar{a}_{is}\frac{\bar{a}_{rj}}{\bar{a}_{rs}}, \quad \bar{b}^*_i = \bar{b}_i - \bar{a}_{is}\frac{\bar{b}_r}{\bar{a}_{rs}}, \quad i = 1, 2, \ldots, m, \quad i \neq r \tag{2.70}
$$

$$
\bar{c}^*_j = \bar{c}_j - \bar{c}_s\frac{\bar{a}_{rj}}{\bar{a}_{rs}}, \quad -\bar{z}^* = -\bar{z} - \bar{c}_s\frac{\bar{b}_r}{\bar{a}_{rs}} \tag{2.71}
$$

ここで，変数 $x_1, x_2, \ldots, x_{r-1}, x_s, x_{r+1}, \ldots, x_m$ を基底変数とする正準形 (2.68) が実行可能正準形になることは，式 (2.66) でピボット項 $\bar{a}_{rs} > 0$ を定めることに基づいているが，$\bar{b}_i \geqq 0$，$\bar{a}_{rs} > 0$ であることに注意すれば，次のように示すことができる．

まず，$\bar{b}^*_r = \bar{b}_r/\bar{a}_{rs} \geqq 0$ である．$\bar{a}_{is} > 0$ である $i\ (\neq r)$ に対しては式 (2.66) より，

$$\bar{b}_i^* = \bar{b}_i - \frac{\bar{a}_{is}}{\bar{a}_{rs}}\bar{b}_r = \bar{a}_{is}\left(\frac{\bar{b}_i}{\bar{a}_{is}} - \frac{\bar{b}_r}{\bar{a}_{rs}}\right) \geqq 0$$

となり，さらに，$\bar{a}_{is} \leqq 0$ である $i\ (\neq r)$ に対しては，

$$\bar{b}_i^* = \bar{b}_i - \frac{\bar{a}_{is}}{\bar{a}_{rs}}\bar{b}_r \geqq \bar{b}_i \geqq 0$$

となる．したがって，すべての $\bar{b}_i^* \geqq 0$ となり，式 (2.68) は実行可能正準形である．

ここで，x_r の代わりに x_s を基底に入れる $\bar{a}_{rs}$ に関するピボット操作を一般的に要約すれば，表 2.3 のようになる．サイクル l の $[\bar{a}_{rs}]$ はピボット項を表す．

表 2.3　$\bar{a}_{rs}$ に関するピボット操作

サイクル	基底	x_1	$\cdots$	x_r	$\cdots$	x_m	x_{m+1}	$\cdots$	x_s	$\cdots$	x_n	定数
	x_1	1					$\bar{a}_{1,m+1}$	$\cdots$	$\bar{a}_{1s}$	$\cdots$	$\bar{a}_{1n}$	$\bar{b}_1$
	$\vdots$		$\ddots$				$\vdots$		$\vdots$		$\vdots$	$\vdots$
l	x_r			1			$\bar{a}_{r,m+1}$	$\cdots$	$[\bar{a}_{rs}]$	$\cdots$	$\bar{a}_{rn}$	$\bar{b}_r$
	$\vdots$				$\ddots$		$\vdots$		$\vdots$		$\vdots$	$\vdots$
	x_m					1	$\bar{a}_{m,m+1}$	$\cdots$	$\bar{a}_{ms}$	$\cdots$	$\bar{a}_{mn}$	$\bar{b}_m$
	$-z$						$\bar{c}_{m+1}$	$\cdots$	$\bar{c}_s$	$\cdots$	$\bar{c}_n$	$-\bar{z}$
	x_1	1		$\bar{a}_{1r}^*$			$\bar{a}_{1,m+1}^*$	$\cdots$	0	$\cdots$	$\bar{a}_{1n}^*$	$\bar{b}_1^*$
	$\vdots$		$\ddots$				$\vdots$		$\vdots$		$\vdots$	$\vdots$
$l+1$	x_s			$\bar{a}_{rr}^*$			$\bar{a}_{r,m+1}^*$	$\cdots$	1	$\cdots$	$\bar{a}_{rn}^*$	$\bar{b}_r^*$
	$\vdots$				$\ddots$		$\vdots$		$\vdots$		$\vdots$	$\vdots$
	x_m			$\bar{a}_{mr}^*$		1	$\bar{a}_{m,m+1}^*$	$\cdots$	0	$\cdots$	$\bar{a}_{mn}^*$	$\bar{b}_m^*$
	$-z$			$\bar{c}_r^*$	$\cdots$		$\bar{c}_{m+1}^*$	$\cdots$	0	$\cdots$	$\bar{c}_n^*$	$-\bar{z}^*$

$$\bar{a}_{rj}^* = \frac{\bar{a}_{rj}}{\bar{a}_{rs}}, \quad \bar{b}_r^* = \frac{\bar{b}_r}{\bar{a}_{rs}}$$

$$\bar{a}_{ij}^* = \bar{a}_{ij} - \bar{a}_{is}\frac{\bar{a}_{rj}}{\bar{a}_{rs}} = \bar{a}_{ij} - \bar{a}_{is}\bar{a}_{rj}^*, \quad \bar{b}_i^* = \bar{b}_i - \bar{a}_{is}\frac{\bar{b}_r}{\bar{a}_{rs}} = \bar{b}_i - \bar{a}_{is}\bar{b}_r^*\ (i \neq r)$$

$$\bar{c}_j^* = \bar{c}_j - \bar{c}_s\frac{\bar{a}_{rj}}{\bar{a}_{rs}} = \bar{c}_j - \bar{c}_s\bar{a}_{rj}^*, \quad -\bar{z}^* = -\bar{z} - \bar{c}_s\frac{\bar{b}_r}{\bar{a}_{rs}} = -\bar{z} - \bar{c}_s\bar{b}_r^*$$

実行可能正準形から出発して，ピボット操作によって実行可能正準形を次々に更新して，最適性規準を満たす最小値を見つけるか，あるいは最小値が有界でないという情報を得ることができる．このようなシンプレックス法の手順は次のようになる．

■シンプレックス法の手順

はじめに，式 (2.67) のような実行可能正準形が与えられているとする．

手順 1 すべての j に対して相対費用係数が $\bar{c}_j \geqq 0$ であれば，最適解を得て終了する．そうでなければ，相対費用係数 $\bar{c}_j$ を用いて

$$\min_{\bar{c}_j<0} \bar{c}_j = \bar{c}_s$$

となる添字 s を求める．

手順 2 すべての i に対して $\bar{a}_{is} \leqq 0$ ならば，最小値が有界でないという情報を得て終了する．

手順 3 $\bar{a}_{is}$ に正のものがあれば

$$\min_{\bar{a}_{is}>0} \frac{\bar{b}_i}{\bar{a}_{is}} = \frac{\bar{b}_r}{\bar{a}_{rs}} = \theta$$

となる添字 r を求める．

手順 4 $\bar{a}_{rs}$ に関するピボット操作を行って，x_r の代わりに x_s を基底変数とする実行可能正準形を求める．このとき新しい正準形における係数の値には，上付き添字 * を付けて表せば次のようになる．

(1) r 行（式）の両辺を $\bar{a}_{rs}$ で割る．すなわち

$$\bar{a}^*_{rj} = \frac{\bar{a}_{rj}}{\bar{a}_{rs}}, \quad \bar{b}^*_r = \frac{\bar{b}_r}{\bar{a}_{rs}}$$

(2) $i=r$ を除く各 $i=1,2,\ldots,m$ 行（式）から，(1) で得られた r 行（式）に $\bar{a}_{is}$ を掛けたものを引く．すなわち

$$\bar{a}^*_{ij} = \bar{a}_{ij} - \bar{a}_{is}\bar{a}^*_{rj}, \quad \bar{b}^*_i = \bar{b}_i - \bar{a}_{is}\bar{b}^*_r$$

(3) 目的関数の行（$m+1$ 行）（式）から，(1) で得られた r 行（式）に $\bar{c}_s$ を掛けたものを引く．すなわち

$$\bar{c}^*_j = \bar{c}_j - \bar{c}_s\bar{a}^*_{rj}, \quad -\bar{z}^* = -\bar{z} - \bar{c}_s\bar{b}^*_r$$

手順 1 へ戻る．

ここで，手順 1 や手順 3 で，最小値を与える s や r が複数個存在するときには，便宜上最小の添字を選ぶことにする．

例 2.5　例 1.1 の生産計画の問題に対するシンプレックス法

例 1.1 の生産計画の問題の標準形

$$
\begin{aligned}
\text{minimize} \quad & z = -3x_1 - 8x_2 \\
\text{subject to} \quad & 2x_1 + 6x_2 + x_3 = 27 \\
& 3x_1 + 2x_2 + x_4 = 16 \\
& 4x_1 + x_2 + x_5 = 18 \\
& x_j \geqq 0, \quad j = 1,2,3,4,5
\end{aligned}
$$

にシンプレックス法を適用してみよう．

スラック変数 x_3，x_4，x_5 を基底変数に選べば，最初の実行可能基底解

$$x_1 = x_2 = 0, \quad x_3 = 27, \quad x_4 = 16, \quad x_5 = 18$$

を得るが，これは表 2.4 のタブローのサイクル 0 の位置に示されている．

表 2.4　例 1.1 のシンプレックス・タブロー

サイクル	基底	x_1	x_2	x_3	x_4	x_5	定数
0	x_3	2	[6]	1			27
	x_4	3	2		1		16
	x_5	4	1			1	18
	$-z$	−3	−8				0
1	x_2	1/3	1	1/6			4.5
	x_4	[7/3]		−1/3	1		7
	x_5	11/3		−1/6		1	13.5
	$-z$	−1/3		4/3			36
2	x_2		1	3/14	−1/7		3.5
	x_1	1		−1/7	3/7		3
	x_5			5/14	−11/7	1	2.5
	$-z$			9/7	1/7		37

サイクル 0 において，

$$\min(-3, -8) = -8 < 0$$

であるので，x_2 が新しい基底変数になる．次に，

$$\min\left(\frac{27}{6}, \frac{16}{2}, \frac{18}{1}\right) = \frac{27}{6} = 4.5$$

となるので，x_3 が非基底変数となり，サイクル 0 の [ ] で囲まれた 6 がピボット項になるので，ピボット操作をすれば，サイクル 1 の結果を得る．

サイクル 1 において，負の相対費用係数は $-1/3$ だけであるので，x_1 が基底変数となる．さらに

$$\min\left(\frac{4.5}{1/3}, \frac{7}{7/3}, \frac{13.5}{11/3}\right) = \frac{7}{7/3} = 3$$

となるので，サイクル 1 の [ ] で囲まれた 7/3 がピボット項となり，ピボット操作をすれば，サイクル 2 の結果を得る．サイクル 2 の相対費用係数はすべて正となるので，最適解

$$x_1 = 3,\ x_2 = 3.5,\ x_3 = x_4 = 0,\ x_5 = 2.5, \quad z = -37$$

を得る．得られた最適解は，図 2.3 の端点 D に対応していることがわかる．

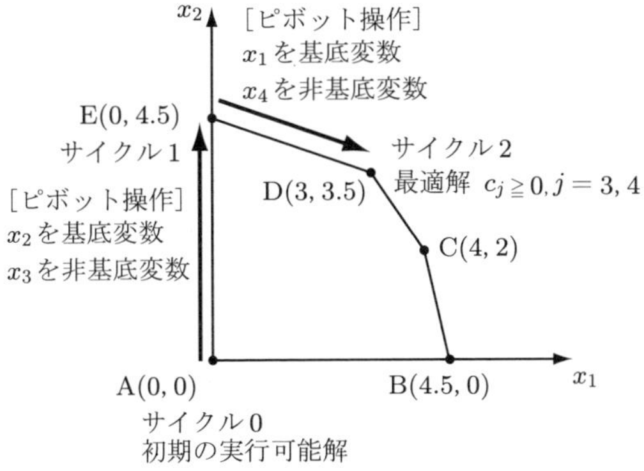

図 2.3　シンプレックス法の手順

◀

例 2.6　複数個の最適解が存在する例

複数個の最適解が存在するような線形計画問題の例を示すために，例 1.1 の目的関数の x_1 の係数を 1，x_2 の係数を 3 に変更した次の問題を考えてみよう．

$$\begin{aligned}
&\text{minimize} && z = -x_1 - 3x_2 \\
&\text{subject to} && 2x_1 + 6x_2 + x_3 = 27 \\
& && 3x_1 + 2x_2 + x_4 = 16 \\
& && 4x_1 + x_2 + x_5 = 18 \\
& && x_j \geqq 0, \quad j = 1, 2, 3, 4, 5
\end{aligned}$$

シンプレックス法を実行すれば，表 2.5 のサイクル 1 で最適解

$$x_1 = 0,\ x_2 = 4.5,\ x_3 = 0,\ x_4 = 7,\ x_5 = 13.5, \quad z = -13.5$$

表 2.5　複数個の最適解が存在するシンプレックス・タブロー

サイクル	基底	x_1	x_2	x_3	x_4	x_5	定数
0	x_3	2	[6]	1			27
	x_4	3	2		1		16
	x_5	4	1			1	18
	$-z$	−1	−3				
1	x_2	1/3	1	1/6			4.5
	x_4	[7/3]		−1/3	1		7
	x_5	11/3		−1/6		1	13.5
	$-z$	0		1/2			13.5
2	x_2		1	3/14	−1/7		3.5
	x_1	1		−1/7	3/7		3
	x_5			5/14	−11/7	1	2.5
	$-z$			1/2	0		13.5

が得られるが，非基底変数 x_1 の相対費用係数は 0 である．このことは，x_1 の値を正にしても制約式が満たされれば，目的関数の値は変化しないことを意味している．そこで，x_4 の代わりに x_1 を基底に入れると，サイクル 2 でサイクル 1 と同じ目的関数値を与える別の最適解

$$x_1 = 3,\ x_2 = 3.5,\ x_3 = x_4 = 0,\ x_5 = 2.5, \quad z = -13.5$$

が得られる．ここで，サイクル 1 とサイクル 2 の最適解は，それぞれ図 2.1 あるいは図 2.3 の端点 E と D に対応しており，線分 ED 上の任意の点はすべて最適解となることに注意しよう．◀

2.4　2 段階法

これまで，初期の実行可能正準形から出発して，ピボット操作によって実行可能正準形を次々と更新して最小値を見つけるか，あるいは目的関数値が有界でないという情報を得るというシンプレックス法について考察してきた．

本節では，初期の実行可能正準形が得られていない場合に，どのようにして，初期の実行可能基底解を求めるのか，あるいは存在しないという情報を得るのかについて考えてみよう．

標準形の線形計画問題に対する，実行可能正準形の役割を果たすような連立線形方程式を作成するために，まず最初に，標準形の線形計画問題において，右辺に負の b_i があれば，その等式制約式の両辺に -1 を掛けたものを b_i と再定義して，右辺の b_i

の値をすべて非負になるように変更してみよう．このようにして，すべての右辺定数 b_i が非負になるように変更された問題の m 個の等式制約式に対して，m 個の非負の変数 $x_{n+1}, x_{n+2}, \ldots, x_{n+m}$ を導入すれば，標準形の線形計画問題は形式的に次のような正準形に変換することができる．

「連立線形方程式

$$\left.\begin{array}{l} a_{11}x_1 + a_{12}x_2 + \cdots + a_{1n}x_n + x_{n+1} = b_1 \ (\geqq 0) \\ a_{21}x_1 + a_{22}x_2 + \cdots + a_{2n}x_n + x_{n+2} = b_2 \ (\geqq 0) \\ \qquad \vdots \\ a_{m1}x_1 + a_{m2}x_2 + \cdots + a_{mn}x_n + x_{n+m} = b_m \ (\geqq 0) \\ c_1x_1 + c_2x_2 + \cdots + c_nx_n - z = 0 \end{array}\right\} \tag{2.72}$$

と，非負条件 $x_j \geqq 0,\ j = 1, 2, \ldots, n, n+1, \ldots, n+m$ を満たし，目的関数 z の値を最小にする解を求めよ.」

ここで，人為的に導入した非負の変数 $x_{n+1} \geqq 0,\ x_{n+2} \geqq 0, \ldots, x_{n+m} \geqq 0$ は，人**為変数** (artificial variable) とよばれる

正準形 (2.72) において，人為変数 $x_{n+1}, x_{n+2}, \ldots, x_{n+m}$ を基底変数にとれば，最初の実行可能基底解は明らかに，

$$\begin{aligned} &x_1 = x_2 = \cdots = x_n = 0, \\ &x_{n+1} = b_1 \geqq 0, x_{n+2} = b_2 \geqq 0, \ldots, x_{n+m} = b_m \geqq 0 \end{aligned} \tag{2.73}$$

となる．もちろん，このような実行可能基底解はもとの問題の実行可能解ではないが，式 (2.72) と非負条件を満たす実行可能基底解 $(x_1, x_2, \ldots, x_n, x_{n+1}, \ldots, x_{n+m})$ のうち，とくに，すべての人為変数 $x_{n+i},\ i = 1, 2, \ldots, m$ の値が 0 になるような実行可能基底解，すなわち $(\bar{x}_1, \bar{x}_2, \ldots, \bar{x}_n, 0, \ldots, 0)$ となるような実行可能基底解が求まれば，$(\bar{x}_1, \bar{x}_2, \ldots, \bar{x}_n)$ は，明らかにもとの問題の実行可能基底解であることがわかる．したがって，式 (2.72) から出発して，シンプレックス法を用いて，人為変数の値をすべて 0 にすることができれば，もとの問題の最初の実行可能基底解が得られることになる．このような初期の実行可能基底解を求めるためには，人為変数の和

$$w = x_{n+1} + x_{n+2} + \cdots + x_{n+m} \tag{2.74}$$

を目的関数として，等式制約式 (2.72) と変数に対する非負条件のもとで最小にすればよいことがわかる．すなわち，拡大連立線形方程式

$$\left.\begin{array}{llllllll}
a_{11}x_1+ & a_{12}x_2+\cdots+ & a_{1n}x_n & +x_{n+1} & & & & =b_1\ (\geqq 0)\\
a_{21}x_1+ & a_{22}x_2+\cdots+ & a_{2n}x_n & & +x_{n+2} & & & =b_2\ (\geqq 0)\\
 & & \vdots & & & & & \\
a_{m1}x_1+ & a_{m2}x_2+\cdots+ & a_{mn}x_n & & & +x_{n+m} & & =b_m\ (\geqq 0)\\
c_1x_1+ & c_2x_2+\cdots+ & c_nx_n & & & & -z & =0\\
 & & & x_{n+1}+ & x_{n+2}+\cdots+ & x_{n+m} & -w & =0
\end{array}\right\} \tag{2.75}$$

と，すべての変数に対する非負条件 $x_1 \geqq 0,\ x_2 \geqq 0,\ \ldots,\ x_n \geqq 0,\ x_{n+1} \geqq 0,\ \ldots,$ $x_{n+m} \geqq 0$ を満たし，目的関数 w の値を最小にする解を求めればよい[6)]．

ここで，人為変数の値はすべて非負なので，このような人為変数の和 w の最小値は明らかに0以上となるが，とくに w の最小値が0であれば，最適解における人為変数の値はすべて0になっている．逆に，もとの問題に実行可能解が存在するときには，明らかに人為変数の和を最小にする問題(2.75)において，すべての人為変数の値が0となるような実行可能解が存在することになる．しかし，もし w の最小値が正，すなわち $w > 0$ となれば，すべての人為変数の値を0にすることはできないので，もとの問題には実行可能解が存在しないことになる．

w の最小値をシンプレックス法で求めて初期の実行可能基底解を得るためには，拡大連立方程式(2.75)における $-w$ の行を現在の非基底変数 $x_1, x_2, \ldots, x_n$ で表して，$-w$ の行も含めた正準形にしなければならない．

w を非基底変数 $x_1, x_2, \ldots, x_n$ で表すために，式(2.72)より得られる m 個の関係式

$$x_{n+i} = b_i - a_{i1}x_1 - a_{i2}x_2 - \cdots - a_{in}x_n, \quad i = 1, 2, \ldots, m$$

の和をとって整理すれば，

$$w = \sum_{i=1}^{m} x_{n+i} = \sum_{i=1}^{m}\left(b_i - \sum_{j=1}^{n} a_{ij}x_j\right) = \sum_{i=1}^{m} b_i - \sum_{j=1}^{n}\left(\sum_{i=1}^{m} a_{ij}\right)x_j \tag{2.76}$$

となることがわかる．ここで，

$$w_0 = \sum_{i=1}^{m} b_i\ (\geqq 0), \quad d_j = -\sum_{i=1}^{m} a_{ij}, \quad j = 1, 2, \ldots, n \tag{2.77}$$

6) もとの制約式に最初の実行可能基底解の一部として使える変数があれば，人為変数よりもこれらの変数を用いたほうが得策である．

とおけば，$-w$ の行は

$$-w + d_1x_1 + d_2x_2 + \cdots + d_nx_n = -w_0 \tag{2.78}$$

のように簡潔に表されることになる．

したがって，拡大連立線形方程式 (2.75) は，人為変数 $x_{n+1}, x_{n+2}, \ldots, x_{n+m}$ を基底変数とする目的関数 w に関する実行可能正準形

$$\left.\begin{array}{lr}
a_{11}x_1 + a_{12}x_2 + \cdots + a_{1n}x_n + x_{n+1} & = b_1\ (\geqq 0) \\
a_{21}x_1 + a_{22}x_2 + \cdots + a_{2n}x_n \qquad + x_{n+2} & = b_2\ (\geqq 0) \\
\qquad\qquad \vdots & \\
a_{m1}x_1 + a_{m2}x_2 + \cdots + a_{mn}x_n \qquad\qquad + x_{n+m} & = b_m\ (\geqq 0) \\
c_1x_1 + c_2x_2 + \cdots + c_nx_n \qquad\qquad\qquad -z & = 0 \\
d_1x_1 + d_2x_2 + \cdots + d_nx_n \qquad\qquad\qquad\qquad -w & = -w_0
\end{array}\right\} \tag{2.79}$$

に変換されるので，シンプレックス法を適用することが可能となる．ここで，

$$\bar{d}_s = \min_{\bar{d}_j < 0} \bar{d}_j \tag{2.80}$$

$$\frac{\bar{b}_r}{\bar{a}_{rs}} = \min_{\bar{a}_{is} > 0} \frac{\bar{b}_i}{\bar{a}_{is}} \tag{2.81}$$

によってピボット項 $\bar{a}_{rs}$ (> 0) を定めて，ピボット操作を行って w を最小にすることができる．このとき，

$$\bar{d}_j \geqq 0, \quad j = 1, 2, \ldots, n, n+1, \ldots, n+m, \quad w = 0 \tag{2.82}$$

となれば，人為変数の値はすべて 0 となり，もとの問題の最初の実行可能基底解が得られることになる．このとき，もしすべての人為変数が基底から出て非基底変数になっていれば，もとの問題の実行可能正準形が得られたことになる．したがって，w と人為変数をすべて除去して，z を目的関数とするシンプレックス法により，本来の目的関数である z の最小化を行えばよい．

ここで，w を最小にする段階を**第 1 段階** (phase one) とよび，第 1 段階に続いて z を最小にする段階を**第 2 段階** (phase two) とよべば，第 1 段階は実行可能性を判定し，第 2 段階は最適性を判定するものであるといえる．

ところが，第 1 段階の最適解が得られて $w = 0$ であっても，人為変数が基底に残っていることがある（もちろんその値は 0 である）．このような場合には，人為変数が

基底に残っているので，残念ながらもとの問題の実行可能正準形は得られていないが，次に述べる議論により，人為変数を基底に残したまま目的関数を w から z に変更して，第2段階を実行することが可能となる．

第1段階の最適タブローの $-w$ の行 $\bar{d}_1x_1 + \bar{d}_2x_2 + \cdots + \bar{d}_{n+m}x_{n+m} - w = 0$ に注目すれば，$x_j \geqq 0,\ j = 1, 2, \ldots, n+m$ より，$w = 0$ であるためには，$\bar{d}_j > 0$ である x_j がすべて0であることが必要かつ十分である．ここで，$\bar{d}_j > 0$ であるもとの変数 x_j は現在非基底変数でその値は0であるが，以後のピボット操作で基底に入って w の値を正にする可能性がある．このようなことを阻止して問題の実行可能性を保持するためには，$\bar{d}_j > 0$ である x_j の値を0に保つこと，すなわち，$\bar{d}_j > 0$ である x_j の列をすべて除去すればよいことになる．したがって，基底から出た人為変数の列と，第1段階の最適タブローで $\bar{d}_j > 0$ である x_j の列をすべて除去すれば，目的関数を w から z に変更して第2段階を実行しても，w の値が正になることはありえないので，基底に残っている人為変数の値も正になることはない．すなわち，もとの問題の実行可能性が保持されることになる．したがって，第1段階の最適解を求めて $w = 0$ であれば，人為変数の列と $\bar{d}_j > 0$ であるもとの変数 x_j の列をすべて除去し，目的関数を z に変更して，第2段階を実行すれば，最適解あるいは解が有界ではないという情報が得られる．このように2段階に分けて線形計画問題を解く方法を，2段階シンプレックス法あるいは単に**2段階法** (two phase method) という．

ところで，人為変数は一度基底から出ると不要になるので，その列はタブローから除くことができる．また，基底に入っているときには，その列は単位ベクトルで不変であるので，とくに記録しておく必要もない．したがって，人為変数の列は，はじめからタブローに書き込む必要はないし，計算する必要もないことになる．一方，目的関数 z は，$w = 0$ になった時点で，w から z に変更するとき，z をそのときの非基底変数で表さなければならない．しかし，最初から $-z$ の行も含めてピボット操作を行っておけば，つねに $-z$ の行も含めた実行可能正準形になっていることがわかる．

これまでの議論に基づいて2段階法の手順を示すと，次のようになる．

■2段階法の手順（図2.4）

第1段階　表2.6のタブローから，シンプレックス法を実行する．ただし，$-w$ の行を目的関数の行として，$-z$ の行からはピボット項を選ばないが，ピボット操作は行う．最適タブローが得られたときに $w > 0$ であれば，もとの問題に実行可能解が存在しないという情報を得て終了する．$w = 0$ であれば第2段階に進む．

第2段階　$\bar{d}_j > 0$ である x_j の列をすべて除去する．$-w$ の行を除去して，$-z$ の行を目的関数の行として，シンプレックス法を実行する．

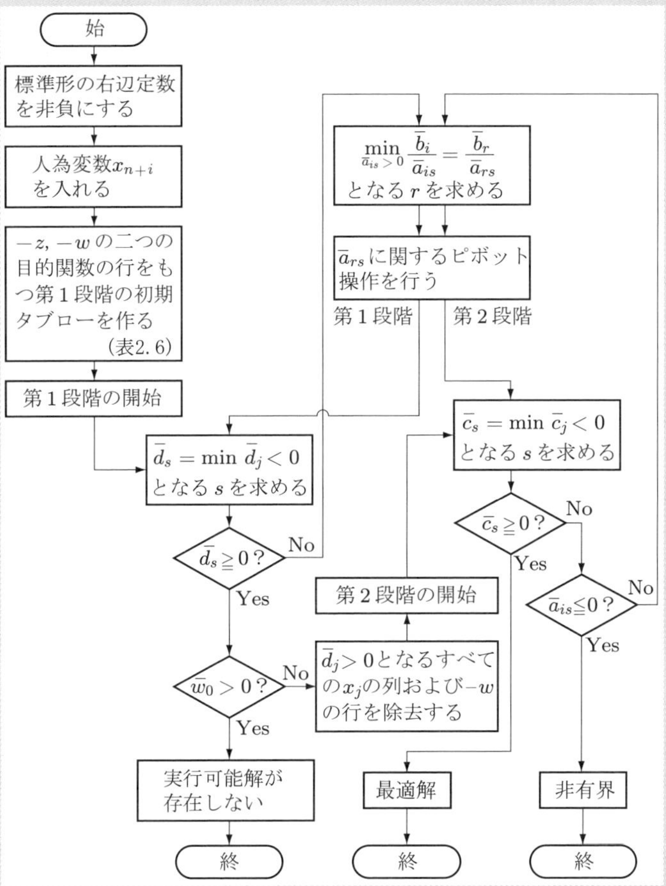

図 2.4　2 段階法の流れ図

表 2.6　2 段階法の初期タブロー

基底	x_1	x_2	$\cdots$	x_j	$\cdots$	x_n	定数
x_{n+1}	a_{11}	a_{12}	$\cdots$	a_{1j}	$\cdots$	a_{1n}	b_1
x_{n+2}	a_{21}	a_{22}	$\cdots$	a_{2j}	$\cdots$	a_{2n}	b_2
$\vdots$	$\vdots$	$\vdots$		$\vdots$		$\vdots$	$\vdots$
x_{n+i}	a_{i1}	a_{i2}	$\cdots$	a_{ij}	$\cdots$	a_{in}	b_i
$\vdots$	$\vdots$	$\vdots$		$\vdots$		$\vdots$	$\vdots$
x_{n+m}	a_{m1}	a_{m2}	$\cdots$	a_{mj}	$\cdots$	a_{mn}	b_m
$-z$	c_1	c_2	$\cdots$	c_j	$\cdots$	c_n	0
$-w$	d_1	d_2	$\cdots$	d_j	$\cdots$	d_n	$-w_0$

$$d_j = -\sum_{i=1}^{m} a_{ij}, \quad -w_0 = -\sum_{i=1}^{m} b_i$$

例 2.7　2 変数 3 制約の栄養の問題に対する 2 段階法

例 2.3 の栄養の問題の標準形

$$
\begin{array}{ll}
\text{minimize} & z = 4x_1 + 3x_2 \\
\text{subject to} & x_1 + 3x_2 - x_3 = 12 \\
 & x_1 + 2x_2 - x_4 = 10 \\
 & 2x_1 + x_2 - x_5 = 15 \\
 & x_j \geqq 0, \quad j = 1, 2, 3, 4, 5
\end{array}
$$

に 2 段階法を適用してみよう．

人為変数 x_6，x_7，x_8 を導入して基底変数に選び，表 2.7 のサイクル 0 から第 1 段階を開始すれば，サイクル 3 で $w = 0$ となり第 1 段階が終了する．本例では，サイクル 3 での第 1 段階の終了と同時に，サイクル 3 の $-z$ の行の相対費用係数もすべて正となり，最適解

$$x_1 = 6.6,\ x_2 = 1.8,\ x_3 = 0,\ x_4 = 0.2,\ x_5 = 0, \quad z = 31.8$$

が得られる．

表 2.7　例 2.3 の 2 段階法によるシンプレックス・タブロー

サイクル	基底	x_1	x_2	x_3	x_4	x_5	定数
0	x_6	1	[3]	−1			12
	x_7	1	2		−1		10
	x_8	2	1			−1	15
	$-z$	4	3				0
	$-w$	−4	−6	1	1	1	−37
1	x_2	1/3	1	−1/3			4
	x_7	[1/3]		2/3	−1		2
	x_8	5/3		1/3		−1	11
	$-z$	3		1			−12
	$-w$	−2		−1	1	1	−13
2	x_2		1	−1	1		2
	x_1	1		2	−3		6
	x_8			−3	[5]	−1	1
	$-z$			−5	9		−30
	$-w$			3	−5	1	−1
3	x_2		1	−0.4		0.2	1.8
	x_1	1		0.2		−0.6	6.6
	x_4			−0.6	1	−0.2	0.2
	$-z$			0.4		1.8	−31.8
	$-w$			0		0	0

◀

例 2.8　実行可能解の存在しない 2 変数 4 制約の例

実行可能解の存在しない例として，例 2.7 の栄養の問題の標準形に不等式制約式

$$4x_1 + 5x_2 \leqq 8$$

を付け加えた問題を考えてみよう．

この不等式制約式にスラック変数 x_6 を導入して，標準形の線形計画問題に変換すれば，

$$\begin{array}{ll} \text{minimize} & z = 4x_1 + 3x_2 \\ \text{subject to} & x_1 + 3x_2 - x_3 = 12 \\ & x_1 + 2x_2 - x_4 = 10 \\ & 2x_1 + x_2 - x_5 = 15 \\ & 4x_1 + 5x_2 + x_6 = 8 \\ & x_j \geqq 0, \quad j = 1,2,3,4,5,6 \end{array}$$

となる．

そこで，スラック変数 x_6 と人為変数 x_7，x_8，x_9 を基底とする最初の実行可能基底解からシンプレックス法を実行すると，表 2.8 のサイクル 1 で第 1 段階が終了する．しかし，このときの第 1 段階の目的関数の値は $w = 27.4 > 0$ となるので，この問題には実行可能解が存在しないことがわかる．

ここで，サイクル 0 でスラック変数 x_6 を基底変数として利用しているので，$w = x_7 + x_8 + x_9$ となり，$-w$ の行は人為変数 x_7，x_8，x_9 の行のみで計算されることに注意しよう．

表 2.8　実行可能解の存在しないシンプレックス・タブロー

サイクル	基底	x_1	x_2	x_3	x_4	x_5	x_6	定数
0	x_7	1	3	−1				12
	x_8	1	2		−1			10
	x_9	2	1			−1		15
	x_6	4	[5]				1	8
	$-z$	4	3					0
	$-w$	−4	−6	1	1	1		−37
1	x_7	−1.4		−1			−0.6	7.2
	x_8	−0.6			−1		−0.4	6.8
	x_9	1.2				−1	−0.2	13.4
	x_2	0.8	1				0.2	1.6
	$-z$	1.6					−0.6	−4.8
	$-w$	0.8		1	1	1	1.2	−27.4

◀

例 2.9　人為変数が基底に残る 4 変数 3 制約の例

人為変数が基底に残る例として，次の問題を考えてみよう．

$$\begin{array}{lrl} \text{minimize} & z = 3x_1 + x_2 + 2x_3 & \\ \text{subject to} & x_1 + x_2 + x_3 & = 10 \\ & 3x_1 + x_2 + 4x_3 - x_4 & = 30 \\ & 4x_1 + 3x_2 + 3x_3 + x_4 & = 40 \\ & x_j \geqq 0, \quad j = 1, 2, 3, 4 & \end{array}$$

人為変数 x_5，x_6，x_7 を基底とする最初の実行可能基底解からシンプレックス法を実行すると，表 2.9 のサイクル 1 で $w = 0$ となり第 1 段階が終了するが，人為変数 x_6，x_7 はまだ基底に残っている．

ここで，$\bar{d}_2 = 3 > 0$ であるので，x_2 の列と $-w$ の行を除去してシンプレックス法を実行する．$-z$ の行を見ると，x_2 の列は -2 で最小であるが，この列は除去しているので，$\bar{c}_3 = -1$ であるから，x_3 が基底に入る．代わりに x_6 が非基底となり，サイクル 2 のタブローを得る．最終的にサイクル 3 で，最適解

$$x_1 = 0,\ x_2 = 0,\ x_3 = 10,\ x_4 = 10,\ x_5 = 0,\ x_6 = 0,\ x_7 = 0, \quad z = 20$$

が得られる．

表 2.9　人為変数が基底に残る例

サイクル	基底	x_1	x_2	x_3	x_4	定数
0	x_5	[1]	1	1		10
	x_6	3	1	4	−1	30
	x_7	4	3	3	1	40
	$-z$	3	1	2	0	0
	$-w$	−8	−5	−8	0	−80
1	x_1	1	1	1		10
	x_6		−2	[1]	−1	0
	x_7		−1	−1	1	0
	$-z$	0	−2	−1	0	−30
	$-w$	0	3	0	0	0
2	x_1	1			[1]	10
	x_3			1	−1	0
	x_7					0
	$-z$	0		0	−1	−30
3	x_4	1			1	10
	x_3	1		1		10
	x_7					0
	$-z$	1		0	0	−20

◀

シンプレックス法では，退化が起こらなければ，ある実行可能基底解から，ピボット操作により目的関数の値を改善する次の実行可能基底が得られる．したがって，退化が起こらない場合の収束性はきわめて簡単である．

◆定理 2.4　シンプレックス法の収束性（非退化の場合）
非退化の仮定のもとでは，シンプレックス法は有限回で終了する．

実際，実行可能基底解の数は，たかだか ${}_nC_m$ 個で有限個であるので，同じ実行可能基底解が繰り返して現れる場合にのみ，シンプレックス法は終了することができない．しかし，非退化の仮定のもとでは，目的関数 z の値は前の値よりも必ず減少するので，同じ実行可能基底解が繰り返して現れることはなく，シンプレックス法は有限回で終了することがわかる[7)]．

2.5　線形計画問題の双対問題と双対性

一般に，互いに対になっている関係は双対関係とよばれるが，線形計画法ではとくに，ある線形計画問題に対して，双対問題とよばれるもう一つの対応する線形計画問題が定式化できる．これら二つの線形計画問題の間には，いくつかの興味深い数学的関係や経済的な解釈が与えられる．たとえば，ある線形計画問題に対応する双対問題が存在し，最適値が一致するという性質がある．

標準形の線形計画問題

$$\left.\begin{array}{ll} \text{minimize} & z = \boldsymbol{cx} \\ \text{subject to} & A\boldsymbol{x} = \boldsymbol{b} \\ & \boldsymbol{x} \geqq \boldsymbol{0} \end{array}\right\} \tag{2.83}$$

の目的関数に含まれる係数 $\boldsymbol{c}$ と制約条件に含まれる係数 $\boldsymbol{b}$ とを交換して，行ベクトル $\boldsymbol{\pi} = (\pi_1, \pi_2, \ldots, \pi_m)$ を変数とする最大化問題

$$\left.\begin{array}{ll} \text{maximize} & v = \boldsymbol{\pi b} \\ \text{subject to} & \boldsymbol{\pi} A \leqq \boldsymbol{c} \end{array}\right\} \tag{2.84}$$

を，もとの問題の**双対問題** (dual problem) とよび，変数 $\boldsymbol{\pi}$ を**双対変数** (dual variable) とよぶ．双対問題に対してもとの問題を**主問題** (primal problem) とよぶ．

この双対問題では，変数 $\boldsymbol{\pi}$ は非負とは限らないことに注意しよう．いずれの問題に

---

7) 退化に関する議論の詳細については，参考文献の拙著 [8] 等を参照されたい．

対しても $\boldsymbol{c} = (c_1, c_2, \ldots, c_n)$ は n 次元行ベクトル，$\boldsymbol{b} = (b_1, b_2, \ldots, b_m)^T$ は m 次元列ベクトルで，A は $m \times n$ 行列である．

m 次元行ベクトル $\boldsymbol{\pi}$ に $m \times n$ 行列 A を掛ければ，双対問題 (2.84) の制約式は具体的には，

$$\left.\begin{array}{l} a_{11}\pi_1 + a_{21}\pi_2 + \cdots + a_{m1}\pi_m \leqq c_1 \\ a_{12}\pi_1 + a_{22}\pi_2 + \cdots + a_{m2}\pi_m \leqq c_2 \\ \qquad\vdots \\ a_{1n}\pi_1 + a_{2n}\pi_2 + \cdots + a_{mn}\pi_m \leqq c_n \end{array}\right\} \tag{2.85}$$

のように表され，式 (2.85) の連立不等式の係数行列は A の転置行列 A^T で与えられることに注意しよう．

さらに，等式制約式のみならず，二つの向きの不等式制約式と符号に制約のない変数，すなわち，自由変数を含む最も一般的な主問題

$$\left.\begin{array}{lll} \text{minimize} & z = & \boldsymbol{c}^1\boldsymbol{x}^1 + \boldsymbol{c}^2\boldsymbol{x}^2 + \boldsymbol{c}^3\boldsymbol{x}^3 \\ \text{subject to} & & A_{11}\boldsymbol{x}^1 + A_{12}\boldsymbol{x}^2 + A_{13}\boldsymbol{x}^3 \geqq \boldsymbol{b}^1 \\ & & A_{21}\boldsymbol{x}^1 + A_{22}\boldsymbol{x}^2 + A_{23}\boldsymbol{x}^3 \leqq \boldsymbol{b}^2 \\ & & A_{31}\boldsymbol{x}^1 + A_{32}\boldsymbol{x}^2 + A_{33}\boldsymbol{x}^3 = \boldsymbol{b}^3 \\ & & \boldsymbol{x}^1 \geqq \boldsymbol{0}, \quad \boldsymbol{x}^2 \leqq \boldsymbol{0} \end{array}\right\} \tag{2.86}$$

に対する双対問題は次のようになることは容易にわかる[8)]．

$$\left.\begin{array}{lll} \text{maximize} & v = & \boldsymbol{\pi}^1\boldsymbol{b}^1 + \boldsymbol{\pi}^2\boldsymbol{b}^2 + \boldsymbol{\pi}^3\boldsymbol{b}^3 \\ \text{subject to} & & \boldsymbol{\pi}^1 A_{11} + \boldsymbol{\pi}^2 A_{21} + \boldsymbol{\pi}^3 A_{31} \leqq \boldsymbol{c}^1 \\ & & \boldsymbol{\pi}^1 A_{12} + \boldsymbol{\pi}^2 A_{22} + \boldsymbol{\pi}^3 A_{32} \geqq \boldsymbol{c}^2 \\ & & \boldsymbol{\pi}^1 A_{13} + \boldsymbol{\pi}^2 A_{23} + \boldsymbol{\pi}^3 A_{33} = \boldsymbol{c}^3 \\ & & \boldsymbol{\pi}^1 \geqq \boldsymbol{0}, \ \boldsymbol{\pi}^2 \leqq \boldsymbol{0} \end{array}\right\} \tag{2.87}$$

ここで，主問題の不等式の向きには双対問題の変数の符号，等式には自由変数がそれぞれ対応し，さらに主問題の変数の符号，自由変数にはそれぞれ，双対問題の不等式の向き，等式が対応していることに注意しよう．このような主問題と双対問題の関係は表 2.10 のように要約される．

とくに，制約条件が $A\boldsymbol{x} \geqq \boldsymbol{b}$，$\boldsymbol{x} \geqq \boldsymbol{0}$ の場合には，表 2.11 に示されているように対称形の双対問題が得られ，双対問題の双対問題が主問題になることがわかる．

---

8) 双対問題 (2.87) の誘導過程については，演習問題 2.9 の解答を参照されたい．

表 2.10　主問題と双対問題の関係

主問題		双対問題
最小化問題		最大化問題
制約条件		変数
$\geqq$	$\Leftrightarrow$	$\geqq 0$
$\leqq$	$\Leftrightarrow$	$\leqq 0$
$=$	$\Leftrightarrow$	自由
変数		制約条件
$\geqq 0$	$\Leftrightarrow$	$\leqq$
$\leqq 0$	$\Leftrightarrow$	$\geqq$
自由	$\Leftrightarrow$	$=$

表 2.11　対称形の主問題と双対問題

主問題		双対問題	
minimize	$z = \boldsymbol{cx}$	maximize	$v = \boldsymbol{\pi b}$
subject to	$A\boldsymbol{x} \geqq \boldsymbol{b}$	subject to	$\boldsymbol{\pi}A \leqq \boldsymbol{c}$
	$\boldsymbol{x} \geqq \boldsymbol{0}$		$\boldsymbol{\pi} \geqq \boldsymbol{0}$

さて，主問題と双対問題との関係は**双対性** (duality) とよばれるが，標準形の主問題 (2.83) とその双対問題 (2.84) との双対性に関わる重要な性質を考察していこう．

まず，主問題の実行可能解 $\bar{\boldsymbol{x}}$ に対して $A\bar{\boldsymbol{x}} = \boldsymbol{b}$, $\bar{\boldsymbol{x}} \geqq \boldsymbol{0}$ で，双対問題の実行可能解 $\bar{\boldsymbol{\pi}}$ に対して $\bar{\boldsymbol{\pi}}A \leqq \boldsymbol{c}$ であるので，これらの関係式より $\boldsymbol{c}\bar{\boldsymbol{x}} \geqq \bar{\boldsymbol{\pi}}A\bar{\boldsymbol{x}} = \bar{\boldsymbol{\pi}}\boldsymbol{b}$ が成立し，両問題の実行可能解に関する有用な関係を与える次の弱双対定理が導かれる．

◆定理 2.5　弱双対定理

主問題の実行可能解 $\bar{\boldsymbol{x}}$ と双対問題の実行可能解 $\bar{\boldsymbol{\pi}}$ に対して，

$$\bar{z} = \boldsymbol{c}\bar{\boldsymbol{x}} \geqq \bar{\boldsymbol{\pi}}\boldsymbol{b} = \bar{v} \tag{2.88}$$

なる関係が成立する．

この定理は，双対問題の目的関数の値は主問題の目的関数の値以下である，あるいは，主問題の目的関数の値は双対問題の目的関数の値以上あるということを示しており，**弱双対定理** (weak duality theorem) とよばれる．

弱双対定理に対して，次の**双対定理** (duality theorem) は，両方の問題の最適解に対する目的関数の値が等しくなることを主張しており，**強双対定理** (strong duality theorem) ともよばれる．

◆定理 2.6　双対定理

(1)　主問題と双対問題がともに実行可能解をもてば，両方とも最適解をもち，それぞれの最適解に対する目的関数の値は等しい．

(2)　主問題あるいは双対問題のどちらか一方が有界でなければ，他方の問題は実行可能ではない．

ここで，シンプレックス乗数ベクトルの定義式 (2.52) や相対費用係数の更新式 (2.54) を思い出せば，双対定理は次のように証明される．

証明　(1)　弱双対定理より，主問題の目的関数は下に有界で，双対問題の目的関数は上に有界であるので，両問題とも有界な最適解をもつことがわかる．そこで，主問題の最適基底解を $\boldsymbol{x}^o$ とし，対応する基底行列を B^o，基底変数ベクトルを $\boldsymbol{x}^o_{B^o}$ とすれば，

$$B^o\boldsymbol{x}^o_{B^o} = \boldsymbol{b}, \quad \boldsymbol{x}^o_{B^o} \geqq \boldsymbol{0}$$

で，このとき B^o に関するシンプレックス乗数は，

$$\boldsymbol{\pi}^o = \boldsymbol{c}_{B^o}(B^o)^{-1}$$

となる．ここで，$\boldsymbol{c}_{B^o}$ は基底変数の費用係数のベクトルである．$\boldsymbol{x}^o$ は最適解であるので，式 (2.54) で与えられる相対費用係数は非負である（基底変数に対してはつねに 0 である）．すなわち，

$$\bar{c}_j = c_j - \boldsymbol{\pi}^o\boldsymbol{p}_j \geqq 0, \quad j = 1, 2, \ldots, n$$

である．このことをベクトル行列形式で表せば，

$$\boldsymbol{\pi}^o A \leqq \boldsymbol{c}$$

となるので，$\boldsymbol{\pi}^o$ は双対問題の制約条件を満たしていることがわかる．しかも，$\boldsymbol{\pi} = \boldsymbol{\pi}^o$ のときの双対問題の目的関数の値は，

$$v^o = \boldsymbol{\pi}^o\boldsymbol{b} = \boldsymbol{c}_{B^o}(B^o)^{-1}\boldsymbol{b} = \boldsymbol{c}_{B^o}\boldsymbol{x}^o_{B^o} = z^o$$

となるので，主問題と双対問題の目的関数値が等しく，$\boldsymbol{\pi}^o$ は双対問題の最適解であることがわかる．

(2)　主問題が下に有界でないときに双対問題に実行可能解 $\boldsymbol{\pi}$ があるとすれば，弱双対定理より，

$$-\infty \geqq \boldsymbol{\pi}\boldsymbol{b} = v$$

となって矛盾するので，双対問題は実行可能ではない．逆に，双対問題が上に有界でなければ，同様の議論により主問題は実行可能ではないことがわかる．　◀

ここで，双対定理の前半は証明の過程からもわかるように，「主問題あるいは双対問題のどちらか一方が最適解をもてば，他方の問題もまた最適解をもち，…」という条件に緩められることに注意しよう．

この定理は主問題と双対問題の最適解に対する目的関数の値が等しくなることを主張しており，弱双対定理に対して，強双対定理ともよばれる．この定理の証明には，いくつかの重要な点が含まれている．すなわち，

(1)　双対問題の制約式は，まさしく主問題に対する最適性規準であり，相対費用係数 $\bar{c}_j$ は双対問題の制約式のスラック変数の値になっている．

(2)　主問題をシンプレックス法で解いたときの最適実行可能正準形に対するシンプレックス乗数ベクトル $\boldsymbol{\pi}^o$ は，双対問題の最適解である．

さて，双対性の具体的な意味を示すために，例 2.3 の栄養の問題に対して，かなり作為的ではあるが次の例を考えてみよう．

例 2.10　例 2.3 の栄養の問題に対する双対性の具体的な意味

ある製薬会社が栄養素 N_1，N_2，N_3 を含む栄養剤 V_1，V_2，V_3 を生産して，家庭の要求を満たしつつ，栄養剤を販売することによって得られる利潤を最大にしようと考えているものとする．このとき，製薬会社は，栄養素 N_1，N_2，N_3 を 1 mg 含む栄養剤 V_1，V_2，V_3 の 1 錠当たりの販売価格 π_1，π_2，π_3 千円をどのように決定すればよいのだろうか．

栄養素 N_1，N_2，N_3 をそれぞれ 1，1，2 mg 含む食品 F_1 を 1 g 摂取する代わりに，栄養剤 V_1，V_2，V_3 を購入して，栄養素 N_1，N_2，N_3 を同等量摂取するときの購入価格は $\pi_1+\pi_2+2\pi_3$ 千円となるので，食品 F_1 の価格 4 千円以下，すなわち $\pi_1+\pi_2+2\pi_3 \leqq 4$ でなければ，栄養剤を購入しない．同様に，栄養素 N_1，N_2，N_3 をそれぞれ 3，2，1 mg 含む食品 F_2 を 1 g 摂取する代わりに，栄養剤 V_1，V_2，V_3 を購入して同等量摂取するときの購入価格は $3\pi_1+2\pi_2+\pi_3$ 千円となるので，食品 F_2 の価格 3 千円以下，すなわち $3\pi_1+2\pi_2+\pi_3 \leqq 3$ でなければ，栄養剤を購入しない．これらの二つの条件が満たされるときの，家庭の栄養剤の購入費用は，栄養素 N_1，N_2，N_3 の必要量はそれぞれ 12，10，15 mg であることより，$12\pi_1+10\pi_2+15\pi_3$ となるので，製薬会社は収入を表す目的関数

$$v = 12\pi_1 + 10\pi_2 + 15\pi_3$$

を，制約条件

$$\begin{aligned}
\pi_1 + \ \ \pi_2 + 2\pi_3 &\leqq 4 \\
3\pi_1 + 2\pi_2 + \ \ \pi_3 &\leqq 3 \\
\pi_1 \geqq 0, \quad \pi_2 \geqq 0, \quad \pi_3 &\geqq 0
\end{aligned}$$

のもとで，最大にするような販売価格を決定することになる．ここで，この問題は例 2.3 の栄養の問題に対する双対問題と一致することに注意しよう．　◀

双対変数は主問題の制約式に対応しており，最適状態では，主問題の最適基底解に対するシンプレックス乗数に等しいことが，これまでの議論から明らかになった．こ

こではシンプレックス乗数の意味について考えてみよう．

$$\boldsymbol{x}^o = (x_1^o, x_2^o, \ldots, x_n^o)^T, \quad \boldsymbol{\pi}^o = (\pi_1^o, \pi_2^o, \ldots, \pi_m^o)$$

をそれぞれ主問題と双対問題の最適解とすれば，双対定理より，

$$z^o = c_1 x_1^o + c_2 x_2^o + \cdots + c_n x_n^o = \pi_1^o b_1 + \pi_2^o b_2 + \cdots + \pi_m^o b_m = v^o$$

となるので，この関係式において，

$$z^o = \pi_1^o b_1 + \pi_2^o b_2 + \cdots + \pi_m^o b_m \tag{2.89}$$

という関係に注目すれば，主問題の i 番目の制約式 $a_{i1}x_1 + a_{i2}x_2 + \cdots + a_{in}x_n = b_i$ の右辺定数 b_i が 1 単位変化して b_i から $b_i + 1$ になったときに，現在の基底の変化がないときには，目的関数の値が π_i^o だけ増加することを意味している．

あるいは，この関係式 (2.89) から，

$$\pi_i^o = \frac{\partial z^o}{\partial b_i}, \quad i = 1, 2, \ldots, m \tag{2.90}$$

が得られるので，シンプレックス乗数 π_i は制約式の右辺がわずかに変化したときに，目的関数の値がどれくらい変化するかを示すものであることがわかる．

シンプレックス乗数 π_i^o は，しばしば**潜在価格** (shadow price) とよばれる．その理由は，たとえば例 1.1 の生産計画の問題のように，右辺が原料 i の利用可能な量を表しているときには，π_i^o は原料 i の利用可能量の微小増加による利潤関数の値の変化量を与えるので，π_i^o は原料 i の製造会社における潜在的な価値を表しているからである．ここで，潜在という形容詞が付けられているのは，π_i^o が原料 i の真の市場価格ではないからである．

双対定理を用いれば，線形不等式論におけるいくつかの二者択一の定理の中で，最も代表的な **Farkas の定理** (Farkas' theorem) がただちに証明できる．

◆定理 2.7　Farkas の定理

任意の行列 A と，A の行の数に等しい次元のベクトル $\boldsymbol{b}$ に対して，次の命題のいずれか一方だけが成立する．

(1)　連立線形方程式 $A\boldsymbol{x} = \boldsymbol{b}$ に $\boldsymbol{x} \geqq \boldsymbol{0}$ を満たす解が存在する．

(2)　連立線形不等式 $\boldsymbol{\pi} A \leqq \boldsymbol{0}^T$, $\boldsymbol{\pi}\boldsymbol{b} > 0$ に解が存在する．

証明 主問題として，かなり作為的な線形計画問題

$$\left.\begin{array}{ll}\text{minimize} & z = \mathbf{0}^T \boldsymbol{x} \\ \text{subject to} & A\boldsymbol{x} = \boldsymbol{b} \\ & \boldsymbol{x} \geqq \mathbf{0}\end{array}\right\} \tag{2.91}$$

を考えれば，その双対問題は

$$\left.\begin{array}{ll}\text{maximize} & v = \boldsymbol{\pi}\boldsymbol{b} \\ \text{subject to} & \boldsymbol{\pi}A \leqq \mathbf{0}^T\end{array}\right\} \tag{2.92}$$

となる．命題 (1) が成立すれば，主問題の実行可能解は最適解で，目的関数 z の値はつねに 0 である．よって，双対定理より双対問題の目的関数 v の値も 0 になり，命題 (2) は成立しないことがわかる．

逆に命題 (2) が成立すれば，双対問題の目的関数の値が正になるような実行可能解が存在するので，主問題には実行可能解が存在しないことになる． ◀

Farkas の定理は，双対定理を用いないで直接証明することもできるが，このように双対定理を用いればきわめてエレガントに証明できる．Farkas の定理より，次の **Gordon の定理** (Gordon's theorem) が容易に導かれる[9)]．

◆定理 2.8 Gordon の定理

任意の行列 A に対して，次の命題のいずれか一方だけが成立する．

(1) $A\boldsymbol{x} = \mathbf{0}$ に $\boldsymbol{x} \geqq \mathbf{0}$ を満たす解 $\boldsymbol{x} \neq \mathbf{0}$ が存在する．

(2) $\boldsymbol{\pi}A < \mathbf{0}^T$ に解 $\boldsymbol{\pi}$ が存在する．

証明 Gordon の定理の (2) が成立することは，ある正の実数 $\varepsilon > 0$ と n 次元行ベクトル $-\mathbf{1} = (-1, -1, \ldots, -1)$ に対して

$$\boldsymbol{\pi}A \leqq -\mathbf{1}\varepsilon, \quad \varepsilon > 0$$

を満たす $\boldsymbol{\pi}$, ε が存在することと等価であるので，さらに

$$(\boldsymbol{\pi}, \varepsilon)\begin{pmatrix} A \\ \hdashline \mathbf{1} \end{pmatrix} \leqq \mathbf{0}^T, \quad (\boldsymbol{\pi}, \varepsilon)\begin{pmatrix} \mathbf{0} \\ \hdashline 1 \end{pmatrix} > 0$$

を満たす $(\boldsymbol{\pi}, \varepsilon)$ が存在することと等価であると変形できる．ここで，この関係式の行列とベクトルを，それぞれ，Farkas の定理の (2) の行列 A とベクトル $\boldsymbol{\pi}$, $\boldsymbol{b}$ であるとみなす．Farkas の定理の (1) は

9) Farkas の定理や Gordon の定理は，第 4 章で考察する非線形計画法の最適性の条件を導くときに，きわめて重要な役割を果たすことになる．

$$\begin{pmatrix} A \\ \hdashline \mathbf{1} \end{pmatrix} \boldsymbol{x} = \begin{pmatrix} \mathbf{0} \\ \hdashline 1 \end{pmatrix}$$

に $\boldsymbol{x} \geqq \mathbf{0}$ を満たす解が存在することになる．したがって，$A\boldsymbol{x} = \mathbf{0}$，$\mathbf{1}\boldsymbol{x} = 1$ に $\boldsymbol{x} \geqq \mathbf{0}$ を満たす解 $\boldsymbol{x} \neq \mathbf{0}$ が存在することになり，Gordon の定理の (1) に対応する．このことから，Farkas の定理より Gordon の定理が示される．◀

標準形の線形計画問題に対する双対定理で述べた最適性の条件は，次の定理のようにいいかえることができる．この定理は，定理 2.6 の双対定理から容易に導かれるものであるが，有益である．

◆定理 2.9　相補定理

主問題と双対問題の実行可能解 $\boldsymbol{x}^o$，$\boldsymbol{\pi}^o$ が，主問題と双対問題の最適解であるための必要十分条件は，

$$(\boldsymbol{c} - \boldsymbol{\pi}^o A)\boldsymbol{x}^o = 0 \tag{2.93}$$

この定理は**相補定理** (complementary slackness theorem) とよばれ，条件式 (2.93) は**相補条件** (complementary slackness condition) とよばれる[10)]．ここで，$\boldsymbol{x}^o$ および $\boldsymbol{c} - \boldsymbol{\pi}^o A$ はともに非負のベクトルなので，内積の和の各項は 0，すなわち，

$$(c_j - \boldsymbol{\pi}^o \boldsymbol{p}_j)x_j^o = 0, \quad j = 1, 2, \ldots, n \tag{2.94}$$

でなければならない．したがって，双対問題の j 番目の制約式が不等式で成立すれば，すなわち $c_j - \boldsymbol{\pi}^o \boldsymbol{p}_j > 0$ であれば，$x_j^o = 0$ であり，逆に $x_j^o > 0$ であれば，双対問題の j 番目の制約式が等式で成立することを意味している．条件式 (2.94) は相対費用係数を用いて，

$$\bar{c}_j^o x_j^o = 0, \quad j = 1, 2, \ldots, n \tag{2.95}$$

と表されるので，シンプレックス法は，基底変数に対して $\bar{c}_j = 0$ になるようなベクトル $\boldsymbol{\pi}$ を選んで，各サイクルで式 (2.95) を満たしていることに注意しよう．

■2.6　双対シンプレックス法

双対性の理論に基づいて，双対実行可能正準形から出発して双対問題の実行可能解を改良することにより最適解を求めるという**双対シンプレックス法** (dual simplex

---

10) 証明は演習問題 2.14 の解答を参照されたい．

methed) について考察してみよう．双対シンプレックス法は，シンプレックス法と同様にピボット操作を基本とするが，ピボット項の選び方と目的関数の値が増加する点が異なっている．

標準形の主問題

$$\begin{aligned} \text{minimize} \quad & z = \boldsymbol{cx} \\ \text{subject to} \quad & A\boldsymbol{x} = \boldsymbol{b} \\ & \boldsymbol{x} \geqq \boldsymbol{0} \end{aligned}$$

とその双対問題

$$\begin{aligned} \text{maximize} \quad & v = \boldsymbol{\pi b} \\ \text{subject to} \quad & \boldsymbol{\pi} A \leqq \boldsymbol{c} \end{aligned}$$

について考察してみよう．

いま，$x_1, x_2, \ldots, x_m$ を基底変数とする主問題の正準形が，次のように与えられているが，必ずしも実行可能正準形とは限らない，すなわち，すべての $\bar{b}_i$ が非負 $(\bar{b}_i \geqq 0)$ とは限らないものとしよう．

$$\left.\begin{aligned} \begin{bmatrix} x_1 & & & \\ & x_2 & & \\ & & \ddots & \\ & & & x_m \end{bmatrix} + \sum_{j=m+1}^{n} \bar{\boldsymbol{p}}_j x_j &= \begin{pmatrix} \bar{b}_1 \\ \bar{b}_2 \\ \vdots \\ \bar{b}_m \end{pmatrix} \\ -z + \sum_{j=m+1}^{n} \bar{c}_j x_j &= \quad -\bar{z} \end{aligned}\right\} \tag{2.96}$$

ここで，$\bar{c}_j = c_j - \boldsymbol{\pi p}_j \geqq 0,\ j = m+1, m+2, \ldots, n$ であれば，ベクトル行列形式で $\boldsymbol{\pi} A \leqq \boldsymbol{c}$ と表されるので，$\boldsymbol{\pi}$ は双対問題の実行可能解であることがわかる．したがって，$\bar{c}_j \geqq 0,\ j = m+1, m+2, \ldots, n$ が成立している正準形（タブロー）を**双対実行可能正準形**（双対実行可能タブロー）とよぶ．さらに，双対実行可能正準形が実行可能正準形，すなわちすべての $i = 1, 2, \ldots, m$ に対して $b_i \geqq 0$ であれば，最適正準形であることがわかる．

さて，シンプレックス法の相対費用係数 $\bar{c}_s$ によるピボット列の選択規則 (2.60) と同様に，$\min\limits_{\bar{b}_i < 0} \bar{b}_i = \bar{b}_r$ によりピボット行を定めてみよう（もし，$\bar{b}_r \geqq 0$ であればすでに最適解が得られている）．このとき，r 番目の式のすべての係数が非負，すなわち $\bar{a}_{rj} \geqq 0$ であれば，$\bar{b}_r < 0$ であるので，正準形の r 番目の式

$$x_r = \bar{b}_r - \sum_{j=m+1}^{n} \bar{a}_{rj} x_j$$

の右辺は $x_j \geqq 0, j = m+1, m+2, \ldots, n$ に対して負となるので，左辺は $x_r < 0$ となってしまう．すなわち，非基底変数 x_j の値がすべて非負のとき基底変数 x_r の値は負になり，主問題は実行可能ではない．したがって，次の関係が得られる．

◆定理 2.10　主問題の実行不可能性

正準形 (2.96) の第 r 行において，もし，

$$\bar{b}_r < 0,\ \bar{a}_{rj} \geqq 0, \quad j = m+1, m+2, \ldots, n \tag{2.97}$$

であれば，主問題には実行可能解は存在しない．

さて，双対実行可能正準形 (2.96) において，$\bar{b}_r$ が負で少なくとも1個の $\bar{a}_{rj}$ が負であるとしよう．このとき，

$$\min_{\bar{a}_{rj}<0} \frac{\bar{c}_j}{-\bar{a}_{rj}} = \frac{\bar{c}_s}{-\bar{a}_{rs}} = \varDelta \tag{2.98}$$

により，ピボット列を定めれば，ピボット項 $\bar{a}_{rs}$ が決まる．したがって，x_r の代わりに x_s を基底に入れる $\bar{a}_{rs}$ に関するピボット操作を行って新たに得られた係数に * を付けて表せば，表 2.3 より，

$$\bar{c}_j^* = \bar{c}_j - \bar{c}_s \bar{a}_{rj}^* = \bar{c}_j - \bar{c}_s \frac{\bar{a}_{rj}}{\bar{a}_{rs}}$$

となることがわかる．ここで，$\bar{a}_{rj} \geqq 0$ である $j(\neq s)$ に対しては，$\bar{c}_s > 0$，$\bar{a}_{rs} < 0$ であるので，

$$\bar{c}_j^* = \bar{c}_j - \bar{c}_s \frac{\bar{a}_{rj}}{\bar{a}_{rs}} \geqq \bar{c}_j \geqq 0$$

となる．一方，$\bar{a}_{rj} < 0$ である $j(\neq s)$ に対しては式 (2.98) より，

$$\bar{c}_j^* = \bar{a}_{rj} \left(\frac{\bar{c}_s}{-\bar{a}_{rs}} - \frac{\bar{c}_j}{-\bar{a}_{rj}} \right) \geqq 0$$

となり，すべての j に対して $\bar{c}_j^* \geqq 0$ であるので，新たに得られた正準形（タブロー）は双対実行可能正準形（双対実行可能タブロー）である．さらに，

$$\bar{z}^* = \bar{z} + \bar{c}_s \frac{\bar{b}_r}{\bar{a}_{rs}} = \bar{z} - \bar{b}_r \varDelta$$

で，$\bar{b}_r < 0$，$\Delta \geqq 0$ であるので，この実行可能解に対する目的関数の値は $\bar{z}$ より $|\bar{b}_r \Delta|$ だけ増加することがわかる．

このように，双対実行可能正準形から出発して，双対実行可能性を維持しながら，双対問題の実行可能解を改良して，最適解を求める方法は双対シンプレックス法とよばれる．双対シンプレックス法は，主問題のタブローにおける一連のピボット操作を基本とするが，ピボット項を選ぶ規則と目的関数の値が増加する点が，シンプレックス法と異なっている．

このような双対シンプレックス法の手順は，次のように要約される．ここで，最初の正準形において，すべての j に対して $\bar{c}_j \geqq 0$ で，基底変数に対して $\bar{c}_j = 0$ であるが，すべての i に対して $\bar{b}_i \geqq 0$ とは限らないことに注意しよう．

■双対シンプレックス法の手順

はじめに，$\bar{c}_j \geqq 0$，$j = m+1, m+2, \ldots, n$ を満たす双対実行可能正準形が与えられているとする．

手順 1 すべての i に対して $\bar{b}_i \geqq 0$ であれば，最適解を得て終了する．そうでなければ，$\min_{\bar{b}_i < 0} \bar{b}_i = \bar{b}_r$ となる添字 r を求める．

手順 2 すべての j に対して $\bar{a}_{rj} \geqq 0$ ならば，主問題は実行可能でないという情報を得て終了する．

手順 3 $\bar{a}_{rj}$ に負のものがあれば，

$$\min_{\bar{a}_{rj} < 0} \frac{\bar{c}_j}{-\bar{a}_{rj}} = \frac{\bar{c}_s}{-\bar{a}_{rs}} = \Delta$$

となる添字 s を求める．

手順 4 $\bar{a}_{rs}$ に関するピボット操作を行い，x_r の代わりに x_s を基底変数とする正準形を求め，手順 1 に戻る．

例 2.11 例 2.3 の栄養の問題に対する双対シンプレックス法

例 2.3 の栄養の問題の標準形

$$\begin{array}{lrl}
\text{minimize} & z = & 4x_1 + 3x_2 \\
\text{subject to} & & x_1 + 3x_2 - x_3 \qquad\qquad\quad = 12 \\
& & x_1 + 2x_2 \qquad - x_4 \qquad = 10 \\
& & 2x_1 + x_2 \qquad\qquad\quad - x_5 = 15 \\
& & x_j \geqq 0, \quad j = 1, 2, 3, 4, 5
\end{array}$$

に双対シンプレックス法を適用してみよう．

等式制約式の両辺に -1 を掛けて，正準形に変換すれば次のようになる．

$$\begin{array}{llllll}
-x_1 - 3x_2 + x_3 & & & & = -12 \\
-x_1 - 2x_2 & + x_4 & & & = -10 \\
-2x_1 - \ \ x_2 & & + x_5 & & = -15 \\
4x_1 + 3x_2 & & & - z & = \ \ 0 \\
x_j \geqq 0, \quad j = 1, 2, 3, 4, 5 & & & &
\end{array}$$

x_3，x_4，x_5 を基底変数とするこの正準形は，$\bar{c}_1 = 4 > 0$，$\bar{c}_2 = 3 > 0$ であるので，双対実行可能正準形である．しかし，$\bar{b}_1 = -12 < 0$，$\bar{b}_2 = -10 < 0$，$\bar{b}_3 = -9 < 0$ であるので，（主）実行可能正準形ではない．

表 2.12 のサイクル 0 において，

$$\min(-12, -10, -15) = -15 < 0$$

であるので，非基底変数となるのは x_5 である．次に，

$$\min\left(\frac{4}{2}, \frac{3}{1}\right) = \frac{4}{2}$$

となるので，x_1 が基底変数となり，[　] で囲まれた -2 がピボット項として定まり，ピボット操作によりサイクル 1 の結果を得る．サイクル 1 において，

$$\min(-4.5, -2.5) = -4.5 < 0$$

表 2.12　例 2.3 の双対シンプレックス法によるシンプレックス・タブロー

サイクル	基底	x_1	x_2	x_3	x_4	x_5	定数
0	x_3	−1	−3	1			−12
	x_4	−1	−2		1		−10
	x_5	[−2]	−1			1	−15
	$-z$	4	3				0
1	x_3		[−2.5]	1		−0.5	−4.5
	x_4		−1.5		1	−0.5	−2.5
	x_1	1	0.5			−0.5	7.5
	$-z$		1			2	−30
2	x_2		1	−0.4		0.2	1.8
	x_4			−0.6	1	−0.2	0.2
	x_1	1		0.2		−0.6	6.6
	$-z$			0.4		1.8	−31.8

であるので，非基底変数となるのは x_3 である．次に，

$$\min\left(\frac{1}{2.5}, \frac{2}{0.5}\right) = \frac{1}{2.5}$$

となるので x_2 が基底変数となり，[　] で囲まれた -2.5 がピボット項として定まり，ピボット操作によりサイクル 2 の結果を得る．サイクル 2 ではすべての定数 $\bar{b}_i$ は正となり，最適解

$$x_1 = 6.6,\ x_2 = 1.8,\ x_3 = 0,\ x_4 = 0.2,\ x_5 = 0, \quad z = 31.8$$

が得られ，2 段階法で解いた例 2.7 と一致している．ただし，表 2.12 のサイクル 2 は，表 2.7 のサイクル 3 から $-w$ の行を除去し，2 行目と 3 行目を入れ替えたものと等しいことに注意しよう． ◀

演習問題

2.1 次の問題を線形計画問題として定式化せよ．

(1) ある製造会社が 2 種類の製品 A と B を生産している．製品 A は 1 kg 当たり 3 万円，B は 1 kg 当たり 2 万円の利益が見込め，経営者は 1 日当たりの利益を最大化しようと計画している．

しかし，各製品を作るに当たって労働時間，機械稼働時間，使用原料の三つの制約を満たさなければならない．すなわち，1 日当たりの延べ労働時間は 40 時間で，製品 A を 1 kg 作るのに 2 時間の労働時間が，製品 B を 1 kg について 5 時間の労働時間が必要である．製品 A と B を製造するための機械の使用可能な延べ稼働時間は 1 日当たり 30 時間で，このうち，製品 A の場合 1 kg 当たり 3 時間の機械稼働時間が，製品 B の場合 1 kg 当たり 1 時間の機械稼働時間が必要となる．製品 A と B を作るには，ある原料が必要で，1 日当たり使用可能量は 39 kg である．製品 A を 1 kg 生産するには 3 kg の原料が，製品 B を 1 kg 生産するには 4 kg の原料が必要となる．

(2) 品質の高い食肉牛を育てるためには，栄養バランスの良い配合飼料を与えることが重要である．食肉牛の管理者が配合飼料を二つの原料 A，B の配合により作るものとし，3 種類の栄養素 C，D，E の 1 日当たりの必要量を満たしたうえで，総費用を最小化する配合飼料を作る．原料 A は 1 g 当たり 9 円，原料 B は 1 g 当たり 15 円の費用がかかる．

配合飼料を作るに当たり，栄養素 C，D，E に関する次の三つの制約を満たさなければならない．すなわち，原料 A と原料 B は 1 g 当たり，それぞれ栄養素 C を 9 mg と 2 mg 含んでいるが，1 日当たりの配合飼料には栄養素 C を 54 mg 以上含まなければならない．原料 A と原料 B は 1 g 当たり，それぞれ栄養素 D

を 1 mg と 5 mg 含んでいるが，1 日当たりの配合飼料には栄養素 D を 25 mg 以上含まなければならない．原料 A と原料 B は 1 g 当たり，それぞれ栄養素 E を 1 mg と 1 mg 含んでいるが，1 日当たりの配合飼料には栄養素 E を 13 mg 以上含まなければならない．

2.2 次の問題を線形計画法で解くにはどのようにすればよいか検討せよ．

(1) （**絶対値問題** absolute value problem）

$$\begin{aligned} \text{minimize} \quad & z = \sum_{j=1}^{n} c_j |x_j| \\ \text{subject to} \quad & \sum_{j=1}^{n} a_{ij} x_j = b_i, \quad i = 1, 2, \ldots, m \end{aligned}$$

ここで，$c_j > 0,\ j = 1, 2, \ldots, n$ で，$x_j,\ j = 1, 2, \ldots, n$ は自由変数である．

(2) （**分数計画問題** fractional programming problem）

$$\begin{aligned} \text{minimize} \quad & z = \frac{\displaystyle\sum_{j=1}^{n} c_j x_j + c_0}{\displaystyle\sum_{j=1}^{n} d_j x_j + d_0} \\ \text{subject to} \quad & \sum_{j=1}^{n} a_{ij} x_j = b_i, \quad i = 1, 2, \ldots, m \\ & x_j \geqq 0, \quad j = 1, 2, \ldots, n \end{aligned}$$

ただし，問題のすべての実行可能解に対して $\displaystyle\sum_{j=1}^{n} d_j x_j + d_0 > 0$ を満たすとする．

(3) （**ミニマックス問題** minimax problem）

$$\begin{aligned} \text{minimize} \quad & z = \max\left(\sum_{j=1}^{n} c_j^1 x_j, \sum_{j=1}^{n} c_j^2 x_j, \ldots, \sum_{j=1}^{n} c_j^L x_j \right) \\ \text{subject to} \quad & \sum_{j=1}^{n} a_{ij} x_j = b_i, \quad i = 1, 2, \ldots, m \\ & x_j \geqq 0, \quad j = 1, 2, \ldots, n \end{aligned}$$

2.3 ある標準形の線形計画問題に対して，$\boldsymbol{x}^l = (x_1^l, x_2^l, \ldots, x_n^l)^T,\ l = 1, 2, \ldots, L$ がすべて最適解であれば，$\boldsymbol{x}^* = \displaystyle\sum_{l=1}^{L} \lambda_l \boldsymbol{x}^l$ もまた最適解であることを示せ．ここで，λ_l は $\displaystyle\sum_{l=1}^{L} \lambda_l = 1$ を満たす非負の定数である．

2.4 自由変数を含む線形計画問題において，$x_k = x_k^+ - x_k^-,\ x_k^+ \geqq 0,\ x_k^- \geqq 0$ と置き換えたいとき，x_k^+ と x_k^- が一つの実行可能基底解の中でともに基底変数にはなり得ない理由を説明せよ．

2.5 次の線形計画問題をシンプレックス法で解け．

(1) $$\begin{aligned} \text{minimize} \quad & -2x_1 - 5x_2 \\ \text{subject to} \quad & 2x_1 + 6x_2 \leqq 27 \\ & 8x_1 + 6x_2 \leqq 45 \\ & 3x_1 + x_2 \leqq 15 \\ & x_j \geqq 0, \quad j = 1, 2 \end{aligned}$$

(2) $$\begin{aligned} \text{minimize} \quad & -3x_1 - 2x_2 \\ \text{subject to} \quad & 2x_1 + 5x_2 \leqq 130 \\ & 6x_1 + 3x_2 \leqq 110 \\ & x_j \geqq 0, \quad j = 1, 2 \end{aligned}$$

(3) $$\begin{aligned} \text{minimize} \quad & -3x_1 - 4x_2 \\ \text{subject to} \quad & 3x_1 + 12x_2 \leqq 400 \\ & 6x_1 + 3x_2 \leqq 600 \\ & 8x_1 + 7x_2 \leqq 800 \\ & x_j \geqq 0, \quad j = 1, 2 \end{aligned}$$

(4) $$\begin{aligned} \text{minimize} \quad & -2.5x_1 - 5x_2 - 3.4x_3 \\ \text{subject to} \quad & -5x_1 + 10x_2 + 6x_3 \leqq 425 \\ & 2x_1 - 5x_2 + 4x_3 \leqq 400 \\ & 3x_1 - 10x_2 + 8x_3 \leqq 600 \\ & x_j \geqq 0, \quad j = 1, 2, 3 \end{aligned}$$

(5) $$\begin{aligned} \text{minimize} \quad & -12x_1 - 18x_2 - 8x_3 - 40x_4 \\ \text{subject to} \quad & 2x_1 + 5.5x_2 + 6x_3 + 10x_4 \leqq 80 \\ & 4x_1 + x_2 + 4x_3 + 20x_4 \leqq 50 \\ & x_j \geqq 0, \quad j = 2, 3, 4, \quad x_1 \text{は自由変数} \end{aligned}$$

(6) $$\begin{aligned} \text{minimize} \quad & 2x_1 - 3x_2 - x_3 + 2x_4 \\ \text{subject to} \quad & -3x_1 + 2x_2 - x_3 + 3x_4 = 2 \\ & -x_1 + 2x_2 + x_3 + 2x_4 = 3 \\ & x_j \geqq 0, \quad j = 1, 2, 3, 4 \end{aligned}$$

2.6 シンプレックス乗数ベクトル $\boldsymbol{\pi}$ は，等式制約式の右辺定数列ベクトルに $\boldsymbol{\pi}$ を掛けて得られた結果を目的関数 z の式から引いたときに，基底変数の係数が 0 になるようなベクトルであると定義してもよいことを説明せよ．

2.7 次の問題をシンプレックス法で解け．

(1) $$\begin{aligned} \text{minimize} \quad & |x_1| + 4|x_2| + 2|x_3| \\ \text{subject to} \quad & 2x_1 + x_2 \leqq 3 \\ & x_1 + 2x_2 + x_3 = 5 \end{aligned}$$

(2) minimize $\dfrac{-x_1 + 4x_2 + x_3 + 1}{x_1 + 2x_2 + x_3 + 1}$

$$
\begin{aligned}
\text{subject to}\quad & 2x_1 - 2x_2 + x_3 \leqq 1 \\
& x_1 + 2x_2 - x_3 \geqq 1.5 \\
& x_j \geqq 0, \quad j = 1, 2, 3
\end{aligned}
$$

(3) minimize $\max(-x_1 + 2x_2 - x_3, -2x_1 + 3x_2 - 2x_3, x_1 - x_2 - 2x_3)$

$$
\begin{aligned}
\text{subject to}\quad & 2x_1 + x_2 + x_3 \leqq 5 \\
& 2x_1 + 2x_2 + 5x_3 \leqq 10 \\
& x_j \geqq 0, \quad j = 1, 2, 3
\end{aligned}
$$

2.8 次の問題の双対問題はもとの問題と等価であることを示せ．

$$
\begin{aligned}
\text{minimize}\quad & x_1 + x_2 + x_3 \\
\text{subject to}\quad & -x_2 + x_3 \geqq -1 \\
& x_1 - x_3 \geqq -1 \\
& -x_1 + x_2 \geqq -1 \\
& x_j \geqq 0, \quad j = 1, 2, 3
\end{aligned}
$$

このような線形計画問題は**自己双対** (self-dual) 線形計画問題として知られている．一般に線形計画問題

$$
\begin{aligned}
\text{minimize}\quad & \boldsymbol{cx} \\
\text{subject to}\quad & A\boldsymbol{x} \geqq \boldsymbol{b} \\
& \boldsymbol{x} \geqq \boldsymbol{0}
\end{aligned}
$$

において，A が正方行列のとき，この問題が自己双対であるための $\boldsymbol{c}$，A，$\boldsymbol{b}$ の満たすべき条件を求めよ．

2.9 一般的な主問題 (2.86) に対する双対問題は，式 (2.87) となることを確認せよ．

2.10 定理 2.9 の相補定理を証明せよ．

2.11 次の線形計画問題を双対シンプレックス法で解け．

(1)
$$
\begin{aligned}
\text{minimize}\quad & 4x_1 + 3x_2 \\
\text{subject to}\quad & x_1 + 3x_2 \geqq 12 \\
& x_1 + 2x_2 \geqq 10 \\
& 2x_1 + x_2 \geqq 9 \\
& x_j \geqq 0, \quad j = 1, 2
\end{aligned}
$$

(2)
$$
\begin{aligned}
\text{minimize}\quad & 3x_1 + 5x_2 \\
\text{subject to}\quad & 2x_1 + 3x_2 \geqq 20 \\
& 2x_1 + 5x_2 \geqq 22 \\
& 5x_1 + 3x_2 \geqq 25 \\
& x_j \geqq 0, \quad j = 1, 2
\end{aligned}
$$

(3)
$$\begin{array}{ll} \text{minimize} & 4x_1 + 2x_2 + 3x_3 \\ \text{subject to} & 5x_1 + 3x_2 - 2x_3 \geqq 10 \\ & 3x_1 + 2x_2 + 4x_3 \geqq 8 \\ & x_j \geqq 0, \quad j = 1, 2, 3 \end{array}$$

(4)
$$\begin{array}{ll} \text{minimize} & 4x_1 + 8x_2 + 3x_3 \\ \text{subject to} & 2x_1 + 5x_2 + 3x_3 \geqq 185 \\ & 3x_1 + 2.5x_2 + 8x_3 \geqq 155 \\ & 8x_1 + 10x_2 + 4x_3 \geqq 600 \\ & x_j \geqq 0, \quad j = 1, 2, 3 \end{array}$$

2.12 標準形の線形計画問題

$$\begin{array}{ll} \text{minimize} & z = \boldsymbol{c}\boldsymbol{x} \\ \text{subject to} & A\boldsymbol{x} = \boldsymbol{b} \\ & \boldsymbol{x} \geqq \boldsymbol{0} \end{array}$$

がシンプレックス法あるいは双対シンプレックス法で解かれ，最適解が得られているとする．このとき，制約式の右辺が $\boldsymbol{b}$ から $\boldsymbol{b} + \Delta\boldsymbol{b}$ に変化した場合，もとの問題の最適タブローを修正して，新しい問題の最適解を得ることができ，これは**感度分析** (sensitivity analysis) の一つの手法である．この手法について考察せよ．

第3章 整数計画法

本章では，線形計画問題の一部の変数，あるいはすべての変数に整数条件が付加された問題としての整数計画問題に焦点をあて，整数計画問題として定式化されるいくつかの具体例を紹介したあと，整数計画法の基本的枠組みと分枝限定法の基礎をわかりやすく解説する．

3.1 整数計画問題

1.2 節では，例 1.2 の 2 変数の分割不可能な最小単位をもつ製品の生産計画の問題，すなわち，「線形の利潤関数

$$3x_1 + 8x_2$$

を，線形の制約条件

$$\begin{aligned} 2x_1 + 6x_2 &\leqq 27 \\ 3x_1 + 2x_2 &\leqq 16 \\ 4x_1 + x_2 &\leqq 18 \end{aligned}$$

とすべての決定変数に対する非負条件と整数条件

$$\begin{aligned} x_1 \geqq 0,\ x_2 \geqq 0 \\ x_1 : \text{整数},\ x_2 :\ \text{整数} \end{aligned}$$

のもとで，最大にせよ」という整数計画問題を定式化し，2 次元平面上で整数計画問題の必要性を確認した．このような 2 変数の整数計画問題は，線形計画問題の一部の変数あるいはすべての変数に整数条件が付加された問題として，ただちに一般の**整数計画問題** (integer programming problem)[1]

---

[1] 線形計画問題の一部あるいはすべての変数に整数条件を付加した問題 (3.1) は，厳密にいえば線形整数計画問題で，非線形な式を含む非線形整数計画問題と区別する必要があるが，本章では線形整数計画問題のみを取り扱うので，整数計画問題といえば問題 (3.1) を意味するものとする．

$$
\left.\begin{array}{lll}
\text{minimize} & z = \displaystyle\sum_{j=1}^{n} c_j x_j & \\
\text{subject to} & \displaystyle\sum_{j=1}^{n} a_{ij} x_j \leqq b_i, & i = 1, 2, \ldots, m_1 \\
& \displaystyle\sum_{j=1}^{n} a_{ij} x_j = b_i, & i = m_1 + 1, m_1 + 2 \ldots, m \\
& x_j \geqq 0, & j = 1, 2, \ldots, n \\
& x_j \in Z, & j = 1, 2, \ldots, n_1 \leqq n
\end{array}\right\} \tag{3.1}
$$

に拡張される．ここで c_j，a_{ij}，b_i は与えられた定数，x_j は変数で，Z は整数全体の集合を表している．この問題は $n_1 = n$ のとき，**全整数計画問題** (all integer programming problem) あるいは**純整数計画問題** (pure integer programming problem) とよばれ，$n_1 < n$ のときは整数変数と実数変数が混在しているので**混合整数計画問題** (mixed integer programming problem) とよばれる．また，とくに整数変数の取り得る値が 0 または 1 であるという制限のついた問題は，**0-1 計画問題** (0-1 programming problem) とよばれる[2)]．

n 次元行ベクトル $\boldsymbol{c}$，$m_1 \times n$ 行列 A_1，$(m - m_1) \times n$ 行列 A_2，n 次元列ベクトル $\boldsymbol{x}$，n_1 次元列ベクトル $\boldsymbol{x}_1$，$(n - n_1)$ 次元列ベクトル $\boldsymbol{x}_2$，m_1 次元列ベクトル $\boldsymbol{b}_1$，$(m - m_1)$ 次元列ベクトル $\boldsymbol{b}_2$ を，

$$
\boldsymbol{c} = (c_1, c_2, \ldots, c_n)
$$

$$
A_1 = \begin{bmatrix} a_{11} & \cdots & a_{1n} \\ a_{21} & \cdots & a_{2n} \\ \vdots & \ddots & \vdots \\ a_{m_1 1} & \cdots & a_{m_1 n} \end{bmatrix}, \quad
A_2 = \begin{bmatrix} a_{m_1+1,1} & \cdots & a_{m_1+1,n} \\ a_{m_1+2,1} & \cdots & a_{m_1+2,n} \\ \vdots & \ddots & \vdots \\ a_{m1} & \cdots & a_{mn} \end{bmatrix}, \quad
\boldsymbol{x} = \begin{pmatrix} x_1 \\ \vdots \\ x_n \end{pmatrix}
$$

$$
\boldsymbol{x}_1 = \begin{pmatrix} x_1 \\ \vdots \\ x_{n_1} \end{pmatrix}, \quad
\boldsymbol{x}_2 = \begin{pmatrix} x_{n_1+1} \\ \vdots \\ x_n \end{pmatrix}, \quad
\boldsymbol{b}_1 = \begin{pmatrix} b_1 \\ \vdots \\ b_{m_1} \end{pmatrix}, \quad
\boldsymbol{b}_2 = \begin{pmatrix} b_{m_1+1} \\ \vdots \\ b_m \end{pmatrix}
$$

とおけば，整数計画問題 (3.1) は，

---

2) 整数計画問題は**離散最適化問題** (discrete optimization problem) ともよばれるが，とくに組合せ的な性質をもつ場合には，**組合せ最適化問題** (combinatorial optimization problem) とよばれる．しかし，整数計画問題，離散最適化問題，組合せ最適化問題はほぼ同義語として用いられており，あまり厳密な区別はされないことが多い．

$$
\left.\begin{array}{lll}
\text{minimize} & z = \boldsymbol{cx} & \\
\text{subject to} & & A_1\boldsymbol{x} \leqq \boldsymbol{b}_1 \\
& & A_2\boldsymbol{x} = \boldsymbol{b}_2 \\
& & \boldsymbol{x} \geqq \boldsymbol{0} \\
& & \boldsymbol{x}_1 \in Z^{n_1}, \quad \boldsymbol{x}_2 \in R^{n-n_1}
\end{array}\right\} \tag{3.2}
$$

のように，ベクトル行列形式で簡潔に表される．ここで，$\boldsymbol{0}$ は 0 を要素とする n 次元列ベクトル，Z^{n_1} は n_1 次元整数列ベクトルの集合で，R^{n-n_1} は $(n-n_1)$ 次元実数列ベクトルの集合を表す．

線形計画問題の場合と同様に，整数計画問題 (3.1) あるいは式 (3.2) においても，最小化する関数 $z = \boldsymbol{cx} = \sum_{j=1}^{n} c_j x_j$ を**目的関数**とよび，変数ベクトル $\boldsymbol{x} = (x_1, x_2, \ldots, x_n)^T$ が満たすべき条件を**制約条件**とよぶ．また，すべての制約条件を満たす変数ベクトル $\boldsymbol{x}$ を**実行可能解**とよび，実行可能解全体の集合

$$
X = \left\{ \boldsymbol{x} \in R^n \;\middle|\; A_1\boldsymbol{x} \leqq \boldsymbol{b}_1,\ A_2\boldsymbol{x} = \boldsymbol{b}_2,\ \boldsymbol{x} \geqq \boldsymbol{0},\ \boldsymbol{x}_1 \in Z^{n_1},\ \boldsymbol{x}_2 \in R^{n-n_1} \right\} \tag{3.3}
$$

を**実行可能領域**とよぶ．また，すべての $\boldsymbol{x} \in X$ に対して $\boldsymbol{cx}^o \leqq \boldsymbol{cx}$ となるような実行可能解 $\boldsymbol{x}^o \in X$ を，**最適解**という．

なお，本章では紙面の節約のため，必要に応じて問題 (3.1) を，

$$
\text{minimize}\, \{\boldsymbol{cx} \mid \boldsymbol{x} \in X\} \tag{3.4}
$$

と表すことにする．また，この問題の最適解 $\boldsymbol{x}^o$ に対する目的関数 z の最小値 $z^o = \boldsymbol{cx}^o$ を**最適値**とよび

$$
z^o = \min\, \{\boldsymbol{cx} \mid \boldsymbol{x} \in X\} \tag{3.5}
$$

と表すことにする．

ここで，変数の取り得る値が有限であるような一般の全整数計画問題は，変数の数が大幅に増加することをいとわなければ，簡単な変数変換により 0-1 計画問題に帰着されることは容易に示される．たとえば，全整数計画問題

$$
\left.\begin{array}{ll}
\text{minimize} & z = \displaystyle\sum_{j=1}^{n} c_j x_j \\
\text{subject to} & \displaystyle\sum_{j=1}^{n} a_{ij} x_j \leqq b_i, \quad i = 1, 2, \ldots, m \\
& l_j \leqq x_j \leqq u_j,\ x_j \in Z, \quad j = 1, 2, \ldots, n
\end{array}\right\} \tag{3.6}
$$

における下限値 l_j と上限値 u_j がすべての j に対して有限であるとする．このとき，$u_j - l_j < 2^{q_j+1}$ を満たす最小の整数 q_j に対して，変数 x_j の 2 進数展開表現

$$x_j = l_j + \sum_{k_j=0}^{q_j} 2^{k_j} x_{jk_j}, \quad x_{jk_j} \in \{0,1\}, \quad k_j = 0,1,\ldots,q_j \tag{3.7}$$

が可能である．もとの変数 x_j を新たな変数 $x_{jk_j}, k_j = 0,1,\ldots,q_j$ で置き換えれば，全整数計画問題 (3.6) は次のような 0-1 計画問題に帰着させることができる．

$$\left.\begin{array}{ll}
\text{minimize} & z = \displaystyle\sum_{j=1}^{n} c_j \left(l_j + \sum_{k_j=0}^{q_j} 2^{k_j} x_{jk_j} \right) \\
\text{subject to} & \displaystyle\sum_{j=1}^{n} a_{ij} \left(l_j + \sum_{k_j=0}^{q_j} 2^{k_j} x_{jk_j} \right) \leqq b_i, \quad i = 1,2,\ldots,m \\
& l_j + \displaystyle\sum_{k_j=0}^{q_j} 2^{k_j} x_{jk_j} \leqq u_j, \quad j = 1,2,\ldots,n \\
& x_{jk_j} \in \{0,1\}, \quad j = 1,2,\ldots,n, \quad k_j = 0,1,\ldots,q_j
\end{array}\right\} \tag{3.8}$$

ただし，このような変数変換によって得られた 0-1 計画問題は，必ずしももとの全整数計画問題よりも解きやすい問題に変換されるとはいいがたいことに注意しよう．一般に，整数計画問題を解くための手間は制約式の数のみならず変数の数にも大きく依存するので，変数の数を大幅に増加させるような変数変換は必ずしも得策とはいえない．

3.2 代表的な整数計画問題

これまで整数計画問題として定式化されている代表的な例を示しておこう．

例 3.1　分割不可能な最小単位をもつ製品の生産計画の問題

線形計画問題として定式化した例 1.1 の簡単な 2 変数の生産計画の問題や例 2.1 の n 変数の生産計画の問題のように，製品の生産量を連続量として取り扱うことができる状況に対して，たとえば，テレビ，自動車，住宅，飛行機などのような，分割不可能な最小単位をもつ製品の生産計画の問題は，明らかに整数計画問題として定式化される． ◀

例 3.2　施設配置問題

工場を設置するための m 箇所の候補地があり，候補地 i に工場を設置するための費用が d_i で，最大生産能力は a_i である（図 3.1）．需要地は n 箇所あり，需要地 j での需要量は b_j である．工場候補地 i と需要地 j の間の輸送単価は c_{ij} である．このとき，需要量を満たし，工場建設費用と輸送費用を最小化するような工場の立地点と輸送量を求めるという工場設置と輸送の問題を考えてみよう．

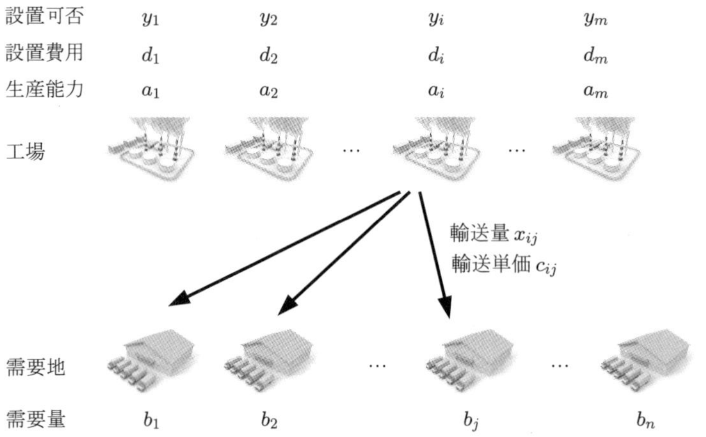

図 3.1　施設配置問題

この問題は，各候補地 i に，工場を建設するかしないかに応じて 1 または 0 をとる変数 y_i を導入するとともに，工場 i から需要地 j への輸送量を x_{ij} とすれば，混合整数計画問題

$$
\left.
\begin{array}{ll}
\text{minimize} & z = \displaystyle\sum_{i=1}^{m} d_i y_i + \sum_{i=1}^{m}\sum_{j=1}^{n} c_{ij} x_{ij} \\
\text{subject to} & \displaystyle\sum_{j=1}^{n} x_{ij} \leqq a_i y_i, \quad i = 1, 2, \ldots, m \\
& \displaystyle\sum_{i=1}^{m} x_{ij} \geqq b_j, \quad j = 1, 2, \ldots, n \\
& x_{ij} \geqq 0, \quad i = 1, 2, \ldots, m, \quad j = 1, 2, \ldots, n \\
& y_i \in \{0, 1\}, \quad i = 1, 2, \ldots, m
\end{array}
\right\} \tag{3.9}
$$

として定式化される．この問題は，工場以外にも倉庫，配送センターなどの施設が

考えられるので，一般に**施設配置問題** (facility location problem) とよばれ，典型的な混合 0-1 整数計画問題として定式化される． ◀

例 3.3 ナップサック問題

ナップサック問題 (knapsack problem) とは，ハイカーがナップサックの重量制限のもとで，それぞれ異なる重量と価値の品物をナップサックに詰め込むときに，総価値が最大になるような品物の組合せを選択するという問題である．

この問題を数学的に定式化するために，n 個の品物があり，各々の品物 j の重量を a_j，価値を c_j とし，ナップサックに詰め込める品物の最大重量を b としよう．さらに，x_j を，品物 j を選ぶときは 1，選ばないときは 0 をとるような 0-1 変数としよう．このとき，ナップサックに詰め込む品物の重量の総和 $\sum_{j=1}^{n} a_j x_j$ が，ナップサックの制限重量 b を超えないという制約条件のもとで，詰め込んだ品物の価値の総和 $\sum_{j=1}^{n} c_j x_j$ が最大になるような品物の組合せを求めるというナップサック問題は，次のような 0-1 計画問題として定式化される（図 3.2）．

$$
\left.
\begin{array}{ll}
\text{maximize} & \displaystyle\sum_{j=1}^{n} c_j x_j \\
\text{subject to} & \displaystyle\sum_{j=1}^{n} a_j x_j \leqq b \\
& x_j \in \{0, 1\}, \quad j = 1, 2, \ldots, n
\end{array}
\right\} \tag{3.10}
$$

ここで，c_j，a_j，および b はすべて正の値をとることに注意しよう．

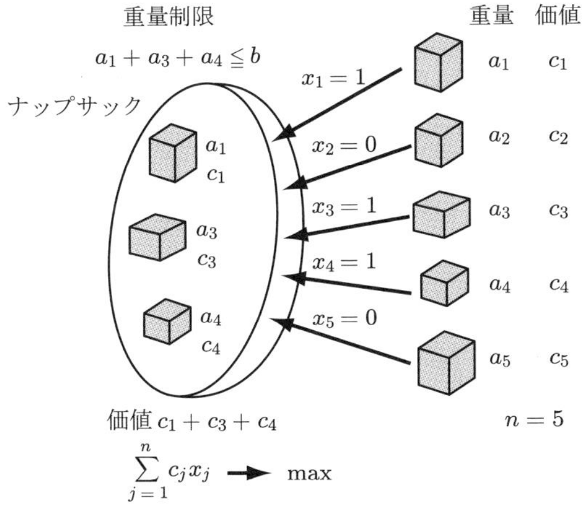

図 3.2 ナップサック問題 ◀

ナップサック問題において，重量制限のほかに容量制限などの2個以上の制約条件を考慮すれば，複数個の制約条件のある0-1計画問題として定式化され，しかも係数はすべて正の値をとるという特徴がある．このような問題は一般に**多次元ナップサック問題** (multidimensional knapsack problem) とよばれ，広範囲の応用例がある．

例 3.4　機械のスケジューリング問題

n 種類の異なる仕事を繰り返して実行する機械があり，これらの仕事はどのような順序で行ってもよいが，実行する順序を決定するとその順序で何回も同じ作業を繰り返すものとする．ここで，仕事 j から仕事 k への切り替えに c_{jk} 秒の切り替え時間がかかるものとすれば，どのような順序で仕事を行えば機械の遊び時間を最小にすることができるかという問題は，**機械のスケジューリング問題** (machine scheduling problem) としてよく知られている（図 3.3）．

この問題に対して，あるサイクルで何番目にどの仕事を実行するのかを表す n^2 個の変数

$$x_{ij} = \begin{cases} 1, & \text{第 } i \text{ 番目に仕事 } j \text{ を行うとき} \\ 0, & \text{第 } i \text{ 番目に仕事 } j \text{ を行わないとき} \end{cases} \tag{3.11}$$

を導入すれば，x_{ij} は関係式

$$\left.\begin{aligned} \sum_{j=1}^{n} x_{ij} = 1, \quad i = 1, 2, \ldots, n \\ \sum_{i=1}^{n} x_{ij} = 1, \quad j = 1, 2, \ldots, n \end{aligned}\right\} \tag{3.12}$$

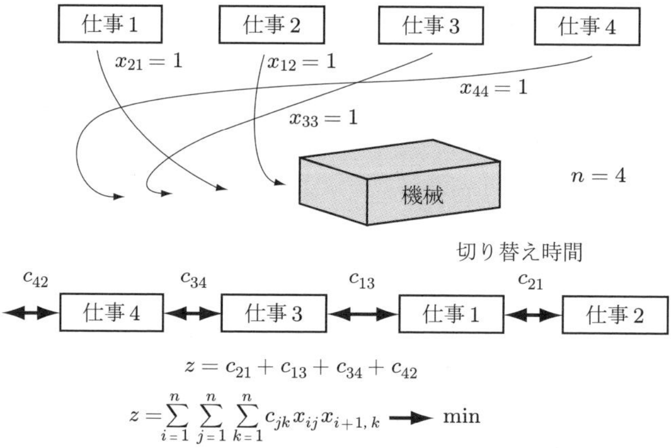

図 3.3　機械のスケジューリング問題

を満足する．このとき，1サイクル当たりの切り替えに要する時間は，

$$\sum_{i=1}^{n}\sum_{j=1}^{n}\sum_{k=1}^{n} c_{jk}x_{ij}x_{i+1,k} \tag{3.13}$$

で表される．ただし，作業の繰返しを考慮して，$x_{n+1,k} = x_{1k}$ と仮定する．したがって，機械の遊び時間の最小化問題は，

$$\left.\begin{array}{ll} \text{minimize} & z = \displaystyle\sum_{i=1}^{n}\sum_{j=1}^{n}\sum_{k=1}^{n} c_{jk}x_{ij}x_{i+1,k} \\ \text{subject to} & \displaystyle\sum_{j=1}^{n} x_{ij} = 1, \quad i = 1, 2, \ldots, n \\ & \displaystyle\sum_{i=1}^{n} x_{ij} = 1, \quad j = 1, 2, \ldots, n \\ & x_{ij} \in \{0, 1\}, \quad i = 1, 2, \ldots, n, \quad j = 1, 2, \ldots, n \end{array}\right\} \tag{3.14}$$

と定式化される． ◀

この問題は，巡回セールスマン問題とよばれる古典的な組合せ最適化問題の難問としてもよく知られているが，ほかにもいくつかの定式化が可能である[3]．応用としては，VLSI 設計，運送計画，スケジューリングなどに関する現実問題が巡回セールスマン問題として定式化されている．

例 3.5 集合被覆（分割，詰込み）問題

$M = \{1, 2, \ldots, m\}$ を有限集合とし，M の部分集合の族を $\{M_1, M_2, \ldots, M_n\}$ とする．このとき，添字の集合 $N = \{1, 2, \ldots, n\}$ の部分集合 F が条件

$$\bigcup_{j \in F} M_j = M$$

を満たせば，F は M の**被覆** (cover) であるという．また，すべての $j, k \in F$ $(j \neq k)$ に対して，

$$M_j \cap M_k = \varnothing$$

であれば，F は M の**詰込み** (packing) であるという．さらに，N の部分集合 F が，被覆でしかも詰込みであれば，F は M の**分割** (partition) であるという．

[3] 興味のある読者は演習問題 3.4 を参照されたい．

たとえば，$M = \{1,2,3,4,5\}$，$M_1 = \{1,3,5\}$，$M_2 = \{1,2,3\}$，$M_3 = \{2,5\}$，$M_4 = \{4\}$，$M_5 = \{4,5\}$ のとき，$\{M_1, M_3, M_5\}$，$\{M_2, M_5\}$ はともに M の被覆である．また，$\{M_1, M_4\}$，$\{M_2, M_4\}$，$\{M_2, M_5\}$，$\{M_3, M_4\}$ はともに M の詰込みである．さらに，$\{M_2, M_5\}$ は M の分割でもある．このような被覆，詰込み，分割の概念を例示すると，図 3.4 のようになる．

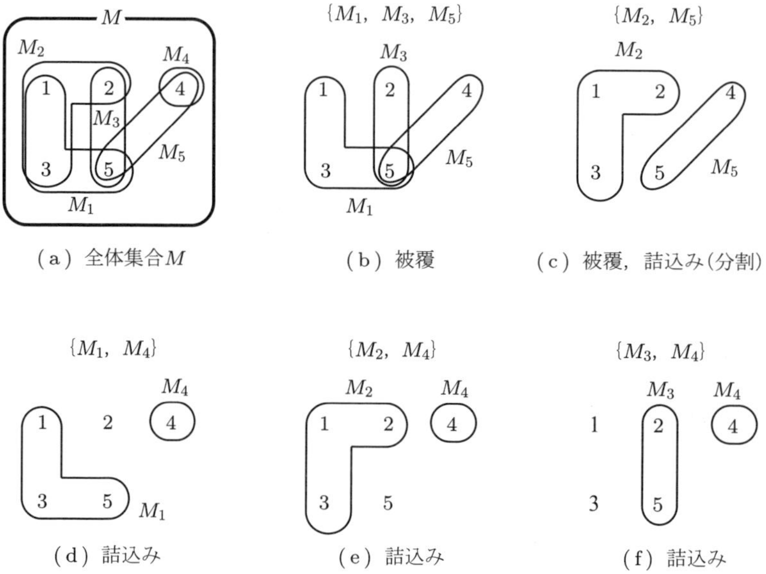

図 3.4　被覆，詰込み，分割の例

M_j を被覆に採用する費用を c_j として，最小費用の被覆を求める問題を**集合被覆問題** (set covering problem) とよぶ．同様に，最小費用の分割を求める問題を**集合分割問題** (set partitioning problem) とよぶ．また，M_j の価値を c_j として，最大の価値をもつ詰込みを求める問題を**集合詰込み問題** (set packing problem) とよぶ．これらの問題は 0-1 計画問題として容易に定式化される．たとえば，$i \in M$，$j \in N$ に対して，

$$a_{ij} = \begin{cases} 1, & i \in M_j \\ 0, & i \notin M_j \end{cases} \tag{3.15}$$

なる係数 a_{ij} と，$j \in N$ に対して，

$$x_j = \begin{cases} 1, & j \in F \\ 0, & j \notin F \end{cases} \tag{3.16}$$

であるような 0-1 変数 x_j を導入すれば，集合被覆問題は，

$$\left.\begin{array}{ll}\text{minimize} & z = \displaystyle\sum_{j=1}^{n} c_j x_j \\ \text{subject to} & \displaystyle\sum_{j=1}^{n} a_{ij} x_j \geqq 1, \quad i = 1, 2, \ldots, m \\ & x_j \in \{0, 1\}, \quad j = 1, 2, \ldots, n \end{array}\right\} \tag{3.17}$$

と定式化される．

ここで，この問題の制約式 $\sum_{j=1}^{n} a_{ij}x_j \geqq 1,\ i = 1, 2, \ldots, m$ を $\sum_{j=1}^{n} a_{ij}x_j = 1$ に変更すれば集合分割問題になり，$\sum_{j=1}^{n} a_{ij}x_j \leqq 1$ に変更して目的関数を最大化にすれば，集合詰込み問題になることがわかる． ◀

集合被覆（分割，詰込み）問題は，制約式の 0-1 変数 x_j の係数 a_{ij} がすべて 0 あるいは 1 で，しかも右辺定数はすべて 1 であるという特別な構造の 0-1 計画問題である．これまで，消防署などの施設の設置問題，配送ルート問題，パイロットのスケジューリング問題，選挙区割り問題などの数多くの現実的な問題が，集合被覆問題として定式化されてきている．

3.3 整数計画法の基本的枠組み

整数計画問題 (3.1) あるいは式 (3.2) の最適解を求めるための代表的な手法を述べる前に，ここでは，整数計画法全般にわたって重要な役割を果たしている三つの基本的な概念である，**緩和** (relaxation)，**分割統治** (divide-and-conqure) および**測深** (fathoming) について考察することにより，整数計画法の基本的枠組みを概観しておこう．

3.3.1 緩和法

緩和法 (relaxation method) とは，整数計画問題 (3.1) あるいは式 (3.2) の制約条件の一部を無視して得られるよりやさしい問題を解くことによって，もとの問題を解くという基本的な概念に基づいている．緩和法の原理を概観するために，整数計画問題 (3.2) を次のように簡潔に記述して，問題 P_0 としよう．

$$\text{minimize}\,\{\boldsymbol{cx} \mid \boldsymbol{x} \in X_0\} \tag{3.18}$$

一般に，整数計画問題 P_0 の制約条件 $\boldsymbol{x} \in X_0$ を緩めて，実行可能領域 X_0 を含む

ようなある領域 $\bar{X}_0$ に対して定義される問題 $\bar{P}_0$

$$\text{minimize}\,\{\boldsymbol{cx} \mid \boldsymbol{x} \in \bar{X}_0\}, \quad \bar{X}_0 \supseteq X_0 \tag{3.19}$$

は，問題 P_0 の**緩和問題** (relaxed problem) とよばれる．

整数計画問題 P_0 とその緩和問題 $\bar{P}_0$ との間には，**緩和法の原理** (principle of relaxation) とよばれる次のような関係が成立することは明らかである．

●命題 3.1　緩和法の原理

(1)　緩和問題 $\bar{P}_0$ が実行可能解をもたなければ，もとの問題 P_0 も実行可能解をもたない．

(2)　緩和問題 $\bar{P}_0$ の最適解 $\bar{\boldsymbol{x}}^0$ がもとの問題 P_0 の実行可能解であれば，すなわち $\bar{\boldsymbol{x}}^0 \in X_0$ であれば，$\bar{\boldsymbol{x}}^0$ はもとの問題 P_0 の最適解である．

(3)　緩和問題 $\bar{P}_0$ の最適解 $\bar{\boldsymbol{x}}^0$ ともとの問題 P_0 の最適解 $\boldsymbol{x}^0$ に対して，$\boldsymbol{c}\bar{\boldsymbol{x}}^0 \leqq \boldsymbol{cx}^0$ なる関係が成立する．

ここで，緩和法の原理の (3) における $\boldsymbol{c}\bar{\boldsymbol{x}}^0 \leqq \boldsymbol{cx}^0$ なる関係式によれば，緩和問題の最適値 $\boldsymbol{c}\bar{\boldsymbol{x}}^0$ は，もとの問題の最適値 $\boldsymbol{cx}^0$ に対する**下界値** (lower bound) を与えることを意味していることに注意しよう．

緩和法の原理は，整数計画法における最も重要な概念の一つであるが，緩和法でどの制約を緩めるかに関しては問題ごとにそれぞれの工夫が必要である．

整数計画問題 (3.1) に対して最も頻繁に用いられる緩和問題は，整数計画問題の変数に対する整数条件を取り除くことによって得られる**連続緩和問題** (continuous relaxed problem)

$$\left.\begin{array}{ll}
\text{minimize} & z = \displaystyle\sum_{j=1}^{n} c_j x_j \\
\text{subject to} & \displaystyle\sum_{j=1}^{n} a_{ij} x_j \leqq b_i, \quad i = 1, 2, \ldots, m_1 \\
& \displaystyle\sum_{j=1}^{n} a_{ij} x_j = b_i, \quad i = m_1 + 1, m_1 + 2, \ldots, m \\
& x_j \geqq 0, \quad j = 1, 2, \ldots, n
\end{array}\right\} \tag{3.20}$$

である．ここで，連続緩和問題 (3.20) の最適解 $\bar{x}_j^o$, $j = 1, 2, \ldots, n$ に対して，たまた

ますべての $\bar{x}_j^o,\ j=1,2,\ldots,n_1(\leqq n)$ が整数になるような最適解 $\bar{x}_j^o,\ j=1,2,\ldots,n$ を，とくに**整数解** (integer solution) とよぶことにする．緩和法の原理より，連続緩和問題 (3.20) の整数解 $\bar{x}_j^o,\ j=1,2,\ldots,n$ は整数計画問題 (3.1) の最適解であることがわかる．

もちろん，このようなことは一般には成立しないが，たとえば生産計画の問題のように $\bar{x}_j^o$ が比較的大きな値をとるような問題に対しては，$\bar{x}_j^o$ を四捨五入して得られた解は，最適解に対して比較的望ましい情報を与えることになる．しかし，このような四捨五入の方法は，たとえば 0-1 計画問題のように x_j の取り得る値が非常に狭い範囲に制限されている場合には，効力を発揮できないといえよう．たとえば，$\bar{x}_j^o=0.5$ のとき，$\bar{x}_j^o$ を 0 にするのかあるいは 1 にするのかの決定は困難であることから容易に推察できる．

変数の整数条件を無視するという連続緩和問題に対して，整数計画問題の制約式の数が多い場合，すなわち m が大きい場合には，$M_1=\{1,2,\ldots,m_1\}$ と $M_2=\{m_1+1,m_1+2,\ldots,m\}$ の適当な部分集合 $\overline{M}_1$，$\overline{M}_2$ を選んで，$\overline{M}_1$，$\overline{M}_2$ の要素に対応するより少ない制約式のみを考慮した**制約緩和問題** (constraint relaxed problem)

$$
\left.
\begin{array}{lll}
\text{minimize} & z = \displaystyle\sum_{j=1}^{n} c_j x_j & \\
\text{subject to} & \displaystyle\sum_{j=1}^{n} a_{ij} x_j \leqq b_i, & i \in \overline{M}_1 \subset M_1 \\
& \displaystyle\sum_{j=1}^{n} a_{ij} x_j = b_i, & i \in \overline{M}_2 \subset M_2 \\
& x_j \geqq 0, \quad j=1,2,\ldots,n & \\
& x_j \in Z, \quad j=1,2,\ldots,n_1 &
\end{array}
\right\} \tag{3.21}
$$

がよく用いられる．このような制約式の数を減少させた緩和問題を用いる場合の緩和法の基本的な考えは，制約式の少ない緩和問題 (3.21) を解くことから開始して，必要に応じて残りの制約式

$$
\sum_{j=1}^{n} a_{ij} x_j \leqq b_i,\ i \in \left(M_1 - \overline{M}_1\right), \quad \sum_{j=1}^{n} a_{ij} x_j = b_i,\ i \in \left(M_2 - \overline{M}_2\right)
$$

を逐次追加していくことにより，もとの問題 (3.18) の最適解を求めるというものである[4)]．この方法は，緩和問題 (3.21) がもとの問題に比べて解きやすい構造をもつ場合

---

4) 二つの集合 A，B に対して A には属するが B には属さない要素の集合を差集合といい，$A-B$ と表す．

や，多くの制約式をもつ問題に対して有効である．

3.3.2　分割統治法

分割統治法 (divide-and-conqure method) は，与えられた最適化問題の実行可能領域上での目的関数の最適化は困難であっても，分割されたより小さな領域における一連の最適化問題を解いて得られた結果を統合することにより，間接的にもとの問題を解くという基本的な考えに基づいており，整数計画法における重要な役割を果たしてきている．

分割統治法では，整数計画問題 (3.1) のように，直接解くことが困難な最小化問題 P_0 が与えられたとき，P_0 の実行可能領域 X_0 をいくつかの部分領域 $X_1, X_2, \ldots, X_k$ に分割して，分割された各部分領域 X_i に対応する**部分問題** (subproblem) P_i

$$\text{minimize}\,\{\boldsymbol{cx} \mid \boldsymbol{x} \in X_i\}, \quad i = 1, 2, \ldots, k \tag{3.22}$$

を解くことを試みる．ここで，部分領域 $X_1, X_2, \ldots, X_k$ は条件

$$\bigcup_{i=1}^{k} X_i = X_0 \tag{3.23}$$

を満たすように分割される．このような条件 (3.23) を満たす部分領域の集合の族 $\{X_1, X_2, \ldots, X_k\}$ は X_0 の**分割** (division) とよばれるが，とくに $X_i \cap X_j = \varnothing$ $(i \neq j)$ となるような分割は**素分割** (partition) とよばれる．

分割統治法の基本的な考えは，次のように表される．

●命題 3.2　分割統治法

X_0 の分割 $\{X_1, X_2, \ldots, X_k\}$ に対する部分問題 P_i の最適値を，$z^i = \min\,\{\boldsymbol{cx} \mid \boldsymbol{x} \in X_i\}$, $i = 1, 2, \ldots, k$ とする．このとき，もとの問題 P_0 の最適値 z^0 は，

$$z^0 = \min_{i=1,2,\ldots,k} z^i \tag{3.24}$$

で与えられる．

分割統治法においては，もとの問題 P_0 を直接解くことが困難なので，複数の部分問題 P_i, $i = 1, 2, \ldots, k$ を作成し，それぞれの部分問題を解いて得られた解を統合して，もとの問題 P_0 の最適解を求める．しかし，このような部分問題 P_i がまだ直接解くことが困難である場合には，P_i の実行可能領域 X_i のさらなる分割 $\{X_p, \ldots, X_q\}$ に対応する部分問題 P_l, $l = p, \ldots, q$ を作成する必要がある．このような分割操作を繰り返し行って，最終的に直接解ける部分問題を作成し，解いて得られた解を統合し

て，もとの問題 P_0 の最適解を求めるのが最も一般的である．

分割統治法における分割の例は，図 3.5 のような**列挙木** (enumeration tree) で表現される．ここで，列挙木の部分問題の実行可能領域は，もとの問題の実行可能領域の分割になっている．図 3.5(a) の列挙木では，ある問題から複数個の部分問題が生成されているが，整数計画法では，図 3.5(b)，(c) の列挙木のように，ある問題から二つの部分問題を生成するのが一般的である．

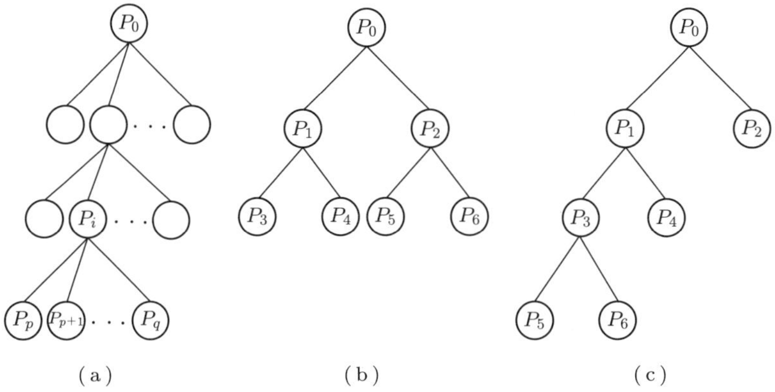

図 3.5 分割統治法における列挙木の例

3.3.3 測深

分割統治法において，もとの問題 P_0 の実行可能領域 X_0 が $\{X_1, X_2, \ldots, X_k\}$ の部分領域に分割されたときの，対応する部分問題を $P_i,\ i = 1, 2, \ldots, k$ としよう．このとき，部分問題 P_i の実行可能領域 X_i がもとの問題 P_0 の最適解を含んでいるかどうかを調べて，もし含んでいればその最適解を求めることが望まれる．何らかの方法で見つかっている問題 P_0 の実行可能解の中で最良の解は，**暫定解** (incumbent solution) とよばれる．いま，部分問題 P_i が暫定解よりも良い実行可能解を含んでいないことがわかれば，このような部分問題 P_i をこれ以上考慮する必要はないので，部分問題 P_i は**測深済** (fathomed) であるという．また，部分問題 P_i の最適解が求められたときにもこの部分問題 P_i は測深済であるという．いずれの場合にもこれらの部分問題は完全に考慮されたことになり，これ以上分割する意味がないので**終端する** (terminate) ことができる．

ここで，緩和法で使用される三つの一般的な**測深** (fathoming) の区別をしておくことは有用である．部分問題 P_i の緩和問題 $\bar{P}_i$ の最適解が求められ，対応する最適値を $\bar{z}^i$ とし，**暫定値** (incumbent value) とよばれるこれまでに得られている最良値を z^* としよう．ただし，もとの問題 P_0 の実行可能解が求められていないときには，$z^* = +\infty$ と設定する．もし緩和問題 $\bar{P}_i$ が実行可能解をもたなければ，緩和法の原理の (1) より，部分問題 P_i も実行可能解をもたないことがわかる．このことより，部分問題 P_i の実行可能領域は空集合となり，もとの問題 P_0 の最適解を含むことはできないので，測深済になる．

次に，もし部分問題 P_i の最適値 z^i が暫定値 z^* より小さくなければ，すなわち $z^i \geqq z^*$ であれば，部分問題 P_i の実行可能領域は，暫定値よりも良い値を与えるような，もとの問題 P_0 の実行可能領解を含むことはできないことがわかる．ここで z^i の値は未知であるが，対応する緩和問題 $\bar{P}_i$ の最適値 $\bar{z}^i$ は求められているとき，緩和法の原理の (2) より $z^i \geqq \bar{z}^i$ であるので，$\bar{z}^i \geqq z^*$ であれば測深済になる．

さらに，緩和問題 $\bar{P}_i$ の最適解が求められたときに，その解がたまたま部分問題 P_i の実行可能解であったとしよう．このとき，緩和法の原理の (3) より，この解は部分問題 P_i の最適解となり測深済になる．この場合には，緩和問題の最適解はもとの問題の実行可能解にもなるので，もし緩和問題の最適値が現在の暫定値よりも小さければ，緩和問題の最適値が新しい暫定値になる．

これまで述べてきた3種類の測深基準は次のように要約される．

●命題 3.3　3種類の測深基準

次の三つの測深基準のいずれか一つが満たされたとき，部分問題 P_i は測深済になる．

(1)（実行不可能性）緩和問題 $\bar{P}_i$ が実行不可能のとき．

(2)（最適値の被優越性）$\bar{z}^i \geqq z^*$ となるとき．

(3)（最適性）緩和問題 $\bar{P}_i$ の最適解がたまたま部分問題 P_i の実行可能解となるとき．

整数計画問題に対してこれまで提案されてきたアルゴリズムの多くは，これらの三つの測深基準をいかに効率よく実行するかに依存しているといえよう．標準的な手法では，緩和問題 $\bar{P}_i$ を解いて，(1) 緩和問題が実行不可能かどうか，(2) $\bar{z}^i \geqq z^*$ となるかどうか，(3) 緩和問題の最適解が部分問題 P_i の実行可能解となるかどうかを，さまざまな工夫により実行しているといえよう．

緩和法の原理に基づく分割統治法により解の列挙を行うアルゴリズムは，**分枝限定法** (branch and bound method) あるいは**間接列挙法** (implicit enumeration method) などとよばれ，提案されて以来さまざまな改良が施され，現在では混合整数計画問題に対する最も実用的な手法として広く用いられてきている．詳しくは次の 3.4 節で示すが，ここでは，1972 年の A.M. Geoffrion と R.E. Marsten の解説論文[5] に従って，混合整数計画問題を解くためのアルゴリズムの基本的枠組みを示しておこう．

■混合整数計画問題を解くためのアルゴリズムの基本的枠組み

手順 0　初期化　未処理問題のリスト L をもとの混合整数計画問題 P_0 のみにして，暫定値 z^* を十分大きな値に設定する（たとえば，$z^* := \infty$）．

手順 1　終了判定　リスト L が空集合，すなわち $L = \varnothing$ であれば終了する．このとき暫定解が存在すれば，その暫定解が最適解である．そうでなければ，もとの混合整数計画問題 P_0 は実行可能解をもたない．

手順 2　候補問題の選択　リスト L から一つの問題 P_i を選び出して，リスト L から P_i を削除する．

手順 3　緩和問題の設定　P_i の緩和問題 $\bar{P}_i$ を設定する．

手順 4　緩和問題の解　適切なアルゴリズムを用いて緩和問題 $\bar{P}_i$ を解く．

手順 5　測深基準 1　手順 4 の結果より，問題 P_i が実行可能でないことがわかれば（たとえば，$\bar{X}_i = \varnothing$），手順 1 へ戻る．

手順 6　測深基準 2　手順 4 の結果より，問題 P_i が暫定値よりも良い実行可能解をもたないことがわかれば（たとえば $\bar{z}^i \geqq z^*$），手順 1 へ戻る．

手順 7　測深基準 3　手順 4 の結果より，問題 P_i の最適解 z^i が求まれば（たとえば緩和問題 $\bar{P}_i$ の最適解 $\bar{z}^i$ が問題 P_i の実行可能解となる），手順 11 へ進む．

手順 8　測深　問題 P_i をさらに測深するかどうかを決定する．測深する場合には手順 9 へ進み，そうでない場合には手順 10 へ進む．

手順 9　緩和問題の修正　緩和問題 $\bar{P}_i$ を修正して手順 4 へ戻る．

手順 10　リストの更新　問題 P_i をさらに分割して得られる部分問題をリスト L に追加して手順 1 へ戻る．

手順 11　暫定値の更新　もとの混合整数計画問題 P_0 の実行可能解が求められたので，$z^i < z^*$ であれば，この解を新たな暫定解として $z^* := z^i$ とおいて，手順 1 へ戻る．

このような混合整数計画問題を解くためのアルゴリズムの基本的枠組みには問題選択の手法，緩和問題の設定，アルゴリズムの選定など多くの柔軟性が含まれているが，これまでに提案されてきた数多くの具体的なアルゴリズムは，ほとんどすべてこの基本的枠組みに基づいている．

---

[5] A.M. Geoffrion and R.E. Marsten: Integer programming algorithms: A framework and state-of-the-art survey, *Management Science*, Vol. 18, pp. 465–491 (1972).

3.4 分枝限定法

分枝限定法は，1960 年に A.H. Land と A.G. Doig によって提案され，その後さまざまな改良が施され，現在では一般の混合整数計画問題を解く最も実用的な手法であるとみなされている．

3.4.1 0-1 ナップサック問題に対する分枝限定法

混合整数計画問題を解くためのアルゴリズムの基本的枠組みにおける手順 4 において連続緩和問題を解くことは，とくに 0-1 ナップサック問題に対しては容易に実行することが可能となる．本節では，0-1 ナップサック問題に対する分枝限定法について考察するために，例 3.3 の 0-1 ナップサック問題 (3.10) の目的関数に -1 を掛けて最小化問題に変換した問題を，次のような 0-1 計画問題 P_0 として定式化してみよう．

$$\left.\begin{array}{ll} \text{minimize} & z = -\displaystyle\sum_{j=1}^{n} c_j x_j \\ \text{subject to} & \displaystyle\sum_{j=1}^{n} a_j x_j \leqq b \\ & x_j \in \{0,1\}, \quad j = 1,2,\ldots,n \end{array}\right\} \tag{3.25}$$

ここで c_j，a_j，および b はすべて正の値をとることに注意しよう．

0-1 ナップサック問題 P_0 の変数に対する 0-1 条件を緩和して，上下限制約 $0 \leqq x_j \leqq 1$ で置き換えた連続緩和問題 $\bar{P}_0$ は，次のような線形計画問題になる．

$$\left.\begin{array}{ll} \text{minimize} & z = -\displaystyle\sum_{j=1}^{n} c_j x_j \\ \text{subject to} & \displaystyle\sum_{j=1}^{n} a_j x_j \leqq b \\ & 0 \leqq x_j \leqq 1, \quad j = 1,2,\ldots,n \end{array}\right\} \tag{3.26}$$

0-1 ナップサック問題 P_0 において，c_j/a_j は単位重量当たりの貢献度と解釈することができるので，

$$\gamma_j = \frac{c_j}{a_j}, \quad j = 1,2,\ldots,n \tag{3.27}$$

は，しばしば品物 j の**効率** (efficiency) とよばれている．

そこで，0-1 ナップサック問題 P_0 と対応する連続緩和問題 $\bar{P}_0$ における品物を識別

するための添字 j を,

$$\gamma_1 \geqq \gamma_2 \geqq \cdots \geqq \gamma_n \tag{3.28}$$

のように効率のよい順に並べ替えてみよう．このとき，線形計画法を適用するまでもなく，連続緩和問題 $\bar{P}_0$ の最適解 $\bar{x}_j,\ j = 1, 2, \ldots, n$ は，次の定理で与えられる．

◆定理 3.1　0-1 ナップサック問題の連続緩和問題の最適解

式 (3.28) のように効率のよい順に添字 j を並べ替えた 0-1 ナップサック問題の連続緩和問題 $\bar{P}_0$ の最適解 $\bar{x}_j,\ j = 1, 2, \ldots, n$ は，条件

$$\sum_{j=1}^{p-1} a_j \leqq b < \sum_{j=1}^{p} a_j \tag{3.29}$$

を満たす p を用いて,

$$\bar{x}_j = \begin{cases} 1, & j = 1, 2, \ldots, p-1 \\ \dfrac{b - \sum_{j=1}^{p-1} a_j}{a_p}, & j = p \\ 0, & j = p+1, p+2, \ldots, n \end{cases} \tag{3.30}$$

で与えられる．

証明　線形計画法の双対定理によれば，連続緩和問題 $\bar{P}_0$ の双対問題 $\bar{D}_0$ は

$$\begin{aligned} &\text{maximize} \quad v = -b\lambda - \sum_{j=1}^{n} \mu_j \\ &\text{subject to} \quad \mu_j + \lambda a_j \geqq c_j, \quad j = 1, 2, \ldots, n \\ &\qquad\qquad\quad \lambda,\ \mu_j \geqq 0, \quad j = 1, 2, \ldots, n \end{aligned}$$

となり，$\bar{P}_0$ と $\bar{D}_0$ の実行可能解に対する目的関数値が等しいときに最適解になる．ここで $\bar{D}_0$ に対して

$$\lambda = \frac{c_p}{a_p}, \quad \mu_j = \begin{cases} c_j - \lambda a_j, & j = 1, 2, \ldots, p \\ 0, & j = p+1, p+2, \ldots, n \end{cases}$$

なる解を考えると，この解は明らかに $\bar{D}_0$ の実行可能解で，目的関数値は,

$$-b\lambda - \sum_{j=1}^{n} \mu_j = -\frac{c_p b}{a_p} - \sum_{j=1}^{p} \left(c_j - \frac{a_j c_p}{a_p} \right)$$

$$= -\sum_{j=1}^{p-1} c_j - \left(b - \sum_{j=1}^{p-1} a_j \right) \frac{c_p}{a_p}$$

となり，$\bar{P}_0$ の解 (3.30) に対する目的関数値と等しいことがわかる．したがって，解 (3.30) は最適解となる． ◀

例 3.6　4 変数の 0-1 ナップサック問題に対する分枝限定法

4 変数の 0-1 ナップサック問題

$$\begin{aligned} \text{minimize} \quad & -4x_1 - 9x_2 - 11x_3 - 3x_4 \\ \text{subject to} \quad & 3x_1 + 8x_2 + 5x_3 + 2x_4 \leqq 9 \\ & x_j \in \{0, 1\}, \quad j = 1, 2, 3, 4 \end{aligned}$$

に対して，定理 3.1 を用いる分枝限定法のアルゴリズムを適用してみよう．

添字 j を $\gamma_j = c_j/a_j$ の大きさの順に並べ替えて，変数名を付け替えると，

$$\begin{aligned} \text{minimize} \quad & -11y_1 - 3y_2 - 4y_3 - 9y_4 \\ \text{subject to} \quad & 5y_1 + 2y_2 + 3y_3 + 8y_4 \leqq 9 \\ & y_j \in \{0, 1\}, \quad j = 1, 2, 3, 4 \end{aligned}$$

となるので，この問題を P_0 とし，リスト L を P_0 のみにして，暫定値を $z^* := \infty$ とする．

リスト L から問題 P_0 を取り出し，リスト L から P_0 を削除する．P_0 の連続緩和問題 $\bar{P}_0$

$$\begin{aligned} \text{minimize} \quad & -11y_1 - 3y_2 - 4y_3 - 9y_4 \\ \text{subject to} \quad & 5y_1 + 2y_2 + 3y_3 + 8y_4 \leqq 9 \\ & 0 \leqq y_j \leqq 1, \quad j = 1, 2, 3, 4 \end{aligned}$$

の最適解は，定理 3.1 より，

$$y_1 = 1, \quad y_2 = 1, \quad y_3 = \frac{2}{3}, \quad y_4 = 0$$

となることがわかる．ここで，0-1 条件を満たさない変数は y_3 のみなので，問題 P_0 を分枝して，$y_3 = 0$ とした部分問題 P_1 と $y_3 = 1$ とした部分問題 P_2 を生成して，リスト L に追加する．

このような手続きで部分問題を生成して，その連続緩和問題を定理 3.1 を用いて解くという手順を繰り返せば，表 3.1 に示されているように，部分問題 P_3 で暫定解が見つかり，暫定値が -14 となるので，部分問題 P_4 は終端される．暫定値より $\underline{z}^i$ が小さいので，部分問題 P_2，P_5 で分枝したあと，部分問題 P_7 で暫定解を更新

し，暫定値が -15 となる．部分問題 P_8 は実行不可能となり，部分問題 P_6 で分枝したあと部分問題 P_9 を終端し，最終的に部分問題 P_{10} が実行不可能となる．その結果，部分問題 P_7 の暫定解 $y_1 = 1$，$y_2 = 0$，$y_3 = 1$，$y_4 = 0$，すなわち $x_1 = 1$，$x_2 = 0$，$x_3 = 1$，$x_4 = 0$ が最適解となり，最適値は -15 である．

表 3.1　4 変数の 0-1 ナップサック問題に対する分枝限定法による探索過程

探索問題	y_1	y_2	y_3	y_4	$\bar{z}^i$	z^*	操作	L
P_0	1	1	2/3	0	-16.7	∞	分枝	$\{P_1, P_2\}$
P_1	1	1	0	2/8	-16.3	∞	分枝	$\{P_2, P_3, P_4\}$
P_3	1	1	0	0	-14	-14	更新	$\{P_2, P_4\}$
P_4	1/5	0	0	1	-11.2	-14	終端	$\{P_2\}$
P_2	1	1/2	1	0	-16.5	-14	分枝	$\{P_5, P_6\}$
P_5	1	0	1	1/8	-15.1	-14	分枝	$\{P_6, P_7, P_8\}$
P_7	1	0	1	0	-15	-15	更新	$\{P_6, P_8\}$
P_8			実行不可能			-15	終端	$\{P_6\}$
P_6	4/5	1	1	0	-15.8	-15	分枝	$\{P_9, P_{10}\}$
P_9	0	1	1	4/8	-11.5	-15	終端	$\{P_{10}\}$
P_{10}			実行不可能			-15	終端	$\varnothing$

このような定理 3.1 を用いる分枝限定法のアルゴリズムの探索過程は，表 3.1 のように要約される．さらに，列挙木で示すと図 3.6 のように表される．

ここで，この問題の 31 個のすべての部分問題のうち，11 個を探索するだけで最適解が得られており，効率的になっている．この例で用いた子問題の選択方式は深さ優先探索とよばれる．

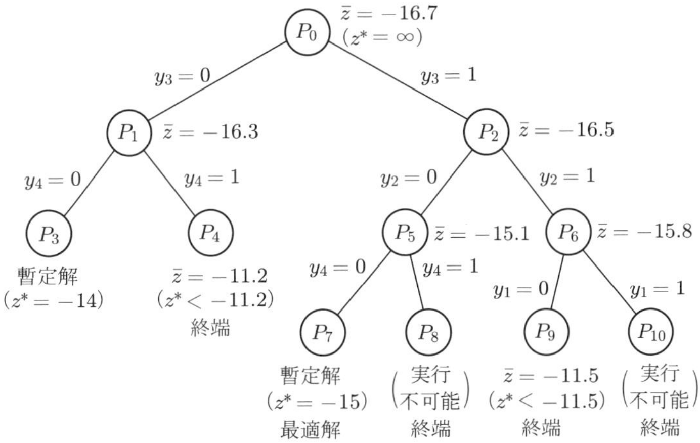

図 3.6　4 変数の 0-1 ナップサック問題に対する列挙木

3.4.2 混合整数計画問題に対する分枝限定法

Land と Doig によって提案され，Dakin によって改良された，混合整数計画問題に対する線形計画法を用いる分枝限定法の基本的な考えについて考察する．

一般に，混合整数計画問題 P_0 は次のように定式化される．

$$\left.\begin{array}{ll} \text{minimize} & z = \boldsymbol{cx} + \boldsymbol{dy} \\ \text{subject to} & C\boldsymbol{x} + D\boldsymbol{y} = \boldsymbol{b} \\ & \boldsymbol{x} \geqq \boldsymbol{0},\ \boldsymbol{x} \in Z^n \\ & \boldsymbol{y} \geqq \boldsymbol{0} \end{array}\right\} \tag{3.31}$$

ここで，$\boldsymbol{c} = (c_1, c_2, \ldots, c_n)$，$\boldsymbol{d} = (d_1, d_2, \ldots, d_p)$，$\boldsymbol{b} = (b_1, b_2, \ldots, b_m)^T$ は定数ベクトル，C は $m \times n$ 係数行列，D は $m \times p$ 係数行列で，$\boldsymbol{x} = (x_1, x_2, \ldots, x_n)^T$ は整数変数ベクトル，$\boldsymbol{y} = (y_1, y_2, \ldots, y_p)^T$ は実数変数ベクトルである．また，Z^n は n 次元整数ベクトルの集合を表している．

混合整数計画問題 P_0 が与えられたとき，この問題の整数条件を緩めた**連続緩和問題** $\bar{P}_0$ は次のような線形計画問題になる．

$$\left.\begin{array}{ll} \text{minimize} & z = \boldsymbol{cx} + \boldsymbol{dy} \\ \text{subject to} & C\boldsymbol{x} + D\boldsymbol{y} = \boldsymbol{b} \\ & \boldsymbol{x} \geqq \boldsymbol{0},\ \boldsymbol{y} \geqq \boldsymbol{0} \end{array}\right\} \tag{3.32}$$

ここで，連続緩和問題 $\bar{P}_0$ の最適解 $(\bar{\boldsymbol{x}}^0, \bar{\boldsymbol{y}}^0)$ において，$\bar{\boldsymbol{x}}^0$ がたまたま整数ベクトルとなるような最適解 $(\bar{\boldsymbol{x}}^0, \bar{\boldsymbol{y}}^0)$ を**整数解**とよぶことにすれば，緩和法の原理より，P_0 と $\bar{P}_0$ の間には明らかに次の関係が成立する．

●命題 3.4　混合整数計画問題と連続緩和問題の関係

(1)　$\bar{P}_0$ が実行可能解をもたなければ，P_0 も実行可能解をもたない．

(2)　$\bar{P}_0$ の最適解 $(\bar{\boldsymbol{x}}^0, \bar{\boldsymbol{y}}^0)$ が整数解であれば $(\bar{\boldsymbol{x}}^0, \bar{\boldsymbol{y}}^0)$ は P_0 の最適解である．

(3)　$\bar{P}_0$ の最適値を $\bar{z}^0$ とし，P_0 の最適値を z^0 とすれば，$\bar{z}^0$ は z^0 の下界値を与える．すなわち，$z^0 \geqq \bar{z}^0$ となる．

混合整数計画問題と連続緩和問題に対するこのような関係によれば，$\bar{P}_0$ が実行可能解をもたない場合と，$\bar{P}_0$ の最適解 $(\bar{\boldsymbol{x}}^0, \bar{\boldsymbol{y}}^0)$ が整数解になる場合には，もとの問題 P_0 は解けたことになるので，このような場合は除外して考えればよいことがわかる．また，議論の簡単化のために，連続緩和問題 $\bar{P}_0$ の実行可能領域は有界であることを仮定すれば，$\bar{P}_0$ が実行可能解をもてば $\bar{P}_0$ は最適解をもつことになる．このようにして，

残された可能性は $\bar{P}_0$ の最適解 $(\bar{\boldsymbol{x}}^0, \bar{\boldsymbol{y}}^0)$ が整数解にならない場合のみである，このような場合には，$\bar{\boldsymbol{x}}^0$ の成分のうち整数でない成分の中から一つの成分 $\bar{x}_s^0$ を選べば，条件 $x_s \geqq 0$, $x_s \in Z$ は等価的に

$$0 \leqq x_s \leqq \lfloor \bar{x}_s^0 \rfloor \quad \text{あるいは} \quad \lfloor \bar{x}_s^0 \rfloor + 1 \leqq x_s,\ x_s \in Z \tag{3.33}$$

と変形されるので，問題 P_0 は，変数 x_s に上限条件 $x_s \leqq \lfloor \bar{x}_s^0 \rfloor$ を付加した**子問題** (subproblem) P_1

$$\begin{aligned}\text{minimize}\left\{\boldsymbol{cx} + \boldsymbol{dy} \;\middle|\; \begin{array}{l} C\boldsymbol{x} + D\boldsymbol{y} = \boldsymbol{b},\ x_j \geqq 0,\ j = 1, 2, \ldots, n \\ x_s \leqq \lfloor \bar{x}_s^0 \rfloor,\ \boldsymbol{x} \in Z^n,\ \boldsymbol{y} \geqq \boldsymbol{0} \end{array}\right\}\end{aligned} \tag{3.34}$$

と，変数 x_s に下限条件 $\lfloor \bar{x}_s^0 \rfloor + 1 \leqq x_s$ を付加した子問題 P_2

$$\begin{aligned}\text{minimize}\left\{\boldsymbol{cx} + \boldsymbol{dy} \;\middle|\; \begin{array}{l} C\boldsymbol{x} + D\boldsymbol{y} = \boldsymbol{b}, x_j \geqq 0,\ j = 1, 2, \ldots, n \\ \lfloor \bar{x}_s^0 \rfloor + 1 \leqq x_s,\ \boldsymbol{x} \in Z^n,\ \boldsymbol{y} \geqq \boldsymbol{0} \end{array}\right\}\end{aligned} \tag{3.35}$$

の二つの子問題 P_1，P_2 に分割することができる[6)]．

このとき，もとの問題 P_0 が最適解をもてば，P_1 あるいは P_2 の少なくとも一方の最適解が P_0 の最適解となり，逆に P_1 あるいは P_2 の少なくとも一方が最適解をもてば，それらのいずれか一方は P_0 の最適解となることがわかる．さらに，P_0 の最適値 z^0 は，P_1，P_2 の最適値 z^1，z^2 により，

$$z^0 = \min(z^1, z^2) \tag{3.36}$$

で与えられることになる．いいかえれば，子問題 P_1 と P_2 を解いて得られる最適値の中で，値の小さいものに対応する最適解がもとの問題 P_0 の最適解となるわけである．また，P_1，P_2 がともに実行可能解をもたなければ，P_0 も実行可能解をもたないことがわかる．したがって，もとの問題 P_0 を解く代わりに二つの子問題 P_1，P_2 を解けば，もとの問題 P_0 を解いたことになる．

ここで，二つの子問題 P_1 と P_2 に対しても，$\bar{P}_0$ に対する場合と同様に，P_1，P_2

---

6) 1960 年に Land と Doig によって初めて提案された分枝限定法では，整数値をとらない変数 $\bar{x}_s^0$ に対して，正確に整数値をとるように，条件 $x_s = \lfloor \bar{x}_s^0 \rfloor$ と条件 $\lfloor \bar{x}_s^0 \rfloor + 1 = x_s$ が付加されていた．一方，1965 年の Dakin の方法では，上限条件 $x_s \leqq \lfloor \bar{x}_s^0 \rfloor$ と下限条件 $\lfloor \bar{x}_s^0 \rfloor + 1 \leqq x_s$ を付加するように修正されている．Dakin の方法では，整数値をとらないある一つの変数 $\bar{x}_s^0$ からは二つの部分問題だけが生成されるのに対して，Land と Doig の方法では複数個の部分問題が生成されることになる．ただし，整数変数のとる値が 0 と 1 の 2 値のみに限定されているような 0-1 計画問題に対しては，これらの二つの手法は，本質的には同じものとみなされる．

を直接解く代わりに対応する連続緩和問題 $\bar{P}_1$，$\bar{P}_2$ を解くことになるが，このときに最適解が得られれば，そのときの最適値は下界値となる．また，もし $\bar{P}_1$ の最適解が整数解であれば P_1 の最適解となる．もちろん，$\bar{P}_2$ と P_2 に対しても同様の関係が成立することはいうまでもない．さらに，$\bar{P}_1$ と $\bar{P}_2$ のいずれかの問題の最適解が整数解にならなければ，P_0 から二つの子問題 P_1 と P_2 を生成させたときと同様に，P_1 あるいは P_2 を二つの子問題に分割して，その連続緩和問題を解くという操作を繰り返し行っていくことになる．

このように分枝限定法では，もとの問題 P_0 に適用した考えをそのまま二つの子問題 P_1，P_2 に対しても再帰的に適用することにより，次々と子問題を生成しながら探索を進めていくことになる．

一般に，この過程において子問題 P_k の処理をどのように行うのかについて考察してみよう．ここで，P_k を解くまでにすでに得られている P_0 の最良の実行可能解 $(\boldsymbol{x}^*, \boldsymbol{y}^*)$ を P_0 の**暫定解**とよび，対応する目的関数 z の値 $z^* = \boldsymbol{c}\boldsymbol{x}^* + \boldsymbol{d}\boldsymbol{y}^*$ を**暫定値**とよぶ．ただし，たとえば P_0 を解き始めたときのように P_0 の実行可能解が求められていないときには，$z^* := \infty$ とおく．

さて，子問題 P_k を解くときに，この問題が，暫定解よりもよい実行可能解をもつ場合にはそのような解を求めるとともに，暫定解よりもよい実行可能解をもたない場合にはできるだけ簡単な操作で，その情報を得て処理を終了することが望まれる．このような要求に応えるために，線形計画法を用いる分枝限定法では P_k の連続緩和問題 $\bar{P}_k$ を解く．このとき次の三つの場合が生じる．

■連続緩和問題の処理

(1)　$\bar{P}_k$ が実行可能解をもたないとき

このときは P_k も実行可能解をもたないので P_k の処理を終了する．

(2)　$\bar{P}_k$ の最適解 $(\bar{\boldsymbol{x}}^k, \bar{\boldsymbol{y}}^k)$ が整数解のとき

このとき $(\bar{\boldsymbol{x}}^k, \bar{\boldsymbol{y}}^k)$ は P_0 の実行可能解である．ここで，最適値 $\bar{z}^k = \boldsymbol{c}\bar{\boldsymbol{x}}^k + \boldsymbol{d}\bar{\boldsymbol{y}}^k$ に対して $\bar{z}^k < z^*$ であれば，$(\bar{\boldsymbol{x}}^k, \bar{\boldsymbol{y}}^k)$ は現在の暫定解よりもよい P_0 の実行可能解となるので，$(\bar{\boldsymbol{x}}^k, \bar{\boldsymbol{y}}^k)$ を新しい暫定解として P_k の処理を終了する．そうでなければ P_k の最適解は暫定解よりも劣っているので，P_k の処理を終了する．

(3)　$\bar{P}_k$ の最適解 $(\bar{\boldsymbol{x}}^k, \bar{\boldsymbol{y}}^k)$ が整数解にはならないとき

(a)　$\bar{z}^k \geqq z^*$ のとき

$\bar{P}_k$ は P_k の緩和問題であるので，P_k の最適値 z^k に対して $z^k \geqq \bar{z}^k$ となり，$\bar{z}^k \geqq z^*$ ならば P_k は $(\boldsymbol{x}^*, \boldsymbol{y}^*)$ よりもよい解をもたないので，この問題の処理を終了する．ここで，もし何らかの方法で $z^k \geqq z^*$ であることが判明した場合

も同様である．

(b) $\bar{z}^k < z^*$ のとき

この場合には P_k は暫定解よりもよい解を含んでいる可能性があるので，$\bar{\boldsymbol{x}}^k$ の成分のうち整数条件を満たさない変数 $\bar{x}_s^k$ を適当に選択して，P_k を二つの子問題に分割する．

ここで，問題 P_k の最小値 z^k の大きさを調べることを一般に P_k を**測深する**といい，測深の結果 (1)，(2) あるいは (3)(a) の条件が満たされて P_k の処理を終了することを P_k を**終端する**という．また，P_k を測深するために緩和問題 $\bar{P}_k$ を解いたときに，(2) と (3) で $\bar{P}_k$ の最適値を現在の暫定値と比較する操作を**限定操作** (bounding operation) という．さらに，(3)(b) で P_k を二つの子問題に分解する操作を，x_s を**分枝変数** (branching variable) とする**分枝操作** (branching operation) という．

このように分枝限定法は，終端していない子問題を選び出して，限定操作で測深することにより，終端するかあるいは分枝操作で新たな子問題を生成するという探索過程を次々と繰り返していくことによって，間接的にもとの問題 P_0 を解こうとするものである．

このような分枝限定法の探索過程は，図 3.7 のような列挙木を用いて表現することができる．図 3.7 において，ある**子問題**のすぐ上に位置する問題はその子問題の**親問題** (master problem) とよばれる．たとえば，P_1 は P_3，P_4 の親問題で，P_2 は P_5，P_6 の親問題である．

この列挙木においては，$\bar{P}_0$ を解けば，最適解は整数解にはならないので，P_1，P_2 が生成されている．$\bar{P}_1$ を解けば，最適解は整数解にはならないので，P_3，P_4 が生成

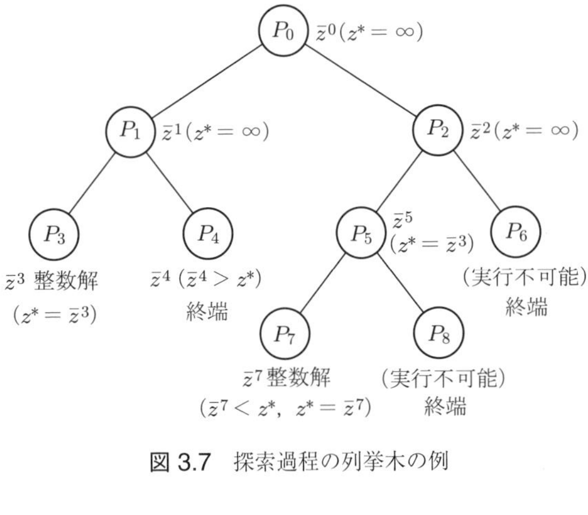

図 3.7 探索過程の列挙木の例

されている．$\bar{P}_2$ を解けば，最適解は整数解にはならないので，P_5，P_6 が生成されている．$\bar{P}_3$ を解けば，最適解は整数解になるので，暫定値が $z^* := \bar{z}^3$ に更新されている．$\bar{P}_4$ を解けば，最適値 $\bar{z}^4$ が現在の暫定値 $z^* = \bar{z}^3$ よりも大きくなるので，P_4 が終端されている．$\bar{P}_5$ を解けば，最適解は整数解にはならないので，P_7，P_8 が生成されている．$\bar{P}_6$ を解けば，実行可能解が存在しないので，P_6 が終端されている．$\bar{P}_7$ を解けば，最適解は整数解になるので，暫定値が $z^* := \bar{z}^7$ に更新されている．$\bar{P}_8$ を解けば，実行可能解が存在しないので，P_8 が終端されている．このようにして，$\bar{P}_7$ の最適解が P_0 の最適解になっている．このような子問題の選択方式は幅優先探索とよばれる．

これまでの議論に基づいて，線形計画法を用いる分枝限定法のアルゴリズムを記述すると次のように要約される．

■混合整数計画問題に対する線形計画法を用いる分枝限定法のアルゴリズム

手順0　初期化　　リスト $L := \{P_0\}$，$z^* := \infty$ とし $l := 0$ とおく．

手順1　最適性判定　　リストが $L = \varnothing$ であれば終了する．このとき，暫定値が $z^* < \infty$ であれば対応する暫定解 $(\boldsymbol{x}^*, \boldsymbol{y}^*)$ は P_0 の最適解となり，$z^* = \infty$ であれば P_0 は実行可能解をもたない．

手順2　子問題の選択　　リスト L から一つの子問題 P_k を選び出して，$L := L - \{P_k\}$ とする．

手順3　限定操作　　P_k の緩和問題 $\bar{P}_k$ を解く．$\bar{P}_k$ が実行可能解をもたなければ手順1へ戻る．$\bar{P}_k$ が最適解 $(\bar{\boldsymbol{x}}^k, \bar{\boldsymbol{y}}^k)$ をもち，最適値 $\bar{z}^k$ に対して $\bar{z}^k \geqq z^*$ であれば手順1に戻り，$\bar{z}^k < z^*$ であれば手順4に進む．

手順4　更新操作　　$\bar{P}_k$ の最適解 $(\bar{\boldsymbol{x}}^k, \bar{\boldsymbol{y}}^k)$ が整数解であれば，$(\boldsymbol{x}^*, \boldsymbol{y}^*) := (\bar{\boldsymbol{x}}^k, \bar{\boldsymbol{y}}^k)$，$z^* := \bar{z}^k$ として手順1へ戻る．

手順5　分枝操作　　$\bar{P}_k$ の最適解 $(\bar{\boldsymbol{x}}^k, \bar{\boldsymbol{y}}^k)$ が整数解でなければ，整数値でない第 s 成分 $\bar{x}_s^k$ を適当に選んで，P_k における変数 x_s にそれぞれ $x_s \leqq \lfloor \bar{x}_s^k \rfloor$ と $\lfloor \bar{x}_s^k \rfloor + 1 \leqq x_s$ を付加した二つの子問題 P_{l+1} と P_{l+2} を生成させる．$L := L \cup \{P_{l+1}, P_{l+2}\}, l := l + 2$ として手順1へ戻る．

なお，手順5の分枝操作における分枝変数の単純な決定規則として，整数値をとらない成分の中で，最大の小数部分をもつ成分 $\bar{x}_s$ を選ぶことが考えられる．

ここで，整数変数ベクトル $\boldsymbol{x}$ に対する上限値ベクトル $\boldsymbol{u}$ が与えられ，$\boldsymbol{0} \leqq \boldsymbol{x} \leqq \boldsymbol{u}$ で，上限値ベクトル $\boldsymbol{u}$ が有限であれば，生成される子問題の数は有限個となる[7]．し

[7] 実用上ほとんどすべての場合には，整数変数ベクトル $\boldsymbol{x}$ は有限であると仮定してもさしつかえない．

かも，P_k の子問題 P_{l+1} と P_{l+2} はお互いに排反的な制約条件を含んでいることより，同じ子問題が再び生成されることはありえないので，分枝限定法のアルゴリズムは有限回の手順で終了することがわかる．したがって，分枝限定法のアルゴリズムは，間接的にではあるが，もとの問題 P_0 の制約条件を満たすすべての点を重複することなく探索していることに注意しよう．

例 3.7　2 変数 3 制約の全整数計画問題の数値例に対する分枝限定法

全整数計画問題の簡単な数値例として，例 1.2 で考察した 2 変数の分割不可能な最小単位をもつ製品の生産計画の問題

$$
\begin{array}{lrl}
\text{minimize} & z = & -3x_1 - 8x_2 \\
\text{subject to} & & 2x_1 + 6x_2 \leqq 27 \\
& & 3x_1 + 2x_2 \leqq 16 \\
& & 4x_1 + x_2 \leqq 18 \\
& & 0 \leqq x_1, x_2 \in Z
\end{array}
$$

に対して，線形計画法を用いる分枝限定法のアルゴリズムを適用してみよう[8]．

この数値例 P_0 の実行可能解が未知であれば，$z^* := \infty$ で $L := \{P_0\}$ である．

P_0 の連続緩和問題 $\bar{P}_0$ を線形計画法で解けば，$\bar{z}^0 = -37$，$x_1 = 3$，$x_2 = 3.5$ となる[9]．ここで，整数値をとらない変数は x_2 のみで x_2 を分枝変数に選んで，$x_2 \leqq \lfloor 3.5 \rfloor = 3$ と $x_2 \geqq \lfloor 3.5 \rfloor + 1 = 4$ を付加した二つの子問題 P_1，P_2 を生成する．

P_1 の連続緩和問題 $\bar{P}_1$ を線形計画法で解けば，$\bar{z}^1 = -34$，$x_1 = 10/3$，$x_2 = 3$ となり，整数値をとらない変数は x_1 のみで x_1 を分枝変数に選んで，$x_1 \leqq \lfloor 3.3 \rfloor = 3$ と $x_1 \geqq \lfloor 3.3 \rfloor + 1 = 4$ を付加した二つの子問題 P_3，P_4 を生成する．

P_2 の連続緩和問題 $\bar{P}_2$ を線形計画法で解けば，$\bar{z}^2 = -36.5$，$x_1 = 1.5$，$x_2 = 4$ となり，整数値をとらない変数は x_1 のみで x_1 を分枝変数に選んで，$x_1 \leqq \lfloor 1.5 \rfloor = 1$ と $x_1 \geqq \lfloor 1.5 \rfloor + 1 = 2$ を付加した二つの子問題 P_5，P_6 を生成する．

P_3 の連続緩和問題 $\bar{P}_3$ を線形計画法で解けば，$\bar{z}^3 = -33$，$x_1 = 3$，$x_2 = 3$ なる整数解が得られ，$\bar{z}^3 = -33 < \infty = z^*$ であるので，暫定値は $z^* := -33$ に更新される．

P_4 の連続緩和問題 $\bar{P}_4$ を線形計画法で解けば，$\bar{z}^4 = -28$，$x_1 = 4$，$x_2 = 2$ なる整数解が得られる．ここで，$\bar{z}^4 = -28 > -33 = z^*$ であるので P_4 を終端する．

P_5 の連続緩和問題 $\bar{P}_5$ を線形計画法で解けば，$\bar{z}^5 = -36.3$, $x_1 = 1$, $x_2 = 4.167$ と

8) 演習問題 3.7 の解答に，この数値例の連続緩和問題としての線形計画法のシンプレックス・タブローの詳細を記載しているので，興味のある読者は参照されたい．

9) これまでの記号によれば，$\bar{P}_0$ の最適解は $\bar{x}_1^0$，$\bar{x}_2^0$ と表すべきだが，数値例では前後関係から混乱を招く心配はないので，単に x_1，x_2 と表すことにする．以下同様である．

なり，整数値をとらない変数は x_2 のみで x_2 を分枝変数に選んで，$x_2 \leqq \lfloor 4.167 \rfloor = 4$ と $x_2 \geqq \lfloor 4.167 \rfloor + 1 = 5$ を付加した二つの子問題 P_7，P_8 を生成する．

P_6 の連続緩和問題 $\bar{P}_6$ を線形計画法で解けば，実行可能解が存在しないので終端する．

P_7 の連続緩和問題 $\bar{P}_7$ を線形計画法で解けば，$\bar{z}^7 = -35, x_1 = 1, x_2 = 4$ なる整数解が得られ，$\bar{z}^7 = -35 < -33 = z^*$ であるので，暫定値は $z^* := -35$ に更新される．

P_8 の連続緩和問題 $\bar{P}_8$ を線形計画法で解けば，実行可能解が存在しないので終端する．

このようにして，P_7 の最適解 $\bar{z}^7 = -35$，$x_1 = 1$，$x_2 = 4$ がもとの問題 P_0 の

表 3.2　全整数計画問題の数値例に対する分枝限定法による探索過程

探索問題	x_1	x_2	$\bar{z}^k$	z^*	操作	L
P_0	3	3.5	−37	∞	分枝	$\{P_1, P_2\}$
P_1	3.3	3	−34	∞	分枝	$\{P_2, P_3, P_4\}$
P_2	1.5	4	−36.5	∞	分枝	$\{P_3, P_4, P_5, P_6\}$
P_3	3	3	−33	−33	更新	$\{P_4, P_5, P_6\}$
P_4	4	2	−28	−33	終端	$\{P_5, P_6\}$
P_5	1	4.167	−36.3	−33	分枝	$\{P_6, P_7, P_8\}$
P_6	実行不可能			−33	終端	$\{P_7, P_8\}$
P_7	1	4	−35	−35	更新	$\{P_8\}$
P_8	実行不可能			−35	終端	$\varnothing$

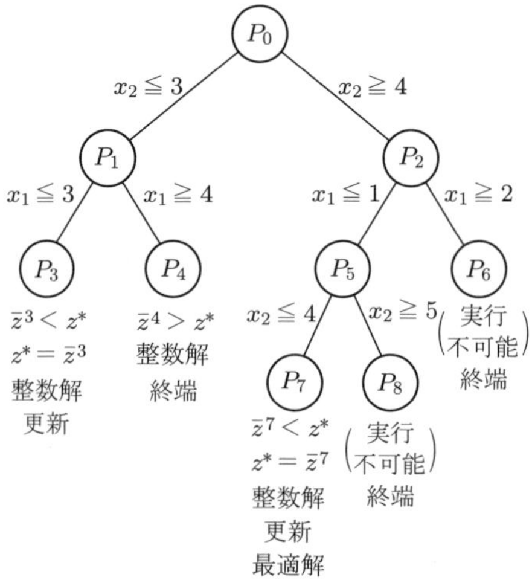

図 3.8　全整数計画問題の数値例に対する列挙木

最適解になることがわかる．

このような線形計画法を用いる分枝限定法のアルゴリズムの探索過程は，表 3.2 のように要約される．さらに，列挙木で示すと図 3.8 のように表される． ◀

例 3.8 3 変数 2 制約の混合整数計画問題の数値例に対する分枝限定法

混合整数計画問題の簡単な数値例として，これまで考察してきた例 3.8 の 2 変数 3 制約の全整数計画問題の数値例に，非負の実数値をとる変数 y を追加した混合整数計画問題

$$
\begin{array}{ll}
\text{minimize} & z = -3x_1 - 8x_2 - 4y \\
\text{subject to} & \quad 2x_1 + 6x_2 + 3y \leqq 27 \\
& \quad 3x_1 + 2x_2 + 2y \leqq 16 \\
& \quad 4x_1 + x_2 + 4y \leqq 18 \\
& \quad 0 \leqq x_1, x_2 \in Z,\ y \geqq 0
\end{array}
$$

を取り上げて，線形計画法を用いる分枝限定法のアルゴリズムで解いてみよう．

この数値例 P_0 の実行可能解は未知とすれば，$z^* := \infty$ で $L := \{P_0\}$ である．

P_0 の連続緩和問題 $\bar{P}_0$ を線形計画法で解けば，$\bar{z}^0 = -37$，$x_1 = 3$，$x_2 = 3.5$，$y = 0$ となる．

ここで，整数値をとらない変数は x_2 のみであるので，変数 $x_2 = 3.5$ が分枝変数になり，$x_2 \leqq \lfloor 3.5 \rfloor = 3$ と $x_2 \geqq \lfloor 3.5 \rfloor + 1 = 4$ を付加した二つの子問題 P_1，P_2 を生成する．

P_1 の連続緩和問題 $\bar{P}_1$ を線形計画法で解けば，$\bar{z}^1 = -36.75$，$x_1 = 2.25$，$x_2 = 3$，$y = 1.5$ となり，整数値をとらない整数変数は x_1 のみで x_1 を分枝変数に選んで，$x_1 \leqq \lfloor 2.25 \rfloor = 2$ と $x_1 \geqq \lfloor 2.25 \rfloor + 1 = 3$ を付加した二つの子問題 P_3，P_4 を生成する．

P_2 の連続緩和問題 $\bar{P}_2$ を線形計画法で解けば，$\bar{z}^2 = -36.5$，$x_1 = 1.5$，$x_2 = 4$，$y = 0$ となり，整数値をとらない整数変数は x_1 のみで x_1 を分枝変数に選んで，$x_1 \leqq \lfloor 1.5 \rfloor = 1$ と $x_1 \geqq \lfloor 1.5 \rfloor + 1 = 2$ を付加した二つの子問題 P_5，P_6 を生成する．

P_3 の連続緩和問題 $\bar{P}_3$ を線形計画法で解けば，$\bar{z}^3 = -36.667$，$x_1 = 2$，$x_2 = 3$，$y = 1.667$ なる整数解が得られ，$\bar{z}^3 = -36.667 < \infty = z^*$ であるので，暫定値は $z^* := -36.667$ に更新される．

P_4 の連続緩和問題 $\bar{P}_4$ を線形計画法で解けば，$\bar{z}^4 = -35$，$x_1 = 3$，$x_2 = 3$，$y = 0.5$ なる整数解が得られる．ここで $\bar{z}^4 = -35 > -36.667 = z^*$ であるので P_4 を終端する．

P_5 の連続緩和問題 $\bar{P}_5$ を線形計画法で解けば，$\bar{z}^5 = -36.333, x_1 = 1, x_2 = 4.167,$ $y = 0$ となり，ここで $\bar{z}^5 = -36.333 > -36.667 = z^*$ であるので P_5 を終端する．

P_6 の連続緩和問題 $\bar{P}_6$ を線形計画法で解けば，実行可能解が存在しないので終端する．

このようにして，P_3 の最適解 $\bar{z}^3 = -36.667$，$x_1 = 2$，$x_2 = 3$，$y = 1.667$ がもとの問題 P_0 の最適解になることがわかる．

ここで，線形計画法を用いる分枝限定法のアルゴリズムを，簡単な混合整数計画問題の数値例に適用した探索過程を要約すると，表 3.3 のようになる．さらに，列挙木で示すと図 3.9 のように表される．

表 3.3　混合整数計画問題の数値例に対する分枝限定法による探索過程

探索問題	x_1	x_2	y	$\bar{z}^k$	z^*	操作	L
P_0	3	3.5	0	-37	∞	分枝	$\{P_1, P_2\}$
P_1	2.25	3	1.5	-36.75	∞	分枝	$\{P_2, P_3, P_4\}$
P_2	1.5	4	0	-36.5	∞	分枝	$\{P_3, P_4, P_5, P_6\}$
P_3	2	3	1.667	-36.667	-36.667	更新	$\{P_4, P_5, P_6\}$
P_4	3	3	0.5	-35	-36.667	終端	$\{P_5, P_6\}$
P_5	1	4.167	0	-36.333	-36.667	終端	$\{P_6\}$
P_6	実行不可能				-36.667	終端	$\varnothing$

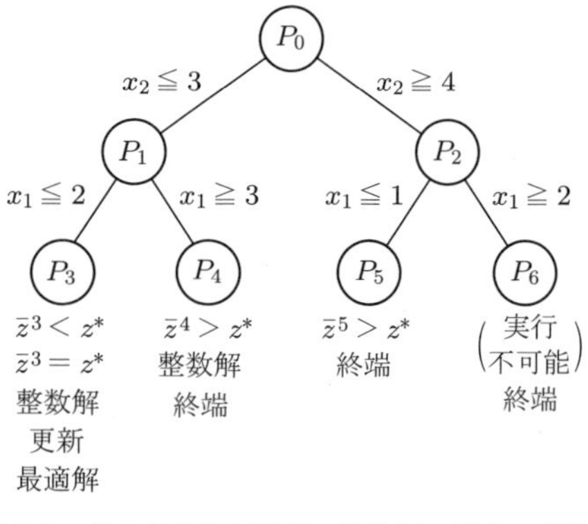

図 3.9　混合整数計画問題の数値例に対する列挙木

◀

これまで考察してきた線形計画法を用いる分枝限定法のアルゴリズムは，整数変数ベクトル $\boldsymbol{x}$ に対する有限な上限値が与えられていれば，必ず有限回で終了することが保証されるものの，探索過程においてリスト L に含まれる問題の数が増大して，記憶容量が不足したり，計算時間が許容範囲を超えてしまうという危険性を含んでいる．したがって，分枝限定法を効率化するためには，終端されていない問題の数をいかにして減少させるかということや，計算を途中で打ち切った場合でも望ましい実行可能解が得られるように，可能な限り早い段階で望ましい実行可能解を求めるという工夫が要求される．そのためには，線形計画法を用いる分枝限定法のアルゴリズムにおける分枝変数の選択方法と，リスト L から取り出す問題の選択方法が重大な鍵になる．これらの選択方法に関しては，これまでにさまざまな工夫が施されてきているが，残念ながら個々の問題の構造に強く依存する場合が多く，普遍的によいと認められている方法はいまだに解明されていない．

演習問題

3.1 非負の変数 $x_j \geqq 0,\ j = 1, 2, \ldots, n$ に対する m 個の制約式

$$\sum_{j=1}^{n} a_{ij} x_j \leqq b_i,\ i = 1, 2, \ldots, m$$

のうち少なくとも k 個を満たすというような条件は，**論理条件** (logical condition) とよばれる．これらの制約式の左辺はすべて有界であると仮定して，十分大きな m 個の正数 M_i と m 個の 0-1 変数 $\delta_i,\ i = 1, 2, \ldots, m$ を導入して，この論理条件を定式化せよ．

3.2 新規プロジェクトの査定を行っている企業の企画室において，提案された n 件のプロジェクトの経費と利益が既知とする．このとき，予算内で利益を最大にするプロジェクトを選択するという**プロジェクト選択問題** (project selection problem) を定式化せよ．

3.3 前問のプロジェクト選択問題に，次のような論理条件が追加された場合の制約式を考察せよ．

(1) プロジェクト j を採択するにはプロジェクト i も採択しなければならない．

(2) プロジェクト i と j のいずれかが採択されているときに限り，プロジェクト k を採択することができる．

(3) プロジェクト i と j の両方が採択されているときには，プロジェクト k を採択してはならない．

3.4 **巡回セールスマン問題** (traveling salesman problem) とは，ある一人のセールスマンがいくつかの都市を次々に一度ずつ訪問して，最後に出発点に戻らなければならないときに，最短の距離で回る順序を決定するという問題である．すなわち，すべての都市を一度だけ訪問するという制約条件のもとで，総距離を最小にするという組合せ最適化問題である．都市の数を n，都市 i と都市 j の間の距離を d_{ij} として，0-1 変数

$$x_{ij} = \begin{cases} 1, & \text{都市 } i \text{ の次に都市 } j \text{ を訪問するとき} \\ 0, & \text{都市 } i \text{ の次に都市 } j \text{ を訪問しないとき} \end{cases}$$

を導入して，巡回セールスマン問題を定式化せよ．

3.5 例 3.3 のナップサック問題 (3.10) において，c_j/a_j は，単位重量当たりの貢献度と解釈できるので，$\gamma_j = c_j/a_j$ を品物 j の効率とよび，効率のよい順にナップサックに詰め込むという，**欲張り法** (greedy method) あるいは**貪欲解法**とよばれる次のような近似解法がよく知られている．

> **■欲張り法のアルゴリズム**
> **手順 0　初期化**　添字 j を $\gamma_1 \geqq \gamma_2, \ldots, \geqq \gamma_n$ のように効率のよい順に並べ替えて，$b^* := b$，$z := 0$，$l := 0$ と設定する．
> **手順 1　終了判定**　$l := l + 1$ として，$l > n$ であれば終了する．
> **手順 2　変数値の固定**　$a_l \leqq b^*$ ならば $x_l := 1$，$b^* := b^* - a_l$，$z := z + c_l$ として，手順 1 へ戻る．$a_l > b^*$ ならば $x_l := 0$ として，手順 1 へ戻る．

また，欲張り法の手順を逆にして，最初にすべての品物を選んでおいて，効率の悪い順にナップサックから取り除いていくという近似解法も考えられている．このような場合には，最初にすべての変数 x_j の値が 1 であるという解から出発して品物 j の効率 $\gamma_j = c_j/a_j$ の小さなものから順に $x_j := 0$ に変更して，$\sum_{j=1}^{n} a_j x_j \leqq b$ ならば終了する．このような近似解法は**けちけち法** (stingy method) とよばれるが，欲張り法で得られた解とは一般に一致するとは限らない．

7 変数のナップサック問題

$$
\begin{array}{ll}
\text{maximize} & 5x_1 + 10x_2 + 13x_3 + 4x_4 + 3x_5 + 11x_6 + 13x_7 \\
\text{subject to} & 2x_1 + 5x_2 + 18x_3 + 3x_4 + 2x_5 + 5x_6 + 10x_7 \leqq 21 \\
& x_j \in \{0, 1\}, \quad j = 1, 2, \ldots 7
\end{array}
$$

を欲張り法とけちけち法で解き，得られた解を比較してみよ．

3.6 整数計画問題

$$
\begin{array}{lrl}
\text{minimize} & z = & \boldsymbol{c}\boldsymbol{x} \\
\text{subject to} & A_1\boldsymbol{x} & \leqq \boldsymbol{b}^1 \\
& A_2\boldsymbol{x} & = \boldsymbol{b}^2 \\
& \boldsymbol{x} & \geqq \boldsymbol{0}, \quad \boldsymbol{x} \in Z^n
\end{array}
$$

に対して，この問題から制約式 $A_1\boldsymbol{x} \leqq \boldsymbol{b}^1$ を取り除いた緩和問題

$$
\begin{array}{lrl}
\text{minimize} & z = & \boldsymbol{c}\boldsymbol{x} \\
\text{subject to} & A_2\boldsymbol{x} & = \boldsymbol{b}^2 \\
& \boldsymbol{x} & \geqq \boldsymbol{0},\ \boldsymbol{x} \in Z^n
\end{array}
$$

はもとの問題より解きやすい問題になるものとする．このとき，制約式 $A_1\boldsymbol{x} \leqq \boldsymbol{b}^1$ をラグランジュ乗数 $\boldsymbol{u} \geqq \boldsymbol{0}$ を用いて目的関数に組み込んだ**ラグランジュ緩和問題** (Lagrangian relaxation problem)

$$\begin{array}{ll} \text{minimize} & L(\boldsymbol{u}) = \boldsymbol{cx} + \boldsymbol{u}(A_1\boldsymbol{x} - \boldsymbol{b}^1) \\ \text{subject to} & A_2\boldsymbol{x} = \boldsymbol{b}^2 \\ & \boldsymbol{x} \geqq \boldsymbol{0}, \quad \boldsymbol{x} \in Z^n \end{array}$$

を定義すると，次の性質が成立することを証明せよ．

(1)　任意に固定した $\boldsymbol{u} \geqq \boldsymbol{0}$ に対して，ラグランジュ緩和問題の最適解 $\boldsymbol{x}(\boldsymbol{u})$ はもとの問題の下界値を与える．

(2)　ある $\boldsymbol{u}^* \geqq \boldsymbol{0}$ に対して，$A_1\boldsymbol{x}(\boldsymbol{u}^*) \leqq \boldsymbol{b}^1$ かつ $\boldsymbol{u}^*\{A_1\boldsymbol{x}(\boldsymbol{u}^*) - \boldsymbol{b}^1\} = 0$ となれば，$\boldsymbol{x}(\boldsymbol{u}^*)$ はもとの問題の最適解である．

ここで，$\boldsymbol{c}$ は n 次元行ベクトル，$\boldsymbol{x}$ は n 次元列ベクトル，$\boldsymbol{b}^1$ は m_1 次元列ベクトル，$\boldsymbol{b}^2$ は m_2 次元列ベクトル，$\boldsymbol{u}$ は m_1 次元行ベクトルで，A_1 は $m_1 \times n$ 行列，A_2 は $m_2 \times n$ 行列である．

3.7　例 3.7 の全整数計画問題の数値例に対して，線形計画法を用いる分枝限定法のアルゴリズムで解くときに必要となる連続緩和問題としての，線形計画問題のすべてのシンプレックス・タブローを求めよ．

3.8　次の全整数計画問題を分枝限定法で解け．

$$\begin{array}{ll} \text{minimize} & z = -7x_1 - 3x_2 \\ \text{subject to} & 2x_1 + 5x_2 \leqq 30 \\ & 8x_1 + 3x_2 \leqq 48 \\ & 0 \leqq x_1, x_2 \in Z \end{array}$$

3.9　例 3.8 の混合整数計画問題の数値例に対して，線形計画法を用いる分枝限定法のアルゴリズムで解くときに必要となる連続緩和問題としての，線形計画問題のすべてのシンプレックス・タブローを求めよ．

3.10　次の混合整数計画問題を分枝限定法で解け．

$$\begin{array}{ll} \text{minimize} & z = -4x_1 - 3x_2 - 5y \\ \text{subject to} & 3x_1 + 4x_2 \qquad\quad \leqq 10 \\ & 2x_1 + x_2 + y \leqq 7 \\ & 3x_1 + x_2 + 4y \leqq 12 \\ & 0 \leqq x_1, x_2 \in Z, \ y \geqq 0 \end{array}$$

第4章 非線形計画法

第1章で考察した非線形計画問題を取り扱う本章では，多変数の実数値関数と凸関数の性質にふれたあと，非線形計画法の最適性の理論をわかりやすく解説する．さらに，制約のない最適化問題に対する勾配法とニュートン法の基本的な考え方とアルゴリズムを説明するとともに，非線形計画問題に対する典型的な最適化手法として，ペナルティ法と一般縮小勾配法を取り上げて，わかりやすい解説を試みる．

4.1 非線形計画問題と基礎概念

1.3節では，例1.3の2変数の非線形の生産計画の問題，すなわち，「非線形の利潤関数

$$-x_1^2 - x_2^2 + 4x_1 + 11x_2$$

を，線形の原料の使用可能量に関する制約条件

$$\begin{aligned} 2x_1 + 6x_2 &\leqq 27 \\ 3x_1 + 2x_2 &\leqq 16 \\ 4x_1 + x_2 &\leqq 18 \end{aligned}$$

とすべての決定変数に対する非負条件

$$x_1 \geqq 0,\ x_2 \geqq 0$$

のもとで最小にせよ」という非線形計画問題を定式化して，2次元平面上で非線形計画問題の特徴を概観した．このような簡単な非線形の生産計画の問題は，「非線形の目的関数を非線形の不等式制約条件のもとで最小にせよ」という形の**非線形計画問題** (nonlinear programming problem)

$$\left.\begin{array}{ll} \text{minimize} & f(x_1, x_2, \ldots, x_n) \\ \text{subject to} & g_i(x_1, x_2, \ldots, x_n) \leqq 0,\ i = 1, 2, \ldots, m \end{array}\right\} \tag{4.1}$$

に一般化される．ここで $f(x_1, x_2, \ldots, x_n)$, $g_i(x_1, x_2, \ldots, x_n)$, $i = 1, 2, \ldots, m$ は，n 変数 $x_1, x_2, \ldots, x_n$ の**実数値関数** (real-valued function) である．あるいは，n 次元列ベクトル $\boldsymbol{x} = (x_1, x_2, \ldots, x_n)^T$ を用いて，より簡潔に，

$$\left.\begin{array}{ll} \text{minimize} & f(\boldsymbol{x}) \\ \text{subject to} & g_i(\boldsymbol{x}) \leqq 0,\ i = 1, 2, \ldots, m \end{array}\right\} \tag{4.2}$$

と表される[1]．

実数値関数 $f(\boldsymbol{x})$ が微分可能であれば，**勾配ベクトル** (gradient vector) を，

$$\nabla f(\boldsymbol{x}) = \left(\frac{\partial f(\boldsymbol{x})}{\partial x_1}, \frac{\partial f(\boldsymbol{x})}{\partial x_2}, \ldots, \frac{\partial f(\boldsymbol{x})}{\partial x_n} \right) \tag{4.3}$$

のような n 次元行ベクトルとして定義することができる[2]．さらに，$f(\boldsymbol{x})$ が 2 階微分可能であれば，$n \times n$ 行列 $\nabla^2 f(\boldsymbol{x})$ が次のように定義される．

$$\nabla^2 f(\boldsymbol{x}) = \left[\frac{\partial^2 f(\boldsymbol{x})}{\partial x_i \partial x_j} \right] = \begin{bmatrix} \dfrac{\partial^2 f(\boldsymbol{x})}{\partial x_1^2} & \dfrac{\partial^2 f(\boldsymbol{x})}{\partial x_1 \partial x_2} & \cdots & \dfrac{\partial^2 f(\boldsymbol{x})}{\partial x_1 \partial x_n} \\ \vdots & \vdots & \ddots & \vdots \\ \dfrac{\partial^2 f(\boldsymbol{x})}{\partial x_n \partial x_1} & \dfrac{\partial^2 f(\boldsymbol{x})}{\partial x_n \partial x_2} & \cdots & \dfrac{\partial^2 f(\boldsymbol{x})}{\partial x_n^2} \end{bmatrix} \tag{4.4}$$

$\nabla^2 f(\boldsymbol{x})$ は $H(\boldsymbol{x})$ とも表され，**ヘッセ行列** (Hessian matrix) とよばれる[3]．

例 4.1　2 変数の数値例に対する勾配ベクトルとヘッセ行列

簡単な数値例として，2 変数関数 $f(\boldsymbol{x}) = 2x_1^2 - x_1 x_2 + 2x_2^2$ を考えてみよう．この関数の勾配ベクトルは，

$$\nabla f(\boldsymbol{x}) = \left(\frac{\partial f(\boldsymbol{x})}{\partial x_1}, \frac{\partial f(\boldsymbol{x})}{\partial x_2} \right) = (4x_1 - x_2, -x_1 + 4x_2)$$

となり，図 4.1 に示されているように，たとえば点 $(-1, -2)$ では $\nabla f(-1, -2) = (-2, -7)$ であることがわかる．

さらに，ヘッセ行列は，

---

[1] $\boldsymbol{x}$ は列ベクトルであるので，$f(\boldsymbol{x}^T)$ と表すべきかもしれないが，本書を通じて，前後関係からわかる場合には，便宜上しばしば転置を表す上付きの添字 ^{T} を省略することがある．

[2] $\nabla f(\boldsymbol{x})$ は $f_{\boldsymbol{x}}(\boldsymbol{x})$ と表されることもある．

[3] 2 回連続的微分可能であれば $\partial^2 f(\boldsymbol{x})/(\partial x_i \partial x_j) = \partial^2 f(\boldsymbol{x})/(\partial x_j \partial x_i)$ となるので，ヘッセ行列は対称である．

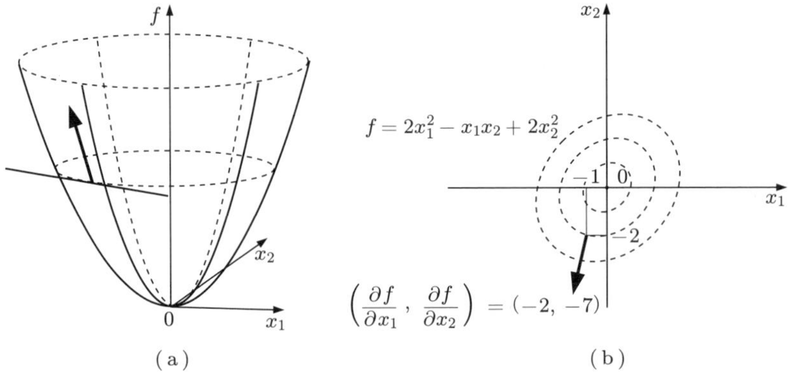

図 4.1　勾配ベクトル

$$\nabla^2 f(\boldsymbol{x}) = \begin{bmatrix} \dfrac{\partial^2 f(\boldsymbol{x})}{\partial x_1^2} & \dfrac{\partial^2 f(\boldsymbol{x})}{\partial x_1 \partial x_2} \\ \dfrac{\partial^2 f(\boldsymbol{x})}{\partial x_2 \partial x_1} & \dfrac{\partial^2 f(\boldsymbol{x})}{\partial x_2^2} \end{bmatrix} = \begin{bmatrix} 4 & -1 \\ -1 & 4 \end{bmatrix}$$

のように計算できる．◀

微分可能な n 変数の実数値関数[4] $f(\boldsymbol{x})$ に対する**平均値の定理** (mean value theorem) と**テイラーの定理** (Taylor's theorem)[5]は，しばしば利用される．

◆定理 4.1　平均値の定理

$f(\boldsymbol{x})$ が微分可能であれば，次式を満たす $0 < \theta < 1$ が存在する．

$$\begin{aligned} f(\boldsymbol{x}^1) &= f(\boldsymbol{x}^2) + \sum_{i=1}^{n} \frac{\partial f(\theta \boldsymbol{x}^1 + (1-\theta)\boldsymbol{x}^2)}{\partial x_i}(x_i^1 - x_i^2) \\ &= f(\boldsymbol{x}^2) + \nabla f(\theta \boldsymbol{x}^1 + (1-\theta)\boldsymbol{x}^2)(\boldsymbol{x}^1 - \boldsymbol{x}^2) \end{aligned}$$

例 4.2　1 変数および 2 変数の数値例に対する平均値の定理

簡単な数値例として，1 変数の 3 次関数 $f(x) = 2x^3 + 3x^2 - 4x + 1$ を考えてみよう．$x^1 = 0.2$，$x^2 = 0.6$ とすれば，$f(x^1) = f(0.2) = 0.336$，$f(x^2) = f(0.6) = 0.112$

---

4) $f(\boldsymbol{x})$ の微分可能性は，線分 $[\boldsymbol{x}^1, \boldsymbol{x}^2]$ を含むある領域で仮定すれば十分である．

5) 定理 4.1，4.2 は，1 変数の関数 $f(x)$ の平均値の定理 $f(b) = f(a) + f'(\theta b + (1-\theta)a)(b-a)$ と，テイラーの定理 $f(b) = f(a) + f'(a)(b-a) + (1/2)f''(\theta b + (1-\theta)a)(b-a)^2$ の多変数の関数への自然な拡張とみなされる．

で，$f'(x) = 6x^2 + 6x - 4$ となるので，平均値の定理の式

$$f(x^1) = f(x^2) + f'(\theta x^1 + (1-\theta)x^2)(x^1 - x^2)$$

は，

$$0.336 = 0.112 - 0.4(0.96\theta^2 - 5.28\theta + 1.76)$$

となり，この式を満たす $\theta = 0.481557$ が存在することがわかる．ここで，平均値の定理の式を，

$$\frac{f(x^1) - f(x^2)}{x^1 - x^2} = f'(\theta x^1 + (1-\theta)x^2)$$

と変形すれば，この式は $(x^1, f(x^1))$ と $(x^2, f(x^2))$ を結ぶ直線の傾きが $\theta x^1 + (1-\theta)x^2$ における $f(x)$ の微分 $f'(\theta x^1 + (1-\theta)x^2)$ に等しいことを意味しており，このことは図 4.2 からもわかる．

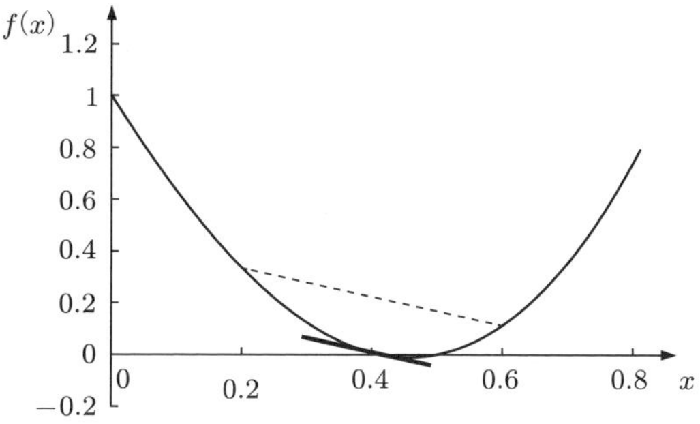

図 4.2 1 変数の数値例に対する平均値の定理

次に，2 変数の 2 次関数 $q(\boldsymbol{x}) = 2x_1^2 - x_1x_2 + 2x_2^2$ を考えてみよう．$\boldsymbol{x}^1 = (1,1)$，$\boldsymbol{x}^2 = (1, 0.5)$ とすれば，$q(\boldsymbol{x}^1) = q(1,1) = 3$，$q(\boldsymbol{x}^2) = q(1, 0.5) = 2$ で，$\nabla q(\boldsymbol{x}) = (4x_1 - x_2, -x_1 + 4x_2)$ となるので，平均値の定理の式

$$q(\boldsymbol{x}^1) = q(\boldsymbol{x}^2) + \nabla q(\theta \boldsymbol{x}^1 + (1-\theta)\boldsymbol{x}^2)(\boldsymbol{x}^1 - \boldsymbol{x}^2)$$

は，

$$3 = 2 - (3.5 - 0.5\theta, 1 + 2\theta)\begin{pmatrix} 0 \\ 0.5 \end{pmatrix}$$

となり，この式を満たす $\theta = 0.5$ が存在することがわかる． ◀

◆定理 4.2　テイラーの定理

$f(\boldsymbol{x})$ が 2 階微分可能であれば,

$$
\begin{aligned}
f(\boldsymbol{x}^1) &= f(\boldsymbol{x}^2) + \sum_{i=1}^{n} \frac{\partial f(\boldsymbol{x}^2)}{\partial x_i}(x_i^1 - x_i^2) \\
&\quad + \frac{1}{2}\sum_{i=1}^{n}\sum_{j=1}^{n} \frac{\partial^2 f(\boldsymbol{x}^2)}{\partial x_i \partial x_j}(x_i^1 - x_i^2)(x_j^1 - x_j^2) + o(\|\boldsymbol{x}^1 - \boldsymbol{x}^2\|^2) \\
&= f(\boldsymbol{x}^2) + \nabla f(\boldsymbol{x}^2)(\boldsymbol{x}^1 - \boldsymbol{x}^2) \\
&\quad + \frac{1}{2}(\boldsymbol{x}^1 - \boldsymbol{x}^2)^T \nabla^2 f(\boldsymbol{x}^2)(\boldsymbol{x}^1 - \boldsymbol{x}^2) + o(\|\boldsymbol{x}^1 - \boldsymbol{x}^2\|^2)
\end{aligned}
$$

が成立する．ここで，$o(t)$ は $\lim_{t \to 0} \frac{o(t)}{t} = 0$ なる関数である．また，$\|\cdot\|$ は大きさを意味するノルムであり，$\|\boldsymbol{x}^1 - \boldsymbol{x}^2\|$ は $\boldsymbol{x}^1$ と $\boldsymbol{x}^2$ の距離を表す．

あるいは，平均値の定理の形式で表せば，

$$
\begin{aligned}
f(\boldsymbol{x}^1) &= f(\boldsymbol{x}^2) + \nabla f(\boldsymbol{x}^2)(\boldsymbol{x}^1 - \boldsymbol{x}^2) \\
&\quad + \frac{1}{2}(\boldsymbol{x}^1 - \boldsymbol{x}^2)^T \nabla^2 f(\theta \boldsymbol{x}^1 + (1-\theta)\boldsymbol{x}^2)(\boldsymbol{x}^1 - \boldsymbol{x}^2)
\end{aligned}
$$

を満たす $0 < \theta < 1$ が存在する．

例 4.3　1 変数および 2 変数の数値例に対するテイラーの定理

数値例として，例 4.2 で考察した 1 変数の 3 次関数 $f(x) = 2x^3 + 3x^2 - 4x + 1$ を取り上げる．このとき $f'(x) = 6x^2 + 6x - 4$，$f''(x) = 12x + 6$ である．テイラーの定理は関数の 2 次近似を与えているので，$x^1 = 0.21$，$x^2 = 0.2$ として，x^2 における $f(x)$，$f'(x)$，$f''(x)$ の値を用いて，$f(x^1)$ の値は近似できることを確認してみよう．

テイラーの定理の式の左辺は $f(x^1) = f(0.21) = 0.310822$ で，右辺は

$$
\begin{aligned}
&f(x^2) + f'(x^2)(x^1 - x^2) + \frac{1}{2}f''(x^2)(x^1 - x^2)^2 + o \\
&= 0.336 + (-2.56)\cdot 0.01 + \frac{1}{2}\cdot 8.4 \cdot 0.01^2 + o \\
&= 0.31082 + o
\end{aligned}
$$

となるので，o を除く右辺と左辺の値はほぼ一致していることがわかる．

次に，例 4.2 で考察した 2 変数の 2 次関数 $q(\boldsymbol{x}) = 2x_1^2 - x_1x_2 + 2x_2^2$ を取り上げ，$\boldsymbol{x}^1 = (1.1, 1.1)$，$\boldsymbol{x}^2 = (1, 1)$ とする．このとき，$\nabla q(\boldsymbol{x}) = (4x_1 - x_2, -x_1 + 4x_2)$，$\nabla^2 q(\boldsymbol{x}) =$

$\begin{bmatrix} 4 & -1 \\ -1 & 4 \end{bmatrix}$ となるので，テイラーの定理の式の左辺は $q(\boldsymbol{x}^1) = q(1.1, 1.1) = 3.63$ で，右辺は

$$
\begin{aligned}
&q(\boldsymbol{x}^2) + \nabla q(\boldsymbol{x}^2)(\boldsymbol{x}^1 - \boldsymbol{x}^2) + \frac{1}{2}(\boldsymbol{x}^1 - \boldsymbol{x}^2)^T \nabla^2 q(\boldsymbol{x}^2)(\boldsymbol{x}^1 - \boldsymbol{x}^2) + o \\
&= 3 + 0.6 + \frac{1}{2}(0.3, 0.3)\begin{pmatrix} 0.1 \\ 0.1 \end{pmatrix} + o \\
&= 3.63 + o
\end{aligned}
$$

となる．このように，2 次関数 $q(\boldsymbol{x})$ に対しては $o = 0$ となり，右辺と左辺の値は一致することがわかる． ◀

n 変数の実数値関数 $h_1(\boldsymbol{x}), h_2(\boldsymbol{x}), \ldots, h_m(\boldsymbol{x})$ による m 個の連立方程式 $(n > m)$

$$
h_i(\boldsymbol{x}) = 0, \quad i = 1, 2, \ldots, m \tag{4.5}
$$

が，$(n - m)$ 個の変数を固定したときに，残りの m 個の変数に対して解けるかどうかに関して，次の**陰関数の定理** (implicit function theorem) が成立する[6)]．

◆定理 4.3 陰関数の定理

n 変数 $\boldsymbol{x} = (x_1, x_2, \ldots, x_m, x_{m+1}, \ldots, x_n)^T$ の実数値関数 $h_1(\boldsymbol{x}), h_2(\boldsymbol{x}), \ldots,$ $h_m(\boldsymbol{x})$ が，$\boldsymbol{x}^0 = (x_1^0, x_2^0, \ldots, x_m^0, x_{m+1}^0, \ldots, x_n^0)^T$ のある近傍で（p 階）連続的微分可能で，しかも，

$$
h_i(\boldsymbol{x}^0) = 0, \quad i = 1, 2, \ldots, m
$$

を満たしているものとする．このとき，$m \times m$ **ヤコビ行列** (Jacobian matrix)

$$
J(\boldsymbol{x}^0) = \begin{bmatrix} \dfrac{\partial h_1(\boldsymbol{x}^0)}{\partial x_1} & \cdots & \dfrac{\partial h_1(\boldsymbol{x}^0)}{\partial x_m} \\ \vdots & \ddots & \vdots \\ \dfrac{\partial h_m(\boldsymbol{x}^0)}{\partial x_1} & \cdots & \dfrac{\partial h_m(\boldsymbol{x}^0)}{\partial x_m} \end{bmatrix}
$$

が正則であれば，$\hat{\boldsymbol{x}}^0 = (\hat{x}_{m+1}^0, \hat{x}_{m+2}^0, \ldots, \hat{x}_n^0)^T \in R^{n-m}$ の近傍が存在し，その近

6) 定理 4.3 は，2 変数の関数 $f(x, y)$ が (x^0, y^0) のある近傍で連続的微分可能で，$f(x^0, y^0) = 0$，$f_y(x^0, y^0) \neq 0$ であれば，$x = x^0$ の近傍で，(1) $g(x^0) = y^0$，(2) $f(x, g(x)) = 0$，(3) $dg/dx = -f_x/f_y$ を満たす連続的微分可能な関数 $y = g(x)$ がただ一つ定まるという 2 変数の陰関数の定理の，多変数の関数への自然な拡張とみなされる．

傍に属する $\hat{\boldsymbol{x}} = (\hat{x}_{m+1}, \hat{x}_{m+2}, \ldots, \hat{x}_n)^T$ に対して，

$$x_i = \phi_i(\hat{\boldsymbol{x}}), \quad h_i(\phi_1(\hat{\boldsymbol{x}}), \phi_2(\hat{\boldsymbol{x}}), \ldots, \phi_m(\hat{\boldsymbol{x}}), \hat{\boldsymbol{x}}) = 0, \quad i = 1, 2, \ldots, m \tag{4.6}$$

となるような（p 階）連続的微分可能な**陰関数** (implicit functions) ϕ_i, $i = 1, 2, \ldots, m$ が存在する．

例 4.4　ヤコビ行列の正則性が必要である例

ヤコビ行列の正則性の条件が必要であることは，たとえば，方程式，$h(x_1, x_2) = x_1^2 + x_2 = 0$ のある一つの解 $x_1 = 0$, $x_2 = 0$ の近傍では，ヤコビ行列は $\dfrac{\partial h}{\partial x_1} = 2x_1$ であり，$\dfrac{\partial h(0,0)}{\partial x_1} = 0$ より正則ではないので，$x_1 = \phi(x_2)$ となるような関数 ϕ は存在しないことよりもわかる．もちろん，$x_1^2 + x_2 = 0$ の $x_1 = 0$, $x_2 = 0$ 以外の解に対しては，ヤコビ行列は正則であるので，陰関数 ϕ が存在する． ◀

第2章の線形計画法で考察したように，$m \times n$ 行列 A ($n > m$)，n 次元列ベクトル $\boldsymbol{x}$，m 次元列ベクトル $\boldsymbol{b}$ に対する連立線形方程式 $A\boldsymbol{x} = \boldsymbol{b}$ において，A の m 個の列からつくられる $m \times m$ 行列が正則であれば，この方程式は対応する m 個の変数に関して解けることはよく知られているが，陰関数定理は，まさしくこの事実を非線形方程式に一般化したものであるといえる．

4.2　凸集合と凸関数

非線形計画問題の最適性の議論において，目的関数や制約領域の凸性は基礎的な概念となるので，凸集合や凸関数などの定義から始める．

n 次元実ベクトル空間 R^n の部分集合 X に対して，$\boldsymbol{x}^1$，$\boldsymbol{x}^2$ を X に属する任意の2点とするとき，その凸結合

$$\lambda \boldsymbol{x}^1 + (1 - \lambda)\boldsymbol{x}^2, \quad 0 \leqq \lambda \leqq 1 \tag{4.7}$$

が必ず X に属するという性質があるとき，集合 X を**凸集合** (convex set) という．

幾何学的にいえば，X に属する任意の2点 $\boldsymbol{x}^1$，$\boldsymbol{x}^2$ を結ぶ（閉）線分

$$[\boldsymbol{x}^1, \boldsymbol{x}^2] = \{\boldsymbol{x} \in R^n \mid \boldsymbol{x} = \lambda \boldsymbol{x}^1 + (1 - \lambda)\boldsymbol{x}^2,\ 0 \leqq \lambda \leqq 1\} \tag{4.8}$$

が必ず X に含まれるとき，集合 X は凸集合である．図 4.3 に凸集合と**非凸集合**

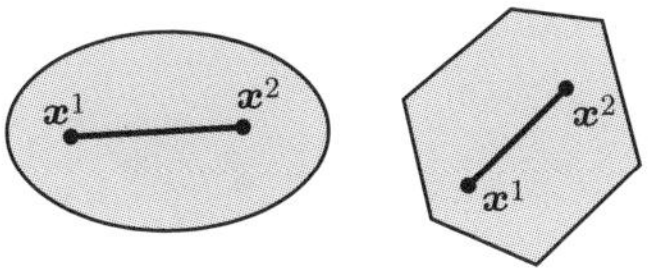

(a) 凸集合

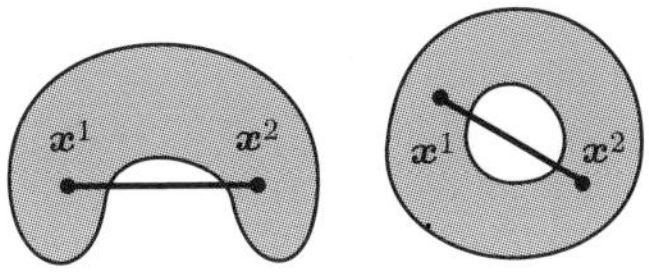

(b) 非凸集合

図 4.3 凸集合と非凸集合

(nonconvex set) の例を示す.

凸集合に関する次の性質はよく知られている.

◆定理 4.4 凸集合の共通集合

任意個の凸集合 X_i $(i \in I)$ の共通集合 $\bigcap_{i \in I} X_i$ もまた凸集合である.

証明 $\boldsymbol{x}^1, \boldsymbol{x}^2 \in \bigcap_{i \in I} X_i$ とすれば, すべての $i \in I$ に対して $\boldsymbol{x}^1, \boldsymbol{x}^2 \in X_i$ で X_i は凸集合であるから, $\lambda\boldsymbol{x}^1+(1-\lambda)\boldsymbol{x}^2 \in X_i, 0 \leqq \lambda \leqq 1$ が成り立つ. したがって, $\lambda\boldsymbol{x}^1+(1-\lambda)\boldsymbol{x}^2 \in \bigcap_{i \in I} X_i$ となり $\bigcap_{i \in I} X_i$ もまた凸集合であることがわかる. ◀

R^n の部分集合 C に対して, $\boldsymbol{x}$ を C に属する任意の点とする. すべての $\lambda \geqq 0$ に対して $\lambda\boldsymbol{x}$ が必ず C に属するという性質があるとき, C を**錐** (cone) という. すなわち, 錐 C は原点を始点として C の任意の点を通る半直線を含むような集合である. 錐 C が凸集合であるとき, C を**凸錐** (convex cone) という.

$n \times m$ 行列 P に対して,

$$C(P) = \{\boldsymbol{x} \in R^n \mid \boldsymbol{x} = P\boldsymbol{\alpha},\ \boldsymbol{\alpha} \geqq \boldsymbol{0},\ \boldsymbol{\alpha} \in R^m\} \tag{4.9}$$

は明らかに凸錐である[7]. 凸錐 $C(P)$ は, P の張る**凸多面錐** (polyhedral convex cone) とよばれる. ここで, $P = [\boldsymbol{p}_1\ \boldsymbol{p}_2 \cdots \boldsymbol{p}_m]$ とすれば P の張る凸多面錐 $C(P)$ は, n 次元列ベクトル $\boldsymbol{p}_1, \boldsymbol{p}_2, \ldots, \boldsymbol{p}_m$ の非負の線形結合 $\sum_{i=1}^{m} \alpha_i \boldsymbol{p}_i,\ \alpha_i \geqq 0,\ i = 1, 2, \ldots, m$ 全体の集合であり, $\boldsymbol{p}_1, \boldsymbol{p}_2, \ldots, \boldsymbol{p}_m$ によって生成されるという. 図 4.4 に錐, 凸錐および $C(P)$ を例示する.

R^n の凸集合 X 上で定義された実数値関数 $f(\boldsymbol{x})$ が, 任意の $\boldsymbol{x}^1$, $\boldsymbol{x}^2 \in X$ と

---

[7] 実際, $\boldsymbol{x} \in C(P)$, $\lambda \geqq 0$ に対して $\lambda\boldsymbol{x} = \lambda(P\boldsymbol{\alpha}) = P(\lambda\boldsymbol{\alpha})$, $\lambda\boldsymbol{\alpha} \geqq \boldsymbol{0}$ となるので, $\lambda\boldsymbol{\alpha} \in C(P)$ となり錐である. また, $\boldsymbol{x}^1, \boldsymbol{x}^2 \in C(P)$ とし, $\boldsymbol{x}^1 = P\boldsymbol{\alpha}^1$, $\boldsymbol{x}^2 = P\boldsymbol{\alpha}^2$, $\boldsymbol{\alpha}^1 \geqq \boldsymbol{0}$, $\boldsymbol{\alpha}^2 \geqq \boldsymbol{0}$ と $0 \leqq \lambda \leqq 1$ に対して, $\lambda\boldsymbol{x}^1 + (1-\lambda)\boldsymbol{x}^2 = \lambda P\boldsymbol{\alpha}^1 + (1-\lambda)P\boldsymbol{\alpha}^2 = P(\lambda\boldsymbol{\alpha}^1 + (1-\lambda)\boldsymbol{\alpha}^2)$, $\lambda\boldsymbol{\alpha}^1 + (1-\lambda)\boldsymbol{\alpha}^2 \geqq \boldsymbol{0}$ となり, $\lambda\boldsymbol{x}^1 + (1-\lambda)\boldsymbol{x}^2 \in C(P)$ となるので凸集合である.

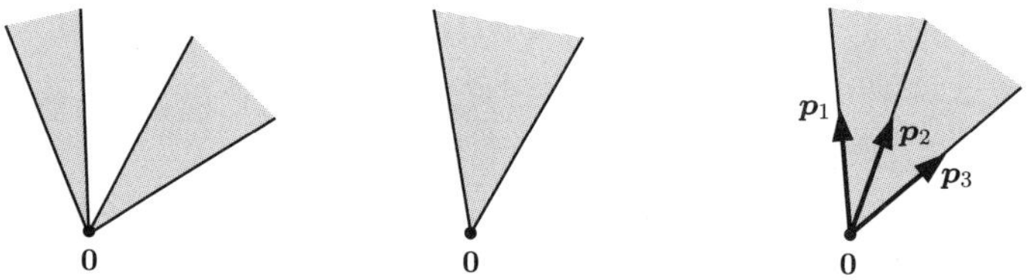

（a）錐　（b）凸錐　（C ）Pの張る凸多面錐 $C(P)$

図 4.4　錐，凸錐および $C(P)$

$0 \leqq \lambda \leqq 1$ に対して，

$$f(\lambda \boldsymbol{x}^1 + (1-\lambda)\boldsymbol{x}^2) \leqq \lambda f(\boldsymbol{x}^1) + (1-\lambda) f(\boldsymbol{x}^2) \tag{4.10}$$

を満たすとき，$f(\boldsymbol{x})$ は X 上の**凸関数** (convex function) であるという．

とくに，等号を含まない条件式が成立するとき，すなわち任意の $\boldsymbol{x}^1$, $\boldsymbol{x}^2 \in X$ と $0 < \lambda < 1$ に対して，

$$f(\lambda \boldsymbol{x}^1 + (1-\lambda)\boldsymbol{x}^2) < \lambda f(\boldsymbol{x}^1) + (1-\lambda) f(\boldsymbol{x}^2) \tag{4.11}$$

のとき，$f(\boldsymbol{x})$ は**強意凸関数** (strictly convex function) であるという．

また，$-f(\boldsymbol{x})$ が凸関数であるとき，$f(\boldsymbol{x})$ は**凹関数** (concave function) であるという．同様に，$-f(\boldsymbol{x})$ が強意凸関数であるとき，$f(\boldsymbol{x})$ は**強意凹関数** (strictly concave function) であるという[8]．

幾何学的にいえば，図 4.5 に示されているように，関数 $f(\boldsymbol{x})$ のグラフ上の任意の 2 点を結ぶ線分が，グラフの下にないとき，$f(\boldsymbol{x})$ は凸関数であり，グラフの上にない

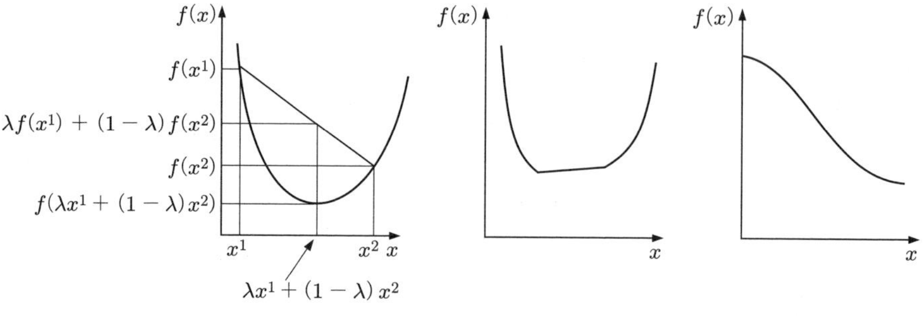

（a）強意凸関数　（b）凸関数　（c）非凸関数

図 4.5　凸関数と非凸関数

---

8) 強意凸（凹）関数は，狭義凸（凹）関数ともよばれる．

とき，$f(\boldsymbol{x})$ は凹関数である．

定義より，線形関数は凸関数であり，かつ凹関数でもあるが，強意凸関数でも強意凹関数でもないことに注意しよう．

図 4.5 に強意凸関数，凸関数，非凸関数の例が示されている．図 4.5(a) の関数は，任意の 2 点を結ぶ線分がつねにグラフの上方にあるので，強意凸関数であるが，図 (b) の関数は線形の部分を含むので強意凸関数ではない．

凸関数に関する次の性質はよく用いられる．

◆定理 4.5　凸関数のレベル集合

R^n の凸集合 X 上で定義された実数値関数 $f(\boldsymbol{x})$ が X 上で凸関数であれば，任意の実数 α に対して，

$$X_\alpha = \{\boldsymbol{x} \in X \mid f(\boldsymbol{x}) \leqq \alpha\} \subset X$$

は凸集合である．ここで，X_α は $f(\boldsymbol{x})$ の**レベル集合** (level set) とよばれる．

証明　$f(\boldsymbol{x})$ が凸関数であれば，任意の $\boldsymbol{x}^1, \boldsymbol{x}^2 \in X_\alpha$ と $0 \leqq \lambda \leqq 1$ に対して，

$$f(\lambda \boldsymbol{x}^1 + (1-\lambda)\boldsymbol{x}^2) \leqq \lambda f(\boldsymbol{x}^1) + (1-\lambda) f(\boldsymbol{x}^2) \leqq \lambda\alpha + (1-\lambda)\alpha = \alpha$$

となるので，$\lambda \boldsymbol{x}^1 + (1-\lambda)\boldsymbol{x}^2 \in X_\alpha$ となり X_α は凸集合である．◀

ここで，この定理の逆は必ずしも成立しないことに注意しよう．すなわち，X_α が凸集合でも $f(\boldsymbol{x})$ は必ずしも凸関数とは限らないのである．

例 4.5　凸関数でない関数のレベル集合が凸集合になる例

1 変数の 3 次関数 $f(x) = x^3$ は明らかに R 上で凸関数ではないが，

$$X_\alpha = \{x \in R \mid x^3 \leqq \alpha\} = \{x \in R \mid x \leqq \alpha^{1/3}\}$$

は任意の実数 α に対して凸集合である．◀

■4.3　制約条件のない最適化問題に対する最適性の条件

これまで 4.1，4.2 節で準備してきた非線形計画問題に対する数学的概念に基づいて，最適性の条件について考察していこう．

4.1 節で述べたように，一般に非線形計画問題は，

$$\left.\begin{array}{ll} \text{minimize} & f(\boldsymbol{x}) \\ \text{subject to} & g_i(\boldsymbol{x}) \leqq 0, \quad i = 1, 2, \ldots, m \end{array}\right\} \tag{4.12}$$

と表されるが，本節では最も簡単な場合の非線形計画問題として制約条件のない最小化問題，すなわち R^n 上で定義された目的関数 $f(\boldsymbol{x})$ の最小化問題

$$\text{minimize} \quad f(\boldsymbol{x}), \quad \boldsymbol{x} \in R^n \tag{4.13}$$

の最適性の条件について考察してみよう．

最小化問題 (4.13) に対して，図 4.6 に示されるように，**大域的最適解** (global optimal solution) と**局所的最適解** (local optimal solution) が定義されている．すなわち，数学的には，

$$f(\boldsymbol{x}^o) \leqq f(\boldsymbol{x}), \quad \forall \boldsymbol{x} \in R^n \tag{4.14}$$

を満たす $\boldsymbol{x}^o \in R^n$ が大域的最適解である．これに対して，$\boldsymbol{x}^o$ の ε **近傍** (ε-neighbourhood) $N(\boldsymbol{x}^o, \varepsilon) = \{\boldsymbol{y} \in R^n \mid ||\boldsymbol{y} - \boldsymbol{x}^o|| < \varepsilon\}$ において，

$$f(\boldsymbol{x}^o) \leqq f(\boldsymbol{x}), \quad \forall \boldsymbol{x} \in N(\boldsymbol{x}^o, \varepsilon) \tag{4.15}$$

を満たす $\boldsymbol{x}^o \in R^n$ が局所的最適解である．ここで，局所的最適解の概念は近傍の概念であるので，$f(\boldsymbol{x}) < f(\boldsymbol{x}^o)$ となる $\boldsymbol{x}$ が $N(\boldsymbol{x}^o, \varepsilon)$ の外に存在するかもしれないことに注意しよう．また，式 (4.14) あるいは式 (4.15) において，とくに等号を含まない条件が成立するとき，$\boldsymbol{x}^o$ はそれぞれ，**強意大域的最適解**，あるいは**強意局所的最適解**とよばれる[9]．

連続的微分可能な関数に対する次の必要条件はよく知られている．

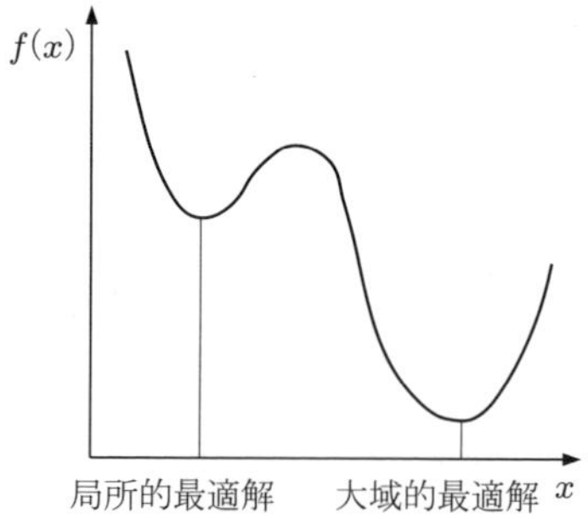

図 4.6　局所的最適解と大域的最適解

[9] 強意最適解は，狭義最適解，一意的な最適解，あるいは孤立最適解ともよばれる．

◆定理 4.6 局所的最適性の必要条件

$f(\boldsymbol{x})$ が連続的微分可能であれば，$\boldsymbol{x}^o$ が制約条件のない最小化問題 (4.13) の局所的最適解であるための必要条件は，$\nabla f(\boldsymbol{x}^o) = \boldsymbol{0}$ が成立することである．

証明 $\nabla f(\boldsymbol{x}^o) = \boldsymbol{0}$ が成立しなければ，$\nabla f(\boldsymbol{x}^o)\boldsymbol{d} < 0$, $\|\boldsymbol{d}\| = 1$ となるような $\boldsymbol{d} \in R^n$ が存在する（たとえば，$\boldsymbol{d} = -\nabla^T f(\boldsymbol{x}^o)/\|\nabla f(\boldsymbol{x}^o)\|$）．ここで，平均値の定理より $f(\boldsymbol{x}^o + \varepsilon\boldsymbol{d}) = f(\boldsymbol{x}^o) + \varepsilon\nabla f(\boldsymbol{x}^o + \theta\varepsilon\boldsymbol{d})\boldsymbol{d}$ を満たす $0 < \theta < 1$ が存在するので，$\nabla f(\boldsymbol{x})$ が $\boldsymbol{x}$ の連続関数であることを考慮すれば，十分小さな $\varepsilon > 0$ に対して $\nabla f(\boldsymbol{x}^o + \theta\varepsilon\boldsymbol{d})\boldsymbol{d} < 0$ となる．したがって，この十分小さな $\varepsilon > 0$ に対しては $f(\boldsymbol{x}^o + \varepsilon\boldsymbol{d}) < f(\boldsymbol{x}^o)$ となり，$\boldsymbol{x}^o$ は局所的最適解にはなり得ない． ◀

証明からも明らかなように，定理 4.6 の条件は，最大化問題の局所的最適解に対しても成立する．一般に，$\nabla f(\boldsymbol{x}^o) = \boldsymbol{0}$ を満たす点 $\boldsymbol{x}^o$ は $f(\boldsymbol{x})$ の**停留点** (stationary point) とよばれるが，定理 4.6 によれば，停留点は最小点であるための必要条件であることがわかる[10)]．

2 階連続的微分可能な関数については，次の 2 次の必要条件が成立する．

◆定理 4.7 局所的最適性の 2 次の必要条件

$f(\boldsymbol{x})$ が 2 階連続的微分可能であれば，$\boldsymbol{x}^o$ が制約条件のない最小化問題 (4.13) の局所的最適解であるための必要条件は，$\nabla f(\boldsymbol{x}^o) = \boldsymbol{0}$ で，しかも $\boldsymbol{x}^o$ におけるヘッセ行列 $\nabla^2 f(\boldsymbol{x}^o)$ が**半正定** (positive semi-definite)，すなわち $\boldsymbol{d}^T\nabla^2 f(\boldsymbol{x}^o)\boldsymbol{d} \geqq 0$, $\forall\boldsymbol{d} \in R^n$ となることである．

証明 $\boldsymbol{d}^T\nabla^2 f(\boldsymbol{x}^o)\boldsymbol{d} < 0$, $\|\boldsymbol{d}\| = 1$ を満たす $\boldsymbol{d} \in R^n$ が存在するものと仮定して，矛盾を導けばよい．テイラーの定理より，

$$f(\boldsymbol{x}^o + \varepsilon\boldsymbol{d}) = f(\boldsymbol{x}^o) + \varepsilon\nabla f(\boldsymbol{x}^o)\boldsymbol{d} + \frac{1}{2}\varepsilon^2\boldsymbol{d}^T\nabla^2 f(\boldsymbol{x}^o + \theta\varepsilon\boldsymbol{d})\boldsymbol{d}$$

を満たす $0 < \theta < 1$ が存在するが，$\nabla f(\boldsymbol{x}^o) = \boldsymbol{0}$ であるので，

$$f(\boldsymbol{x}^o + \varepsilon\boldsymbol{d}) = f(\boldsymbol{x}^o) + \frac{1}{2}\varepsilon^2\boldsymbol{d}^T\nabla^2 f(\boldsymbol{x}^o + \theta\varepsilon\boldsymbol{d})\boldsymbol{d}$$

となる．ここで，$\nabla^2 f(\boldsymbol{x})$ が $\boldsymbol{x}$ の連続関数であることを考慮すれば，仮定より，十分小さな $\varepsilon > 0$ に対して $\boldsymbol{d}^T\nabla^2 f(\boldsymbol{x}^o + \theta\varepsilon\boldsymbol{d})\boldsymbol{d} < 0$ となる．したがって，この十分小さな $\varepsilon > 0$ に対しては $f(\boldsymbol{x}^o + \varepsilon\boldsymbol{d}) < f(\boldsymbol{x}^o)$ となり，$\boldsymbol{x}^o$ が局所的最適解にはなり得ないので，この定理が成立することがわかる． ◀

10) 定理 4.6 の局所的最適性の必要条件 $\nabla f(\boldsymbol{x}^o) = \boldsymbol{0}$ は，微分可能な 1 変数の関数 $f(x)$ が x^o で極値をとるための必要条件 $f'(x^o) = 0$ の，多変数の関数への自然な拡張とみなされる．

最大化問題の場合は，$\boldsymbol{x}^o$ におけるヘッセ行列が半負定であることが，定理の証明からわかる．

定理 4.7 のヘッセ行列 $\nabla^2 f(\boldsymbol{x}^o)$ が**正定** (positive definite) であれば，強意局所的最適性の十分条件になることが，次の定理に示される[11]．

◆定理 4.8　強意局所的最適性の 2 次の十分条件

$f(\boldsymbol{x})$ が 2 階連続的微分可能であれば，$\boldsymbol{x}^o$ が制約条件のない最小化問題 (4.13) の強意局所的最適解であるための十分条件は $\nabla f(\boldsymbol{x}^o) = \boldsymbol{0}$ で，しかも $\boldsymbol{x}^o$ におけるヘッセ行列 $\nabla^2 f(\boldsymbol{x}^o)$ が正定，すなわち $\boldsymbol{d}^T \nabla^2 f(\boldsymbol{x}^o)\boldsymbol{d} > 0,\ \boldsymbol{0} \neq \forall \boldsymbol{d} \in R^n$ となることである．

証明　任意の $\varepsilon > 0$ と $\|\boldsymbol{d}\| = 1$ なる $\boldsymbol{d} \in R^n$ に対して，テイラーの定理より，

$$f(\boldsymbol{x}^o + \varepsilon \boldsymbol{d}) = f(\boldsymbol{x}^o) + \varepsilon \nabla f(\boldsymbol{x}^o)\boldsymbol{d} + \frac{1}{2}\varepsilon^2 \boldsymbol{d}^T \nabla^2 f(\boldsymbol{x}^o + \theta\varepsilon\boldsymbol{d})\boldsymbol{d}$$

を満たす $0 < \theta < 1$ が存在する．ここで，$\nabla f(\boldsymbol{x}^o) = \boldsymbol{0}$ であることと，$\nabla^2 f(\boldsymbol{x})$ の連続性より，十分小さな $\varepsilon > 0$ に対して $\boldsymbol{d}^T \nabla^2 f(\boldsymbol{x}^o + \theta\varepsilon\boldsymbol{d})\boldsymbol{d} > 0$ であることを同時に考慮すれば，この十分小さな $\varepsilon > 0$ に対して，

$$f(\boldsymbol{x}^o) < f(\boldsymbol{x}^o + \varepsilon\boldsymbol{d}), \quad \forall \boldsymbol{d} \in R^n, \quad \|\boldsymbol{d}\| = 1$$

となり，$\boldsymbol{x}^o$ は強意局所的最適解である．◀

例 4.6　2 変数の制約条件のない最小化問題に対する最適性の条件

簡単な数値例として 2 次関数

$$f(\boldsymbol{x}) = 2x_1^2 - x_1x_2 + 2x_2^2$$

の制約条件のない最小化問題を取り上げて，これまで述べてきた 1 次と 2 次の最適性の条件を調べてみよう．この問題の最適解は明らかに $\boldsymbol{x}^o = (0,0)^T$ で，勾配ベクトルとヘッセ行列は，

$$\nabla f(\boldsymbol{x}) = (4x_1 - x_2, -x_1 + 4x_2), \quad \nabla^2 f(\boldsymbol{x}) = \begin{bmatrix} 4 & -1 \\ -1 & 4 \end{bmatrix}$$

となる．このとき，$\boldsymbol{x} = (0,0)^T$ において $\nabla f(\boldsymbol{0}) = \boldsymbol{0}$ で，しかも，

[11] 定理 4.8 の強意局所的最適性の 2 次の十分条件 $\nabla f(\boldsymbol{x}^o) = \boldsymbol{0}$ かつ $\boldsymbol{x}^o$ におけるヘッセ行列 $\nabla^2 f(\boldsymbol{x}^o)$ が正定であることは，微分可能な 1 変数の関数 $f(x)$ が x^o で極小値をとるための十分条件 $f'(x^o) = 0$ かつ $f''(x^o) > 0$ の，多変数の関数への自然な拡張とみなされる．

$$(d_1, d_2)\begin{bmatrix} 4 & -1 \\ -1 & 4 \end{bmatrix}\begin{pmatrix} d_1 \\ d_2 \end{pmatrix} = 4d_1^2 - 2d_1d_2 + 4d_2^2$$
$$= (d_1 - d_2)^2 + 3d_1^2 + 3d_2^2 > 0, \quad \forall \boldsymbol{d} \neq \boldsymbol{0}$$

より，$\nabla^2 f(\boldsymbol{0})$ は正定となるので，最小点 $\boldsymbol{x} = (0, 0)^T$ は最適性の必要条件のみならず 2 次の十分条件も満たしていることがわかる．

これに対して，x_2 の 2 次の項を 4 次に変更し x_1x_2 の項を削除した 4 次関数

$$f(\boldsymbol{x}) = 2x_1^2 + 2x_2^4$$

の制約条件のない最小化問題を考えてみよう．この問題の最適解も明らかに $\boldsymbol{x}^o = (0, 0)^T$ で，勾配ベクトルとヘッセ行列は，

$$\nabla f(\boldsymbol{x}) = (4x_1, 8x_2^3), \quad \nabla^2 f(\boldsymbol{x}) = \begin{bmatrix} 4 & 0 \\ 0 & 24x_2^2 \end{bmatrix}$$

となる．このとき，$\boldsymbol{x} = (0, 0)^T$ において，

$$\nabla f(\boldsymbol{0}) = \boldsymbol{0}, \quad \nabla^2 f(\boldsymbol{0}) = \begin{bmatrix} 4 & 0 \\ 0 & 0 \end{bmatrix}$$

となるので，

$$(d_1, d_2)\begin{bmatrix} 4 & 0 \\ 0 & 0 \end{bmatrix}\begin{pmatrix} d_1 \\ d_2 \end{pmatrix} = 4d_1^2 \geqq 0, \quad \forall \boldsymbol{d} \neq \boldsymbol{0}$$

となり，$\nabla^2 f(\boldsymbol{0})$ は半正定であるが正定にはならない．したがって，最小点 $\boldsymbol{x} = (0, 0)^T$ は最適性の 2 次の必要条件までは満たすが，2 次の十分条件は満たさないことがわかる． ◀

これまで考察してきた最適性の定理は，関数の連続性と微分可能性という局所的な性質だけから導かれているので，当然，局所的最適性の条件のみについて述べている．しかし，たとえば，目的関数 $f(\boldsymbol{x})$ が凸関数であるという大域的な仮定を設ければ，定理 4.6 の必要条件は，また十分条件になることがわかる．

◆定理 4.9　凸関数の最適性の必要十分条件

$f(\boldsymbol{x})$ が R^n 上で微分可能な凸関数であるとする．このとき，$\boldsymbol{x}^o$ が制約条件のない最小化問題 (4.13) の大域的最適解であるための必要十分条件は $\nabla f(\boldsymbol{x}^o) = \boldsymbol{0}$ が成立することである．

証明　必要性は定理 4.6 に示されているので，十分性を示すために $\nabla f(\boldsymbol{x}^o) = \boldsymbol{0}$ とすれば，微分可能な凸関数の性質より[12]，任意の $\boldsymbol{x} \in R^n$ に対して

$$f(\boldsymbol{x}) \geqq f(\boldsymbol{x}^o) + \nabla f(\boldsymbol{x}^o)(\boldsymbol{x} - \boldsymbol{x}^o) = f(\boldsymbol{x}^o)$$

となり，$\boldsymbol{x}^o$ は大域的最適解であることがわかる．◀

4.4　非線形計画問題に対する最適性の条件

本節では，不等式制約条件のある一般の非線形計画問題

$$\left.\begin{array}{ll} \text{minimize} & f(\boldsymbol{x}) \\ \text{subject to} & g_i(\boldsymbol{x}) \leqq 0, \quad i = 1, 2, \ldots, m \end{array}\right\} \tag{4.16}$$

に対する最適性の条件について考察してみよう．

この問題の不等式制約式による制約集合 X は，

$$X_i = \{\boldsymbol{x} \in R^n \mid g_i(\boldsymbol{x}) \leqq 0\}, \quad i = 1, 2, \ldots, m \tag{4.17}$$

とおくと，

$$X = \bigcap_{i=1}^{m} X_i = \{\boldsymbol{x} \in R^n \mid g_i(\boldsymbol{x}) \leqq 0, \quad i = 1, 2, \ldots, m\} \tag{4.18}$$

と表される．したがって，$g_i(\boldsymbol{x})$ がすべて凸関数であれば，X は凸関数のレベル集合の共通集合となるので，定理 4.5 と定理 4.4 により凸集合になることがわかる．

制約条件のある問題に対しても，制約条件のない問題の場合と同様に，局所的最適解と大域的最適解が定義されている．数学的にいえば，

$$f(\boldsymbol{x}^o) \leqq f(\boldsymbol{x}), \quad \forall \boldsymbol{x} \in X \tag{4.19}$$

を満たす $\boldsymbol{x}^o \in R^n$ が大域的最適解である．これに対して，$\boldsymbol{x}^o$ の ε 近傍 $N(\boldsymbol{x}^o, \varepsilon)$ において，

$$f(\boldsymbol{x}^o) \leqq f(\boldsymbol{x}), \quad \forall \boldsymbol{x} \in X \cap N(\boldsymbol{x}^o, \varepsilon) \tag{4.20}$$

を満たす $\boldsymbol{x}^o \in R^n$ が局所的最適解である．また，これらの定義式において等号を含まない条件が成立するときは，強意大域的（局所的）最適解とよばれる．

このような非線形計画問題における局所的最適解と大域的最適解の概念を，x_1-x_2-f 空間ならびに x_1-x_2 平面で例示すれば，図 4.7 のように表される．

---

[12] 詳細に興味のある読者は，演習問題 4.4 とその解答を参照されたい．

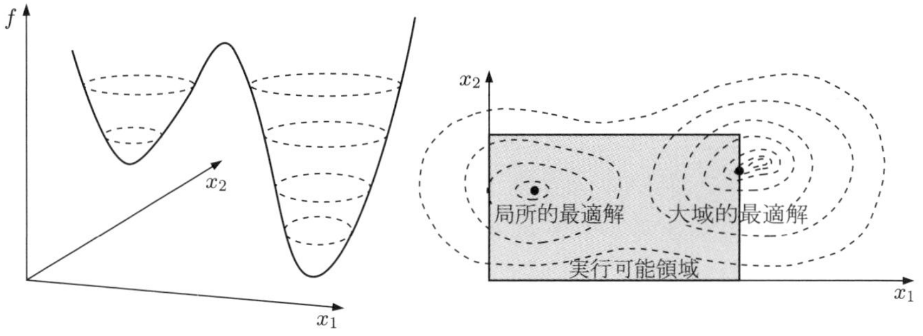

(a)　　　　　　　　　　　　(b)

図 4.7　非線形計画問題における局所的最適解と大域的最適解

さて，問題 (4.16) は X が凸集合で $f(\boldsymbol{x})$ が凸関数であれば，**凸計画問題** (convex programming problem) とよばれるが，このとき，局所的最適解は大域的最適解になるという望ましい性質が成立する．

◆定理 4.10　凸計画問題の最適性の条件

問題 (4.16) の制約集合 X が凸集合で目的関数 $f(\boldsymbol{x})$ が凸関数であれば，その局所的最適解は大域的最適解であり，最適解の集合は凸集合である．

証明　$\bar{\boldsymbol{x}}$ を局所的最適解であるが大域的最適解でないと仮定すれば，$f(\boldsymbol{x}^o) < f(\bar{\boldsymbol{x}})$ を満たす $\boldsymbol{x}^o \in X$ が存在する．ここで，X の凸性より $0 \leqq \lambda \leqq 1$ に対して $\lambda\boldsymbol{x}^o + (1-\lambda)\bar{\boldsymbol{x}} \in X$ であり，また，$f(\boldsymbol{x})$ が凸関数であることより，

$$\begin{aligned} f(\lambda\boldsymbol{x}^o + (1-\lambda)\bar{\boldsymbol{x}}) &\leqq \lambda f(\boldsymbol{x}^o) + (1-\lambda)f(\bar{\boldsymbol{x}}) \\ &< \lambda f(\bar{\boldsymbol{x}}) + (1-\lambda)f(\bar{\boldsymbol{x}}) = f(\bar{\boldsymbol{x}}) \end{aligned}$$

となるが，十分小さな λ に対しては $\lambda\boldsymbol{x}^o + (1-\lambda)\bar{\boldsymbol{x}} \in X \cap N(\bar{\boldsymbol{x}}, \varepsilon)$ であるから，このことは $\bar{\boldsymbol{x}}$ が局所的最適解であることに矛盾する．

次に，$\boldsymbol{x}^1$ と $\boldsymbol{x}^2$ をともに最適解，すなわち，

$$f(\boldsymbol{x}^1) = f(\boldsymbol{x}^2) \leqq f(\boldsymbol{x}), \quad \forall \boldsymbol{x} \in X$$

とすれば，$0 \leqq \lambda \leqq 1$ に対して，

$$f(\lambda\boldsymbol{x}^1 + (1-\lambda)\boldsymbol{x}^2) \leqq \lambda f(\boldsymbol{x}^1) + (1-\lambda)f(\boldsymbol{x}^2) = f(\boldsymbol{x}^1)$$

となるので，$f(\lambda\boldsymbol{x}^1 + (1-\lambda)\boldsymbol{x}^2) = f(\boldsymbol{x}^1) = f(\boldsymbol{x}^2)$ である．したがって，$\lambda\boldsymbol{x}^1 + (1-\lambda)\boldsymbol{x}^2$ も最適解であり，最適解の集合は凸集合である．◀

凸計画問題には，これまで述べてきたような望ましい性質があるが，現実問題の多

くは一般に**非凸計画問題** (nonconvex programming problem) である．このような非凸計画問題に対する大域的最適解を得ることは一般には困難である．しかし，少なくとも局所的最適解は，より容易に求められるかもしれない．

ここでは，関数 $f(\boldsymbol{x})$, $g_i(\boldsymbol{x})$ がすべて連続的微分可能である場合の局所的最適解に対する最適性の条件を導いていこう．

問題 (4.16) の実行可能解 $\bar{\boldsymbol{x}} \in X$ に対して $g_i(\bar{\boldsymbol{x}}) \leqq 0,\ i = 1, 2, \ldots, m$ が成立しているのはあたりまえであるが，ここで，とくに，$\bar{\boldsymbol{x}}$ において等式で満たされている不等式制約式，すなわち，$g_i(\bar{\boldsymbol{x}}) = 0$ を満たすような不等式制約式を，$\bar{\boldsymbol{x}}$ における**活性制約式** (active constraint)[13)]とよび，その添字の集合を，

$$I(\bar{\boldsymbol{x}}) = \{i \mid g_i(\bar{\boldsymbol{x}}) = 0\} \tag{4.21}$$

と表すことにする．一方，$\bar{\boldsymbol{x}}$ において等号を含まない条件が成立している不等式制約式，すなわち，$g_i(\bar{\boldsymbol{x}}) < 0$ を満たすような不等式制約式を，$\bar{\boldsymbol{x}}$ における**不活性制約式** (inactive constraint) とよぶ．

ここで，$g_i(\boldsymbol{x}),\ i = 1, 2, \ldots, m$ が連続的微分可能であるという仮定より，$\varepsilon > 0$ を十分小さくとれば，$X \cap N(\bar{\boldsymbol{x}}, \varepsilon)$ は，明らかに $\bar{\boldsymbol{x}}$ で活性制約式，すなわち $I(\bar{\boldsymbol{x}}) = \{i \mid g_i(\bar{\boldsymbol{x}}) = 0\}$ に入っている添字をもつ制約式のみによって規定されることに注意しよう．

関数が連続的微分可能である場合の最適性の条件を導くために $\bar{\boldsymbol{x}}$ において制約集合 X を線形近似するような開集合である錐，すなわち開錐

$$G(\bar{\boldsymbol{x}}) = \{\boldsymbol{z} \mid \nabla g_i(\bar{\boldsymbol{x}})\boldsymbol{z} < 0,\ i \in I(\bar{\boldsymbol{x}}),\quad \boldsymbol{z} \in R^n\} \tag{4.22}$$

を導入しよう．ここで，$G(\bar{\boldsymbol{x}})$ は $\bar{\boldsymbol{x}}$ において活性制約式の勾配ベクトル $\nabla g_i(\bar{\boldsymbol{x}})$ と鈍角をなすベクトル $\boldsymbol{z} \in R^n$ の集合で，$\bar{\boldsymbol{x}}$ における制約集合 X の**開線形化錐** (open linearizing cone) とよばれる．

ここで，$\boldsymbol{z} \in G(\bar{\boldsymbol{x}})$ であれば，平均値の定理と $\nabla g_i(\boldsymbol{x})$ の連続性より $0 < \theta < 1$ なる θ が存在して，

$$g_i(\bar{\boldsymbol{x}} + \varepsilon\boldsymbol{z}) = g_i(\bar{\boldsymbol{x}}) + \varepsilon\nabla g_i(\bar{\boldsymbol{x}} + \theta\varepsilon\boldsymbol{z})\boldsymbol{z} < g_i(\bar{\boldsymbol{x}}) = 0,\ \forall i \in I(\bar{\boldsymbol{x}}) \tag{4.23}$$

である．また，$i \notin I(\bar{\boldsymbol{x}})$ に対しても $g_i(\bar{\boldsymbol{x}}) < 0$ と $g_i(\boldsymbol{x})$ の連続性より，十分小さな $\varepsilon > 0$ に対して $g_i(\bar{\boldsymbol{x}} + \varepsilon\boldsymbol{z}) < 0$ であるから $\bar{\boldsymbol{x}} + \varepsilon\boldsymbol{z} \in X$ となることがわかる．いいかえれば $\boldsymbol{z} \in G(\bar{\boldsymbol{x}})$ であれば，$\bar{\boldsymbol{x}}$ から $\boldsymbol{z}$ 方向への移動が十分小さければ制約集合 X の中に留まることになる．この意味で，$G(\bar{\boldsymbol{x}})$ の要素 $\boldsymbol{z}$ は $\bar{\boldsymbol{x}}$ における $g_i(\boldsymbol{x})$ の**実行可能方向ベクトル** (feasible direction vector) とよばれる．連続的微分可能な目的関

13) 活性制約式は**有効制約式**ともよばれる．

数 $f(\boldsymbol{x})$ に対しても，$\bar{\boldsymbol{x}}$ において目的関数の勾配ベクトル $\nabla f(\bar{\boldsymbol{x}})$ と鈍角をなすベクトル $\boldsymbol{z} \in R^n$ の集合として定義される開錐

$$F(\bar{\boldsymbol{x}}) = \{\boldsymbol{z} \mid \nabla f(\bar{\boldsymbol{x}})\boldsymbol{z} < 0,\ \boldsymbol{z} \in R^n\} \tag{4.24}$$

を導入すれば，$\boldsymbol{z} \in F(\bar{\boldsymbol{x}})$ であれば，平均値の定理と $\nabla f(\boldsymbol{x})$ の連続性より $0 < \theta < 1$ なる θ が存在して，

$$f(\bar{\boldsymbol{x}} + \varepsilon \boldsymbol{z}) = f(\bar{\boldsymbol{x}}) + \varepsilon \nabla f(\bar{\boldsymbol{x}} + \theta\varepsilon\boldsymbol{z})\boldsymbol{z} < f(\bar{\boldsymbol{x}}) \tag{4.25}$$

となるので，十分小さな $\varepsilon > 0$ に対して $f(\bar{\boldsymbol{x}} + \varepsilon\boldsymbol{z}) < f(\bar{\boldsymbol{x}})$ となり目的関数の値が減少することがわかる．この意味で，$F(\bar{\boldsymbol{x}})$ の要素 $\boldsymbol{z}$ は $\bar{\boldsymbol{x}}$ における $f(\boldsymbol{x})$ の**降下方向ベクトル** (descent direction vector) とよばれる．このような二つの開線形化錐 $G(\bar{\boldsymbol{x}})$ および $F(\bar{\boldsymbol{x}})$ を例示すれば，図 4.8 のようになる．

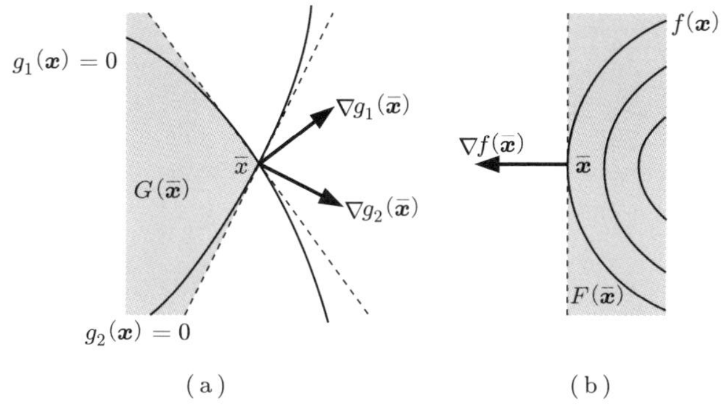

図 4.8 開線形化錐 $G(\bar{\boldsymbol{x}})$ および $F(\bar{\boldsymbol{x}})$

ここで，非線形計画問題 (4.16) の局所的最適解を $\boldsymbol{x}^o$ として，$\boldsymbol{z} \in F(\boldsymbol{x}^o) \cap G(\boldsymbol{x}^o)$ となるような $\boldsymbol{z}$ が存在すると仮定すれば，これまでの考察により，十分小さな $\varepsilon > 0$ に対して $\boldsymbol{x}^o + \varepsilon\boldsymbol{z} \in X$ となるので $\boldsymbol{x}^o + \varepsilon\boldsymbol{z}$ は実行可能解になるにも関わらず，目的関数の値は $f(\boldsymbol{x}^o + \varepsilon\boldsymbol{z}) < f(\boldsymbol{x}^o)$ となって減少してしまうので，$\boldsymbol{x}^o$ は局所的最適解ではありえないことになる．したがって，$\boldsymbol{x}^o$ が局所的最適解であれば，$F(\boldsymbol{x}^o) \cap G(\boldsymbol{x}^o) = \varnothing$ であることがわかる．

しかし，$\boldsymbol{x}^o$ が問題 (4.16) の局所的最適解であるための必要条件は，$F(\boldsymbol{x}^o) \cap G(\boldsymbol{x}^o) = \varnothing$ であるというような否定的な表現は取り扱いにくいので，別の等価な肯定的な表現に書き直してみよう．そのために，2.5 節で学んだ線形計画法の双対定理を用いて証明した Farkas の定理から得られる Gordon の定理を利用すれば，**Fritz John の定理** (Fritz John theorem) が導かれる．

◆定理 4.11　Fritz John の定理

非線形計画問題 (4.16) において $f(\boldsymbol{x})$，$g_i(\boldsymbol{x})$ はすべて連続的微分可能な関数で，$\boldsymbol{x}^o \in X$ を局所的最適解とする．このとき，**Fritz John 条件** (Fritz John conditions)

$$\xi_0^o \nabla f(\boldsymbol{x}^o) + \sum_{i=1}^{m} \xi_i^o \nabla g_i(\boldsymbol{x}^o) = \boldsymbol{0}^T \tag{4.26}$$

$$g_i(\boldsymbol{x}^o) \leqq 0, \quad \xi_i^o g_i(\boldsymbol{x}^o) = 0, \quad i = 1, 2, \ldots, m \tag{4.27}$$

$$\xi_i^o \geqq 0, \quad i = 1, 2, \ldots, m, \quad \boldsymbol{\xi}^o = (\xi_0^o, \xi_1^o, \ldots, \xi_m^o)^T \neq \boldsymbol{0} \tag{4.28}$$

を満たす $\boldsymbol{\xi}^o = (\xi_0^o, \xi_1^o, \ldots, \xi_m^o)^T \in R^{m+1}$ が存在する．

証明　$I(\boldsymbol{x}^o) = \{i_1, i_2, \ldots, i_k\}$ として，2.5 節の定理 2.8 の Gordon の定理の行列 A の列ベクトルを $\nabla^T f(\boldsymbol{x}^o)$, $\nabla^T g_i(\boldsymbol{x}^o)$, $i = i_1, i_2, \ldots, i_k$ で構成するとともに[14)]，$\boldsymbol{\pi} = \boldsymbol{z}^T$ とみなして，$F(\boldsymbol{x}^o) \cap G(\boldsymbol{x}^o) = \varnothing$ をベクトル行列形式で表現すれば，

$$\boldsymbol{z}^T \left(\nabla^T f(\boldsymbol{x}^o), \nabla^T g_{i_1}(\boldsymbol{x}^o), \ldots, \nabla^T g_{i_k}(\boldsymbol{x}^o)\right) < \boldsymbol{0}^T$$

を満たす $\boldsymbol{z}$ が存在しないことになり，Gordon の定理の (2) が成立しない．したがって，Gordon の定理の (1) が成立するので，$\boldsymbol{x} = (\xi_0^o, \xi_{i_1}^o, \ldots, \xi_{i_k}^o)^T$ とみなせば，

$$\left(\nabla^T f(\boldsymbol{x}^o), \nabla^T g_{i_1}(\boldsymbol{x}^o), \ldots, \nabla^T g_{i_k}(\boldsymbol{x}^o)\right) \begin{pmatrix} \xi_0^o \\ \xi_{i_1}^o \\ \vdots \\ \xi_{i_k}^o \end{pmatrix} = \boldsymbol{0}$$

となるような，すべては 0 でない非負の $\xi_0^o, \xi_{i_1}^o, \ldots, \xi_{i_k}^o$ が存在する．すなわち，

$$\xi_0^o \nabla f(\boldsymbol{x}^o) + \sum_{i \in I(\boldsymbol{x}^o)} \xi_i^o \nabla g_i(\boldsymbol{x}^o) = \boldsymbol{0}^T$$

となるすべては 0 でない $\xi_0^o \geqq 0$, $\xi_i^o \geqq 0$, $i \in I(\boldsymbol{x}^o)$ が存在することがわかる．ここで $i \notin I(\boldsymbol{x}^o)$ に対しては $\xi_i^o = 0$ と定義すれば，

$$\xi_0^o \nabla f(\boldsymbol{x}^o) + \sum_{i=1}^{m} \xi_i^o \nabla g_i(\boldsymbol{x}^o) = \boldsymbol{0}^T$$

となる．さらに，$g_i(\boldsymbol{x}^o) = 0$ であれば $\xi_i^o \geqq 0$ であり，$g_i(\boldsymbol{x}) < 0$ であれば $\xi_i^o = 0$ なので，$\xi_i^o g_i(\boldsymbol{x}^o) = 0$ も成立することがわかる．◀

14) $\nabla f(\boldsymbol{x})$ の転置ベクトルは $\nabla^T f(\boldsymbol{x})$ と表される．

Fritz John 条件において $\xi_0^o = 0$ となる場合には，式 (4.26) は，

$$\sum_{i=1}^{m} \xi_i^o \nabla g_i(\boldsymbol{x}^o) = \boldsymbol{0}^T$$

となってしまうので，目的関数 $f(\boldsymbol{x})$ をまったく含まない条件式となり，局所的最適性の条件としての意味がなくなってしまうことに注意しよう．いいかえれば，Fritz John 条件が局所的最適性の条件として意味をもつのは，$\xi_0^o > 0$ の場合であることになる．

Fritz John 条件において $\xi_0^o = 0$ となるような状況は，Kuhn と Tucker による次の簡単な例で示される．

例 4.7 Fritz John 条件において $\xi_0^o = 0$ となる 2 変数の数値例

2 変数の簡単な非線形計画問題

$$\begin{array}{ll} \text{minimize} & f(x_1, x_2) = (x_1 - 2)^2 + x_2^2 \\ \text{subject to} & g_1(x_1, x_2) = -(1 - x_1)^3 + x_2 \leqq 0 \\ & g_2(x_1, x_2) = -x_1 \leqq 0 \\ & g_3(x_1, x_2) = -x_2 \leqq 0 \end{array}$$

を考えれば，実行可能領域 X と目的関数の等高線は，図 4.9 のようになるので，最適解は $\boldsymbol{x}^o = (1, 0)^T$ であることがわかる[15]．

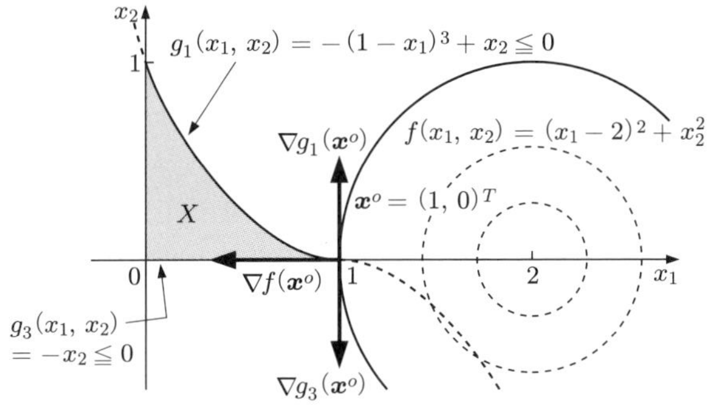

図 4.9 Fritz John 条件で $\xi_0 = 0$ となる尖点をもつ実行可能領域と最適解

このとき，$I(\boldsymbol{x}^o) = \{1, 3\}$ で $\nabla f(\boldsymbol{x}^o) = (2(x_1^o - 2), 2x_2^o) = (-2, 0)$，$\nabla g_1(\boldsymbol{x}^o) = (3(1 - x_1^o)^2, 1) = (0, 1)$，$\nabla g_3(\boldsymbol{x}^o) = (0, -1)$ となるので $\xi_0^o \nabla f(\boldsymbol{x}^o) + \xi_1^o \nabla g_1(\boldsymbol{x}^o) + \xi_3^o \nabla g_3(\boldsymbol{x}^o) = (0, 0)$ すなわち $\xi_0^o(-2, 0) + \xi_1^o(0, 1) + \xi_3^o(0, -1) = (0, 0)$ を満たす

15) 図 4.9 においては，勾配ベクトルの大きさは適当に縮尺されていることに注意しよう．以下の図でも同様である．

ξ_0^o, ξ_1^o, ξ_3^o は $\xi_0^o = 0$, $\xi_2^o = \xi_3^o = \alpha$（$\alpha$ は任意の正の実数）となり，$\xi_0^o = 0$ のときのみ Fritz John の条件が満たされる．このような点 (1,0) は，**尖点** (cusp) とよばれる特殊な点で，Fritz John 条件において $\xi_0^o = 0$ となる例としてよく知られている． ◀

この例のように Fritz John 条件において $\xi_0^o = 0$ となれば，目的関数に関する情報がまったく含まれず，局所的最適性の条件としての意味がなくなるので，Fritz John 条件において $\xi_0^o \neq 0$，すなわち $\xi_0^o > 0$ となることを保証するためのさまざまな十分条件が提案されてきている．ここでは，検証が容易で実用的な十分条件として広く用いられている**線形独立制約想定** (linear independence constraint qualification)[16] を導入して，非線形計画法の最も重要な理論である **Kuhn-Tucker 条件** (Kuhn-Tucker conditions)[17] を導いてみよう．

■定義 4.1　線形独立制約想定

非線形計画問題 (4.16) の制約関数 $g_i(\boldsymbol{x})$ はすべて連続的微分可能で，$\bar{\boldsymbol{x}} \in X$ とする．このとき，$\bar{\boldsymbol{x}} \in X$ における勾配ベクトル $\nabla g_i(\bar{\boldsymbol{x}})$, $i \in I(\bar{\boldsymbol{x}})$ が線形独立であれば，制約関数 $g_i(\boldsymbol{x})$, $i = 1, 2, \ldots, m$ は $\bar{\boldsymbol{x}} \in X$ で線形独立制約想定を満たすという．また，線形独立制約想定を満たすような点 $\bar{\boldsymbol{x}} \in X$ は，**正則点** (regular point) とよばれる．

例 4.8　線形独立制約想定の成立しない 2 変数の数値例

線形独立制約想定の成立しない例として，図 4.9 の尖点をもつ実行可能領域を考えてみよう．最適解 $\boldsymbol{x}^o = (1, 0)^T$ における活性制約式に対する勾配ベクトル $\nabla g_1(\boldsymbol{x}^o)$ と $\nabla g_3(\boldsymbol{x}^o)$ は線形従属であることは図 4.9 より明らかであるが，ここでは代数的に確かめてみよう．$\boldsymbol{x}^o = (1, 0)^T$ において $I(\boldsymbol{x}^o) = \{1, 3\}$ で $\nabla g_1(\boldsymbol{x}^o) = (0, 1)$, $\nabla g_3(\boldsymbol{x}^o) = (0, -1)$ であるから，$c_1(0, 1) + c_2(0, -1) = (0, 0)$ とおけば $c_1 - c_2 = 0$ すなわち $c_1 = c_2 = \alpha$（α は任意の実数）を満たす c_1, c_2 が存在して，$\nabla g_1(\boldsymbol{x}^o)$ と $\nabla g_3(\boldsymbol{x}^o)$ は線形従属になるので，点 (1,0) においては線形独立制約想定は成立していないことがわかる． ◀

---

16) 線形独立制約想定は，**正規条件** (regularity condition) ともよばれる

17) 1951 年の Kuhn と Tucker による著名な論文 “Nonlinear Programming”（非線形計画法）が発表される前に，W. Karush が 1939 年の修士論文で Kuhn-Tucker 条件と等価な条件を得ていたことが 1976 年の Kuhn による歴史的眺望で明らかにされたので，それ以来，Kuhn-Tucker 条件は Karush-Kuhn-Tucker 条件ともよばれるようになってきている．

線形独立制約想定を仮定すれば，Fritz John の定理よりただちに，**Kuhn-Tucker の必要性定理** (Kuhn-Tucker necessity theorem) が導かれることになるが，記述を簡潔にするため，問題 (4.16) に関連して**ラグランジュ関数** (Lagrangian function)

$$L(\boldsymbol{x}, \boldsymbol{\lambda}) = f(\boldsymbol{x}) + \sum_{i=1}^{m} \lambda_i g_i(\boldsymbol{x}) \tag{4.29}$$

を定義する．ここで，$\boldsymbol{\lambda} = (\lambda_1, \lambda_2, \ldots, \lambda_m)$ は，不等式制約式に対する**ラグランジュ乗数ベクトル** (Lagrange multiplier vector) である．

◆定理 4.12 Kuhn-Tucker の必要性定理

問題 (4.16) において $f(\boldsymbol{x})$, $g_i(\boldsymbol{x})$ は，すべて連続的微分可能な関数で，$\boldsymbol{x}^o \in X$ を局所的最適解とする．このとき，$\boldsymbol{x}^o$ において線形独立制約想定を満たせば，**Kuhn-Tucker 条件**

$$\nabla_{\boldsymbol{x}} L(\boldsymbol{x}^o, \boldsymbol{\lambda}^o) = \nabla f(\boldsymbol{x}^o) + \sum_{i=1}^{m} \lambda_i^o \nabla g_i(\boldsymbol{x}^o) = \mathbf{0}^T \tag{4.30}$$

$$g_i(\boldsymbol{x}^o) \leqq 0,\ \lambda_i^o g_i(\boldsymbol{x}^o) = 0,\ \lambda_i^o \geqq 0, \quad i = 1, 2, \ldots, m \tag{4.31}$$

を満たすラグランジュ乗数ベクトル $\boldsymbol{\lambda}^o = (\lambda_1^o, \lambda_2^o, \ldots, \lambda_m^o)$ が存在する．ここで，とくに条件 $\lambda_i^o g_i(\boldsymbol{x}^o) = 0$ は，不活性制約式に対応するラグランジュ乗数が 0 になることを意味しており，**相補条件**とよばれる．

証明 Fritz John の定理 4.11 において，線形独立制約想定を仮定すると $\xi_0^o \neq 0$ であることを示し，$\lambda_i^o = \xi_i^o / \xi_0^o$, $i = 1, 2, \ldots, m$ と再定義すれば，Kuhn-Tucker 条件が導かれることを示そう．

いま，$\xi_0^o = 0$ と仮定すれば，$\boldsymbol{\xi}^o = (0, \xi_1^o, \xi_2^o, \ldots, \xi_m^o) \neq \mathbf{0}^T$ であり，Fritz John 条件 (4.26) より $\sum_{i \in I(\boldsymbol{x}^o)} \xi_i^o \nabla g_i(\boldsymbol{x}^o) = \mathbf{0}^T$ となるので，勾配ベクトル $\nabla g_i(\boldsymbol{x}^o)$, $i \in I(\boldsymbol{x}^o)$ は線形従属となり，線形独立制約想定の仮定に矛盾する．したがって，$\xi_0^o \neq 0$ でなければならない．そこで，$\lambda_i^o = \xi_i^o / \xi_0^o$, $i = 1, 2, \ldots, m$ と再定義すれば，Fritz John 条件は Kuhn-Tucker 条件に帰着されることがわかる． ◀

Kuhn-Tucker 条件において，不等式制約式が存在しない場合，すなわち $m = 0$ とおいて制約条件のない最適化問題を考えれば，Kuhn-Tucker 条件は連続的微分可能な関数の制約条件のない最適化問題に対する局所的最適性の必要条件（定理 4.6）の自然な拡張になっていることがわかる．

例 4.9　2 変数の数値例に対する Kuhn-Tucker 条件

2 変数の簡単な非線形計画問題

$$\begin{aligned} \text{minimize} \quad & f(x_1, x_2) = x_1 - x_2 \\ \text{subject to} \quad & g_1(x_1, x_2) = -x_1^3 + x_2 \leqq 0 \\ & g_2(x_1, x_2) = x_1 + x_2 - 2 \leqq 0 \\ & g_3(x_1, x_2) = -x_2 \leqq 0 \end{aligned}$$

を考えれば，実行可能領域 X と目的関数の等高線は図 4.10 のようになるので，二つの最適解 $(1,1)^T$ と $(0,0)^T$ が得られる．これらの二つの最適解において Kuhn-Tucker 条件が成立するかどうかを調べてみよう．まず，$\nabla f(\boldsymbol{x}) = (1,-1)$，$\nabla g_1(\boldsymbol{x}) = (-3x_1^2, 1)$，$\nabla g_2(\boldsymbol{x}) = (1,1)$，$\nabla g_3(\boldsymbol{x}) = (0,-1)$ である．

最適解 $\boldsymbol{x}^o = (1,1)^T$ においては，$I(\boldsymbol{x}^o) = \{1,2\}$ で $\nabla f(\boldsymbol{x}^o) = (1,-1)$，$\nabla g_1(\boldsymbol{x}^o) = (-3,1)$，$\nabla g_2(\boldsymbol{x}^o) = (1,1)$ となる．したがって，$\nabla f(\boldsymbol{x}^o) + \lambda_1^o \nabla g_1(\boldsymbol{x}^o) + \lambda_2^o \nabla g_2(\boldsymbol{x}^o) = (0,0)$ すなわち $(1,-1) + \lambda_1^o(-3,1) + \lambda_2^o(1,1) = (0,0)$ を満たす λ_1^o，λ_2^o は $\lambda_1^o = 1/2$，$\lambda_2^o = 1/2$ となり，Kuhn-Tucker 条件を満たすラグランジュ乗数ベクトル $\boldsymbol{\lambda}^o = (1/2, 1/2, 0)$ が存在し，Kuhn-Tucker 条件が成立する．

最適解 $\boldsymbol{x}^o = (0,0)^T$ においては，$I(\boldsymbol{x}^o) = \{1,3\}$ で $\nabla f(\boldsymbol{x}^o) = (1,-1)$，$\nabla g_1(\boldsymbol{x}^o) = (0,1)$，$\nabla g_3(\boldsymbol{x}^o) = (0,-1)$ となる．ここで，$\nabla f(\boldsymbol{x}^o) + \lambda_1^o \nabla g_1(\boldsymbol{x}^o) + \lambda_3^o \nabla g_3(\boldsymbol{x}^o) = (0,0)$ すなわち $(1,-1) + \lambda_1^o(0,1) + \lambda_3^o(0,-1) = (0,0)$ を満たす λ_1^o，λ_3^o は存在しない．したがって，Kuhn-Tucker 条件を満たすラグランジュ乗数ベクトル $\boldsymbol{\lambda}^o$ は存在しない．しかし，$\xi_0^o(1,-1) + \xi_1^o(0,1) + \xi_3^o(0,-1) = (0,0)$ を満たす

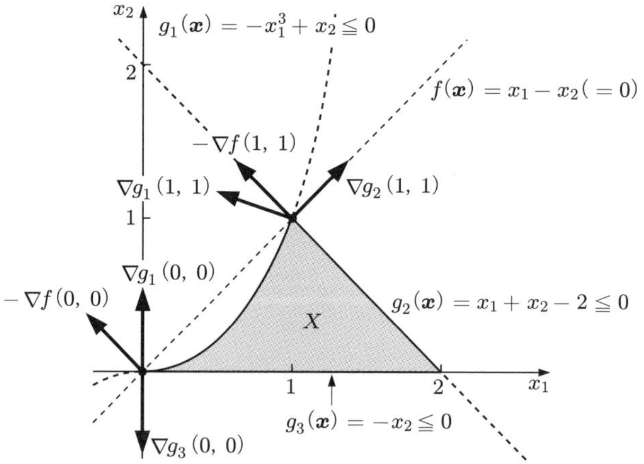

図 4.10　2 変数の数値例に対する実行可能領域，最適解および Kuhn-Tucker 条件

ξ_0^o，ξ_1^o，ξ_3^o は $\xi_0=0$，$\xi_1=\xi_3^o=\alpha$ （α は任意の正の実数）となり，$\xi_0=0$ のときのみ定理 4.11 の Fritz John の条件が満たされる．ここで，最適解 $\boldsymbol{x}^o=(0,0)^T$ においては $\nabla g_1(\boldsymbol{x}^o)=(0,1)$ と $\nabla g_3(\boldsymbol{x}^o)=(0,-1)$ は線形従属となり，線形独立制約想定は満たされていないことに注意しよう． ◀

ここで，Kuhn-Tucker 条件の幾何学的な意味を考察しておこう．$\lambda_i^o=0, i\notin I(\boldsymbol{x}^o)$ であることを考慮すれば，Kuhn-Tucker 条件より得られる関係式

$$-\nabla f(\boldsymbol{x}^o)=\sum_{i\in I(\boldsymbol{x}^o)}\lambda_i^o\nabla g_i(\boldsymbol{x}^o),\quad \lambda_i^o\geqq 0,\quad \forall\, i\in I(\boldsymbol{x}^o)$$

は，目的関数 $f(\boldsymbol{x})$ の負の勾配ベクトル $-\nabla f(\boldsymbol{x}^o)$ が活性制約式の勾配ベクトル $\nabla g_i(\boldsymbol{x}^o)$, $i\in I(\boldsymbol{x}^o)$ の非負の線形結合で表されることを示している．このことは，$-\nabla f(\boldsymbol{x}^o)$ が $\nabla g_i(\boldsymbol{x}^o), i\in I(\boldsymbol{x}^o)$ によって生成される凸錐

$$\begin{aligned}&C(\nabla g_i(\boldsymbol{x}^o), i\in I(\boldsymbol{x}^o))\\&\quad=\left\{\boldsymbol{x}\in R^n\ \middle|\ \boldsymbol{x}=\sum_{i\in I(\boldsymbol{x}^o)}\alpha_i\nabla^T g_i(\boldsymbol{x}^o), \alpha_i\geqq 0,\ \forall\, i\in I(\boldsymbol{x}^o)\right\}\end{aligned}\tag{4.32}$$

の内部にあることを示している．このような Kuhn-Tucker 条件の幾何学的解釈を例示すれば，図 4.11 のようになる．

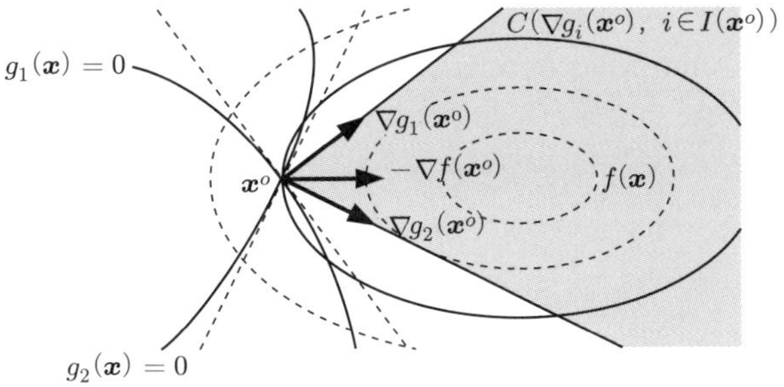

図 4.11 Kuhn-Tucker 条件の幾何学的解釈

問題 (4.16) に含まれるすべての関数 $f(\boldsymbol{x})$，$g_i(\boldsymbol{x})$ に対する連続的微分可能の仮定に加えて，問題 (4.16) に対する凸計画問題の仮定があれば，Kuhn-Tucker 条件は最適性の十分条件にもなることが，次の定理に示される．

◆定理 4.13 凸計画問題に対する最適性の十分条件

問題 (4.16) において $f(\boldsymbol{x})$, $g_i(\boldsymbol{x})$, $i=1,2,\ldots,m$ がすべて凸関数のとき，すな

わち，問題 (4.16) が凸計画問題のとき，$\boldsymbol{x}^o \in X$ において Kuhn-Tucker 条件を満たせば，$\boldsymbol{x}^o$ は問題 (4.16) の大域的な最適解である．

証明　$\boldsymbol{\lambda}^o \geqq \boldsymbol{0}$ を Kuhn-Tucker 条件を満たすラグランジュ乗数ベクトルとすれば，凸計画問題の仮定より，$f(\boldsymbol{x}), g_i(\boldsymbol{x}), i = 1, 2, \ldots, m$ はすべて凸関数であるので，$L(\boldsymbol{x}, \boldsymbol{\lambda}^o)$ は $\boldsymbol{x}$ に関する凸関数になる．したがって，微分可能な凸関数の性質より[18]，任意の $\boldsymbol{x} \in X$ に対して，

$$L(\boldsymbol{x}, \boldsymbol{\lambda}^o) \geqq L(\boldsymbol{x}^o, \boldsymbol{\lambda}^o) + \nabla_{\boldsymbol{x}} L(\boldsymbol{x}^o, \boldsymbol{\lambda}^o)(\boldsymbol{x} - \boldsymbol{x}^o)$$

となる．ここで，Kuhn-Tucker 条件より $\nabla_{\boldsymbol{x}} L(\boldsymbol{x}^o, \boldsymbol{\lambda}^o) = \boldsymbol{0}$, $\sum_{i=1}^{m} \lambda_i^o g_i(\boldsymbol{x}^o) = 0$ となることを考慮すれば，上式は

$$f(\boldsymbol{x}) + \sum_{i=1}^{m} \lambda_i^o g_i(\boldsymbol{x}) \geqq f(\boldsymbol{x}^o)$$

となる．ここで，$\boldsymbol{x} \in X$ であれば $g_i(\boldsymbol{x}) \leqq 0$ で，$\lambda_i^o \geqq 0$, $i = 1, 2, \ldots, m$ より $\sum_{i=1}^{m} \lambda_i^o g_i(\boldsymbol{x}) \leqq 0$ となるので，

$$f(\boldsymbol{x}^o) \leqq f(\boldsymbol{x}), \quad \forall\, \boldsymbol{x} \in X$$

となり $\boldsymbol{x}^o$ は大域的最適解であることがわかる． ◀

これまで述べてきた Kuhn-Tucker 条件は，非線形計画問題 (4.16) の関数がすべて連続的微分可能であるという仮定のもとで，1 次の導関数のみを用いて表されており，**1 次の最適性条件** (first-order optimality condition) とよばれている．ここでは，さらに，問題 (4.16) の目的関数と制約関数がすべて 2 階連続的微分可能であると仮定して，2 次の導関数を用いた **2 次の最適性条件** (second-order optimality condition) について結果のみを示しておこう[19]．

線形独立制約想定のもとで，次の 2 次の最適性の必要条件が導かれる．

◆定理 4.14　2 次の最適性の必要条件

非線形計画問題 (4.16) において，$f(\boldsymbol{x})$，$g_i(\boldsymbol{x})$ はすべて 2 階連続的微分可能な関数であり，$\boldsymbol{x}^o \in X$ を局所的最適解とする．このとき，$\boldsymbol{x}^o$ において線形独立制約想定を満たせば，Kuhn-Tucker 条件 (4.30)，(4.31) を満たすラグランジュ乗数ベクトル $\boldsymbol{\lambda}^o = (\lambda_1^o, \lambda_2^o, \ldots, \lambda_m^o)$ が存在して，

18) 詳細に興味のある読者は演習問題 4.4 とその解答を参照されたい．

19) 詳細については参考文献の拙著 [9] 等を参照されたい．

$$\nabla g_i(\boldsymbol{x}^o)\boldsymbol{y} = 0,\ \forall i \in I(\boldsymbol{x}^o)$$

を満たす $\mathbf{0}$ でない任意の $\boldsymbol{y} \in R^n$ に対して，

$$\boldsymbol{y}^T \nabla^2_{\boldsymbol{xx}} L(\boldsymbol{x}^o, \boldsymbol{\lambda}^o)\boldsymbol{y} \geqq 0$$

が成立する．ただし，$\nabla^2_{xx} L(\boldsymbol{x}^o, \boldsymbol{\lambda}^o) = \nabla^2 f(\boldsymbol{x}^o) + \sum_{i=1}^{m} \lambda_i^o \nabla^2 g_i(\boldsymbol{x}^o)$ である．

このように，線形独立制約想定は検証が容易であるのみならず，1 次および 2 次の最適性の必要条件の両方に用いることができるという意味においても，非常に望ましい制約想定であるといえる．

次の定理に示される 2 次の最適性の十分条件は，凸性の仮定を設けていないので，得られる結果は局所的なものである．

◆定理 4.15　2 次の最適性の十分条件

非線形計画問題 (4.16) において，$f(\boldsymbol{x})$，$g_i(\boldsymbol{x})$ はすべて 2 階連続的微分可能な関数であるとする．このとき，$\boldsymbol{x}^o$ が問題 (4.16) の強意局所的最適解であるための十分条件は，Kuhn-Tucker 条件 (4.30)，(4.31) を満たすラグランジュ乗数ベクトル $\boldsymbol{\lambda}^o = (\lambda_1^o, \lambda_2^o, \ldots, \lambda_m^o)$ が存在して，

$$\nabla g_i(\boldsymbol{x}^o)\boldsymbol{y} = 0, \quad i \in \tilde{I}(\boldsymbol{x}^o) = \{i \mid \lambda_i^o > 0,\ i = 1, 2, \ldots, m\}$$
$$\nabla g_i(\boldsymbol{x}^o)\boldsymbol{y} \leqq 0, \quad i \in I(\boldsymbol{x}^o) - \tilde{I}(\boldsymbol{x}^o)$$

を満たす $\mathbf{0}$ でない任意の $\boldsymbol{y} \in R^n$ に対して，

$$\boldsymbol{y}^T \nabla^2_{\boldsymbol{xx}} L(\boldsymbol{x}^o, \boldsymbol{\lambda}^o)\boldsymbol{y} > 0$$

が成立することである．

ここで，とくに $I(\boldsymbol{x}^o) = \tilde{I}(\boldsymbol{x}^o)$ が成立するとき，すなわち，$\lambda_i^o g_i(\boldsymbol{x}^o) = 0$，$i = 1, 2, \ldots, m$ であれば $\lambda_i^o > 0$ となるとき，**強意の相補性** (strict complementarity) が成立するという．

なお，これらの 2 次の最適性条件は，不等式制約式が存在しない場合には，2 階連続的微分可能な関数の制約条件のない最適化問題に対する 2 次の最適性の条件（定理 4.7 および定理 4.8）の自然な拡張になっていることに注意しよう．

例 4.10　2 変数の数値例に対する 2 次の最適性の条件

2 変数の簡単な非線形計画問題

$$\begin{array}{ll} \text{minimize} & f(x_1, x_2) = (x_1 + 1)^2 + x_2^2 \\ \text{subject to} & g_1(x_1, x_2) = -x_1 + x_2^2 \leqq 0 \end{array}$$

に対する 2 次の最適性の条件について考察してみよう．

実行可能領域 X と目的関数の等高線は図 4.12 のようになるので，最適解は $\boldsymbol{x}^o = (0, 0)^T$ であることがわかる．

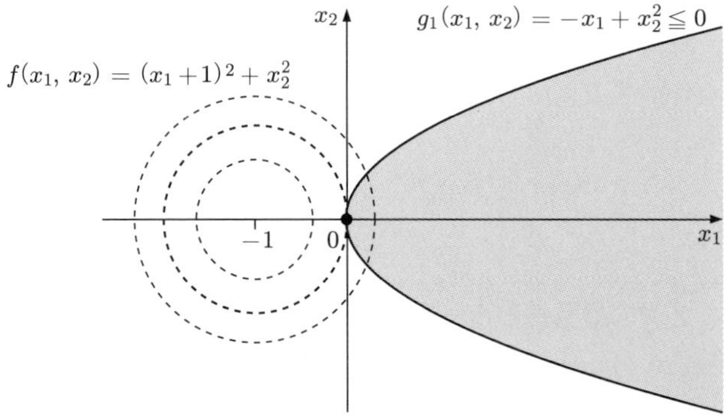

図 4.12　2 変数 1 制約の数値例に対する 2 次の最適性の条件

まず，$\nabla f(\boldsymbol{x}) = (2(x_1 + 1), 2x_2)$，$\nabla g_1(\boldsymbol{x}) = (-1, 2x_2)$ であるので，最適解 $\boldsymbol{x}^o = (0, 0)^T$ においては，$I(\boldsymbol{x}^o) = \{1\}$ で $\nabla f(\boldsymbol{x}^o) = (2, 0)$，$\nabla g_1(\boldsymbol{x}^o) = (-1, 0)$ となる．ここで，$\nabla f(\boldsymbol{x}^o) + \lambda_1^o \nabla g_1(\boldsymbol{x}^o) = (0, 0)$ すなわち $(2, 0) + \lambda_1^o(-1, 0) = (0, 0)$ を満たす λ_1^o は $\lambda_1^o = 2$ となり，Kuhn-Tucker 条件を満たすラグランジュ乗数ベクトル $\lambda_1^o = 2$ が存在し，Kuhn-Tucker 条件が成立する．

ラグランジュ関数 $L(\boldsymbol{x}, \boldsymbol{\lambda}) = (x_1 + 1)^2 + x_2^2 + \lambda_1(-x_1 + x_2^2)$ の勾配ベクトルは

$$\nabla_{\boldsymbol{x}} L(\boldsymbol{x}, \boldsymbol{\lambda}) = (2(x_1 + 1) - \lambda_1, 2x_2 + 2\lambda_1 x_2)$$

で，ヘッセ行列は

$$\nabla_{\boldsymbol{xx}}^2 L(\boldsymbol{x}, \boldsymbol{\lambda}) = \begin{bmatrix} 2 & 0 \\ 0 & 2 + 2\lambda_1 \end{bmatrix}$$

であるので，最適解 $\boldsymbol{x}^o = (0, 0)^T$ と対応するラグランジュ乗数 $\lambda_1^o = 2$ に対して，

$$\nabla_{\boldsymbol{xx}}^2 L(\boldsymbol{x}^o, \boldsymbol{\lambda}^o) = \begin{bmatrix} 2 & 0 \\ 0 & 6 \end{bmatrix}, \quad \nabla g_1(\boldsymbol{x}^o) = (-1, 2x_2^o) = (-1, 0)$$

となる．ここで，

$$\nabla g_i(\boldsymbol{x}^o)\boldsymbol{y} = 0,\ \forall i \in I(\boldsymbol{x}^o) \implies (-1, 0)\begin{pmatrix} y_1 \\ y_2 \end{pmatrix} = 0 \implies \boldsymbol{y} = \begin{pmatrix} 0 \\ t \end{pmatrix},\ t \in R$$

となることがわかる．このような，$\mathbf{0}$ でない任意の $\boldsymbol{y} = (0, t)^T$, $t \in R$ に対して，

$$\boldsymbol{y}^T \nabla^2_{\boldsymbol{xx}} L(\boldsymbol{x}^o, \boldsymbol{\lambda}^o)\boldsymbol{y} = (0, t)\begin{bmatrix} 2 & 0 \\ 0 & 6 \end{bmatrix}\begin{pmatrix} 0 \\ t \end{pmatrix} = 6t^2 > 0$$

となり，2 次の最適性の必要条件が成立している．さらに，2 次の最適性の十分条件も満たしていることがわかる．したがって，$\boldsymbol{x}^o = (0, 0)^T$ はこの問題の局所的最適解である． ◀

4.5 制約条件のない問題の最適化手法

4.5.1 降下法

4.3 節では，制約条件のない最小化問題

$$\text{minimize} \quad f(\boldsymbol{x}), \quad \boldsymbol{x} \in R^n \tag{4.33}$$

に対する基礎理論としての最適性の条件を考察してきた．これに対して，ここでは，制約のない問題 (4.33) の最小点を実際に数値的に求めるための最適化手法として，ある初期点から出発して目的関数 $f(\boldsymbol{x})$ の値を次々と減少させるような R^n の点列，すなわち，

$$f(\boldsymbol{x}^1) > f(\boldsymbol{x}^2) > \cdots\cdots > f(\boldsymbol{x}^l) > \cdots\cdots \tag{4.34}$$

となるような点列 $\{\boldsymbol{x}^l\}$ を系統的に生成するという，いわゆる**降下法** (descent method) について考察してみよう．このような降下法の概念を $f(x_1, x_2)$ 曲面上で例示すれば，図 4.13 のように表される．

降下法では，現在の点 $\boldsymbol{x}^l$ において，まず**方向ベクトル** (direction vector) $\boldsymbol{d}^l$ を決定し，次に**ステップ幅** (step size) α^l を定め，**更新公式** (updating formula)

$$\boldsymbol{x}^{l+1} := \boldsymbol{x}^l + \alpha^l \boldsymbol{d}^l, \quad l = 1, 2, \ldots \tag{4.35}$$

によって，次の新しい点 $\boldsymbol{x}^{l+1}$ が生成される．

このとき，$f(\boldsymbol{x}^{l+1})$ は $f(\boldsymbol{x}^l)$ より減少しなければならないので，方向ベクトル $\boldsymbol{d}^l$ はあるステップ幅 $\alpha^l > 0$ に対して，

$$f(\boldsymbol{x}^l + \alpha^l \boldsymbol{d}^l) < f(\boldsymbol{x}^l) \tag{4.36}$$

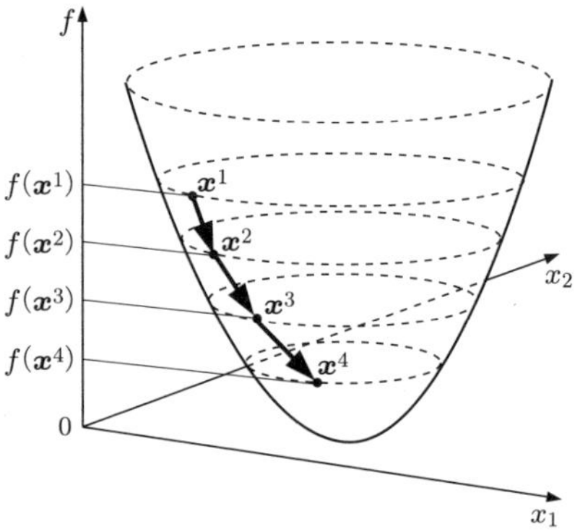

図 4.13　降下法

を満たす必要がある．このような方向ベクトル $\boldsymbol{d}^l$ は，$\boldsymbol{x}^l$ における**降下方向** (descent direction) とよばれる．また，ステップ幅 α^l は $f(\boldsymbol{x}^l + \alpha\boldsymbol{d}^l)$ が正の α に関して最小になるように決定される．すなわち，ステップ幅 α に関する 1 次元 1 変数の関数

$$\phi(\alpha) = f(\boldsymbol{x}^l + \alpha\boldsymbol{d}^l) \tag{4.37}$$

を導入して，**1 次元探索問題** (one dimensional search problem)

$$\text{minimize } \phi(\alpha), \ \alpha > 0 \tag{4.38}$$

を解くことによってその値が定められる[20]．

方向ベクトルとステップ幅を決定するときに用いる情報に応じて，降下法は (1) 関数値のみを利用する手法，(2) 関数値と勾配ベクトルを利用する手法，さらに (3) ヘッセ行列までをも利用する手法の三つに大別され，それぞれの特徴をもつ数多くの手法が提案されてきている．

一般に目的関数に関する情報をより多く用いる手法は，それだけより少ない繰り返し回数で最小点へ到達できるが，その反面，1 回の更新に必要な計算時間は増加することに注意しよう．導関数が存在しない場合や導関数の計算が複雑な場合は，**直接探索法** (direct search method) とよばれる (1) の手法が用いられるが，導関数が容易に求まる場合には，一般に (2) や (3) の手法に比べて効率が悪い．したがって本節では，目的関数の微分可能性を仮定し，(2) の手法と (3) の手法について述べることにする．

さて，$\nabla f(\boldsymbol{x})$ が存在する場合には，テイラーの定理より，

$$f(\boldsymbol{x} + \alpha\boldsymbol{d}) \cong f(\boldsymbol{x}) + \alpha\nabla f(\boldsymbol{x})\boldsymbol{d} \tag{4.39}$$

---

20) 1 次元探索問題は**ステップ幅決定問題** (step size determination problem)，あるいは単に**直線探索** (line search) ともよばれる．

であるから，方向ベクトル $\boldsymbol{d}$ は，

$$\nabla f(\boldsymbol{x})\boldsymbol{d} < 0 \tag{4.40}$$

を満たせば，$\boldsymbol{x}$ における**降下方向** (descent direction) になることがわかる．

導関数を利用する降下法で用いられている降下方向 $\boldsymbol{d}^l$ は一般に

$$\boldsymbol{d}^l = -A^l \nabla^T f(\boldsymbol{x}^l) \tag{4.41}$$

と表される．ここで，行列 A^l は定数行列のときもあり，$\boldsymbol{x}^l$，$\nabla f(\boldsymbol{x}^l)$，$\nabla^2 f(\boldsymbol{x}^l)$ などに依存することもあるが，いずれの場合も式 (4.40) を満たすように定められる．

たとえば，勾配ベクトル $\nabla f(\boldsymbol{x})$ は $f(\boldsymbol{x})$ の最急上昇方向となるので[21)]，

$$\boldsymbol{d}^l = -\nabla^T f(\boldsymbol{x}^l) \tag{4.42}$$

は式 (4.40) を満たす最急降下方向であり，式 (4.41) の A^l が単位行列のときであることがわかる．

式 (4.40) を満たす式 (4.41) の形式の降下方向 $\boldsymbol{d}$ が与えられたとき，1 変数 α の関数 $\phi(\alpha) = f(\boldsymbol{x} + \alpha\boldsymbol{d})$, $\alpha > 0$ の最小値を求めるという 1 次元探索問題 (4.38) を解いて，ステップ幅 α を決定する必要がある．この問題を数値的に解く手法の中で，$\phi(\alpha)$ を α の多項式で近似するいわゆる**補間法** (interpolation method) がよく用いられる．その中でも広く用いられている，2 次式で近似する **2 次補間法** (quadratic interpolation method) の手順について述べると，次のようになる．

■ 2 次補間法

手順 1 $\Delta = \max_i |d_i|$ を計算し，$\boldsymbol{d} := \boldsymbol{d}/\Delta$ とする．

手順 2 $\phi(1) > \phi(0)$ ならば $\boldsymbol{d} := \boldsymbol{d}/2$ として，$\phi(1) \leqq \phi(0)$ となるまで繰り返す．

手順 3 $\alpha = 2, 4, 8, \ldots, a, b, c$ に対して $\phi(\alpha)$ を計算する．ここで，c は $\phi(c) > \phi(b)$ となる最初の α の値である．

手順 4 3 点 a，b，c から決定される 2 次関数の最小点

$$\bar{\alpha} = \frac{1}{2}\frac{\phi(a)(c^2 - b^2) + \phi(b)(a^2 - c^2) + \phi(c)(b^2 - a^2)}{\phi(a)(c - b) + \phi(b)(a - c) + \phi(c)(b - a)}$$

を計算する．

手順 5 $\phi(\bar{\alpha}) < \phi(b)$ ならば $\bar{\alpha}$ を，そうでなければ b を最適ステップ幅とする．

このような 2 次補間法においては，手順 1 でステップ幅 $\alpha = 1$ が意味をもつよう

21) 証明は演習問題 4.16 の解答を参照せよ．

に，方向ベクトル $\boldsymbol{d}$ が正規化される．手順 2 と手順 3 により $0 \leqq a < b < c$ かつ $\phi(a) > \phi(b) < \phi(c)$ となる 3 点 a，b，c が求められる．手順 4 で 3 点 $(a, \phi(a))$，$(b, \phi(b))$，$(c, \phi(c))$ を通る 2 次曲線 $\varphi(\alpha) = p\alpha^2 + q\alpha + r$ をあてはめ，その最小点 $\bar{\alpha} = -q/2p$ が求められる．手順 5 により，$\bar{\alpha}$ と b の関数値の小さいほうが最適ステップとして採用されていることに注意しよう．ここで，2 次補間法の手順を例示すれば，図 4.14 のようになる．

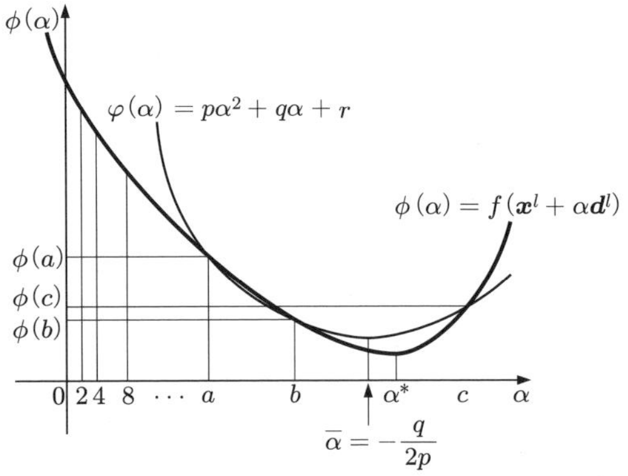

図 4.14　2 次補間法

降下法において，いつどのような条件のもとで計算を終了するかという，いわゆる**停止基準** (termination criterion) として，次のような基準が考えられる．

●命題 4.1　降下法の停止基準

(1)　最小点では $\nabla f(\boldsymbol{x}) = \boldsymbol{0}$ であるので

$$\|\nabla f(\boldsymbol{x}^l)\| < \varepsilon \tag{4.43}$$

となれば終了する．ここで，$\varepsilon > 0$ は与えられた許容値である．

(2)　関数の変化量がある許容値 η 以内，すなわち

$$|f(\boldsymbol{x}^{l+1}) - f(\boldsymbol{x}^l)| < \eta \tag{4.44}$$

という条件が何回か（たとえば 3 回）続けて満たされたときに終了する．

これまでの考察によれば，降下法のアルゴリズムは次のようになる．

■降下法のアルゴリズム

手順 0　初期点 $\boldsymbol{x}^1$ を選び，$l := 1$ とする．

手順 1 現在の点 $\boldsymbol{x}^l$ において停止基準を満たせば終了する．そうでなければ降下方向 $\boldsymbol{d}^l$ を求める．

手順 2 1 次元探索問題を解き，ステップ幅 α^l を求め，$\boldsymbol{x}^{l+1} := \boldsymbol{x}^l + \alpha^l \boldsymbol{d}^l,\ l := l+1$ として手順 1 へ戻る．

降下法において，降下方向 $\boldsymbol{d}^l$ を勾配ベクトル $\nabla f(\boldsymbol{x}^l)$ を用いて $\boldsymbol{d}^l = -\nabla^T f(\boldsymbol{x}^l)$ により，$\boldsymbol{x}^l$ の近傍で $f(\boldsymbol{x})$ を最も急速に減少させる最急降下方向に選ぶ手法は，**最急降下法** (steepest descent method) として古くからよく知られている．

ここで，1 次元探索問題 (4.38) の最小値が正確に求められると，$d\phi(\alpha)/d\alpha = 0$ となる α^l に対して，

$$\nabla f(\boldsymbol{x}^l + \alpha^l \boldsymbol{d}^l)\boldsymbol{d}^l = 0 \tag{4.45}$$

となることに注意しよう．このことにより，最急降下法では，$\boldsymbol{d}^l$ は $\nabla^T f(\boldsymbol{x}^{l+1})$ と直交することになり，新しい方向ベクトル $\boldsymbol{d}^{l+1} = -\nabla^T f(\boldsymbol{x}^{l+1})$ は方向ベクトル $\boldsymbol{d}^l$ と直交していることがわかる．したがって，図 4.15 に示されているように，最急降下法は，等高線が超球（2 次元ならば円）となるような関数に対しては，1 回の探索で最小点に到達できるが，それ以外の等高線が，たとえば楕円となるような一般の関数に対しては，$\boldsymbol{d}^l = -\nabla^T f(\boldsymbol{x}^l)$ は必ずしも $f(\boldsymbol{x})$ の最小点を指していないので，最小点の近傍での探索はジグザグになり，効率のよい探索手法とはいいがたい．

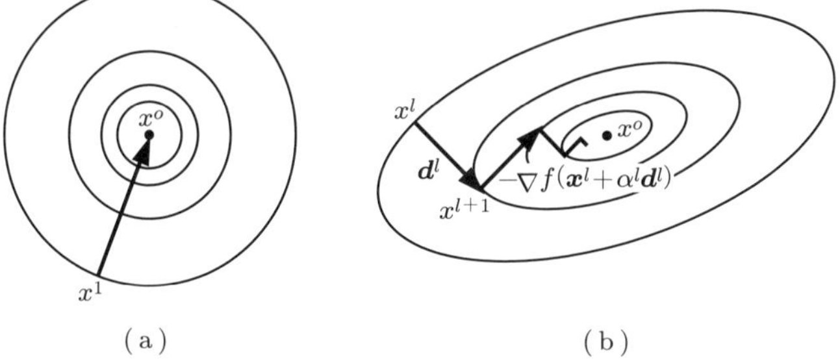

図 4.15 等高線が円の関数と等高線が楕円となる関数に対する最急降下法

ここで，$f(\boldsymbol{x})$ が $n \times n$ 正定対称行列 Q に関する 2 次関数

$$q(\boldsymbol{x}) = a + \boldsymbol{b}^T\boldsymbol{x} + \frac{1}{2}\boldsymbol{x}^T Q\boldsymbol{x}, \quad a \in R,\ \boldsymbol{b} \in R^n$$

の場合には，式 (4.45) より，1 次元探索問題 (4.38) の最適ステップ幅は解析的に，

$$\alpha^l = -\frac{\nabla q(\boldsymbol{x}^l)\boldsymbol{d}^l}{(\boldsymbol{d}^l)^T Q \boldsymbol{d}^l}, \quad l = 1, 2, \ldots \tag{4.46}$$

で与えられることを示しておこう．

実際，2 次関数 $q(\boldsymbol{x})$ に対しては $\nabla q(\boldsymbol{x}) = \boldsymbol{b}^T + \boldsymbol{x}^T Q$ であるので，式 (4.45) より，

$$\nabla q(\boldsymbol{x}^l + \alpha^l \boldsymbol{d}^l)\boldsymbol{d}^l = 0 \quad \text{すなわち} \quad (\boldsymbol{b}^T + \boldsymbol{x}^l Q)\boldsymbol{d}^l + \alpha^l (\boldsymbol{d}^l)^T Q \boldsymbol{d}^l = 0$$

となるので，$\nabla q(\boldsymbol{x}) = \boldsymbol{b}^T + \boldsymbol{x}^T Q$ であることに注意して，この式を α に関して解析的に解けば，最適ステップ幅は式 (4.46) で与えられることがわかる．

例 4.11　2 変数の 2 次関数に対する最急降下法

2 次関数

$$q(\boldsymbol{x}) = a + \boldsymbol{b}^T \boldsymbol{x} + \frac{1}{2}\boldsymbol{x}^T Q \boldsymbol{x} = 2x_1^2 - x_1 x_2 + 2x_2^2$$

$$Q = \begin{bmatrix} 4 & -1 \\ -1 & 4 \end{bmatrix}, \quad \boldsymbol{b} = \begin{pmatrix} 0 \\ 0 \end{pmatrix}, \quad a = 0$$

に対して，初期点 $\boldsymbol{x}^1 = (2, 3)^T$ から出発する場合の最急降下法の適用過程について考察してみよう．

最適解は明らかに $\boldsymbol{x}^o = (0, 0)^T$ で，$\nabla q(\boldsymbol{x}) = \boldsymbol{x}^T Q = (4x_1 - x_2, -x_1 + 4x_2)$ であるので，初期点 $\boldsymbol{x}^1 = (2, 3)^T$ から出発すれば $q(\boldsymbol{x}^1) = 20$，$\nabla q(\boldsymbol{x}^1) = (5, 10)$，$\boldsymbol{d}^1 = -(5, 10)^T$ となる．ここで，2 次関数に対する 1 次元探索問題の最適ステップ幅を式 (4.46) で定めることにすれば，

$$\alpha^1 = \frac{(5, 10)\begin{pmatrix} 5 \\ 10 \end{pmatrix}}{(5, 10)\begin{bmatrix} 4 & -1 \\ -1 & 4 \end{bmatrix}\begin{pmatrix} 5 \\ 10 \end{pmatrix}} = \frac{5}{16}$$

となるので，

$$\boldsymbol{x}^2 = \begin{pmatrix} 2 \\ 3 \end{pmatrix} - \frac{5}{16}\begin{pmatrix} 5 \\ 10 \end{pmatrix} = \frac{1}{16}\begin{pmatrix} 7 \\ -2 \end{pmatrix} \cong \begin{pmatrix} 0.4375 \\ -0.1250 \end{pmatrix}$$

が得られる．同様にして $\boldsymbol{x}^3$ を求めれば，

$$\boldsymbol{x}^3 = \frac{3}{128}\begin{pmatrix} 2 \\ 3 \end{pmatrix} \cong \begin{pmatrix} 0.046875 \\ 0.070313 \end{pmatrix}$$

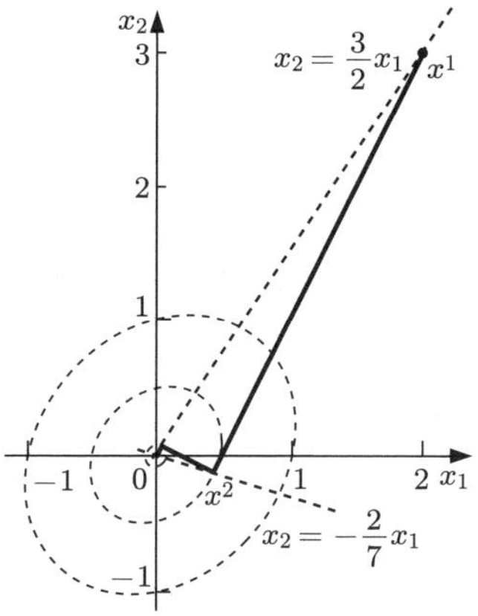

図 4.16 2 変数の 2 次関数の数値例に対する最急降下法

表 4.1 2 変数の 2 次関数に対する最急降下法の計算結果

解	x_1	x_2
$\boldsymbol{x}^1$	2	3
$\boldsymbol{x}^2$	0.4375	−0.1250
$\boldsymbol{x}^3$	0.046875	0.070313
$\boldsymbol{x}^4$	0.010254	−0.002930
$\boldsymbol{x}^5$	0.001099	0.001648
$\boldsymbol{x}^6$	0.000240	−0.000069
$\boldsymbol{x}^7$	0.000026	0.000039
$\boldsymbol{x}^8$	0.00006	−0.000002
$\boldsymbol{x}^9$	0.00001	0.000001
$\boldsymbol{x}^{10}$	0.00000	−0.000000
$\boldsymbol{x}^{11}$	0.00000	0.000000

となる．このような最急降下法の探索をさらに進めていけば，表 4.1 の結果が得られ，$\boldsymbol{x}^{11}$ が最適解とみなされる．ここで，最急降下法によって得られる点列 $\{\boldsymbol{x}^l\}$ は図 4.16 に示されているように二つの直線 $x_2 = (3/2)x_1$ と $x_2 = -(2/7)x_1$ 上の値を交互にとりながら，最適解 $\boldsymbol{x}^o = (0,0)^T$ に近づいていくことがわかる． ◀

4.5.2 ニュートン法

制約のない問題 (4.33) に対する古典的な**ニュートン法** (Newton method)[22]は，最適性の必要条件を与える非線形方程式

$$\nabla f(\boldsymbol{x}) = \boldsymbol{0} \tag{4.47}$$

の線形近似式を初期点 $\boldsymbol{x}^0$ から出発して，繰り返して解くことにより，$f(\boldsymbol{x})$ の最小点をみいだすという最適化手法としてよく知られている．

いま，点 $\boldsymbol{x}^l$ において $\nabla f(\boldsymbol{x})$ を線形近似すると，

$$\boldsymbol{0} = \nabla^T f(\boldsymbol{x}) \cong \nabla^T f(\boldsymbol{x}^l) + \nabla^2 f(\boldsymbol{x}^l)(\boldsymbol{x} - \boldsymbol{x}^l) \tag{4.48}$$

となるので，この方程式の解を次の点 $\boldsymbol{x}^{l+1}$ とすると，$\nabla^2 f(\boldsymbol{x}^l)$ が正則であれば，そ

[22] ニュートン法はもともと 1 変数の非線形方程式 $f(x) = 0$ を解く手法であり，現在の点 x^l で線形近似した方程式 $f(x^l) + f'(x^l)(x - x^l) = 0$ の解 $x = x^l - f(x^l)/f'(x^l)$ を次の点 x^{l+1} とする更新公式 $x^{l+1} = x^l - f(x^l)/f'(x^l)$ により非線形方程式 $f(x) = 0$ の解を求めるという手法である．このようなニュートン法の考えを局所的最適性の必要条件 $\nabla f(\boldsymbol{x}) = \boldsymbol{0}$ に適用すれば，ニュートン法の基本公式 (4.49) が得られることになる．

の逆行列 $[\nabla^2 f(\boldsymbol{x}^l)]^{-1}$ を用いて $\boldsymbol{x}^{l+1}$ は，

$$\boldsymbol{x}^{l+1} = \boldsymbol{x}^l - \left[\nabla^2 f(\boldsymbol{x}^l)\right]^{-1} \nabla^T f(\boldsymbol{x}^l) \tag{4.49}$$

により求められる．これがいわゆるニュートン法の基本公式である．

一方，$f(\boldsymbol{x})$ を点 $\boldsymbol{x}^l$ の近傍で 2 次の項までテイラー展開して，

$$f(\boldsymbol{x}) \cong f(\boldsymbol{x}^l) + \nabla f(\boldsymbol{x}^l)(\boldsymbol{x} - \boldsymbol{x}^l) + \frac{1}{2}(\boldsymbol{x} - \boldsymbol{x}^l)^T \nabla^2 f(\boldsymbol{x}^l)(\boldsymbol{x} - \boldsymbol{x}^l) \tag{4.50}$$

のように 2 次関数で近似する．右辺の最小点を次の点 $\boldsymbol{x}^{l+1}$ とすると，$\nabla^2 f(\boldsymbol{x}^l)$ が正定値行列であれば，式 (4.50) の右辺を $\boldsymbol{x}$ で微分して $\boldsymbol{0}$ に等しいとおくことにより式 (4.49) とまったく同じ関係式が導かれる．このことによりニュートン法は，関数 $f(\boldsymbol{x})$ を探索点 $\boldsymbol{x}^l$ の近傍で次々と 2 次関数で近似しながら，その最小点を求める手法であるとみなすこともできる．

目的関数がたとえば $(1/2)\boldsymbol{x}^T Q\boldsymbol{x}$ のような正定の 2 次形式であれば，任意の出発点 $\boldsymbol{x}^1 \in R^n$ に対して $\boldsymbol{x}^2 = \boldsymbol{x}^1 - Q^{-1}Q\boldsymbol{x}^1 = \boldsymbol{0}$ のように，ニュートン法の基本公式 (4.49) を 1 回用いるだけで最小点が求められることがわかる．しかし，一般の目的関数に対しては，方向ベクトル

$$\boldsymbol{d}^l = -\left[\nabla^2 f(\boldsymbol{x}^l)\right]^{-1} \nabla^T f(\boldsymbol{x}^l) \tag{4.51}$$

に沿って 1 次元探索を行って，ステップ幅を定めて次の点 $\boldsymbol{x}^{l+1}$ が求められる．このようなニュートン法のアルゴリズムは次のようになる．

■ニュートン法のアルゴリズム

手順 0　初期点 $\boldsymbol{x}^1$ を選び $l := 1$ とする．

手順 1　現在の点 $\boldsymbol{x}^l$ において停止基準を満たせば終了する．そうでなければヘッセ行列 $\nabla^2 f(\boldsymbol{x}^l)$ の逆行列を求め，$\boldsymbol{d}^l := -\left[\nabla^2 f(\boldsymbol{x}^l)\right]^{-1} \nabla^T f(\boldsymbol{x}^l)$ とおく．

手順 2　1 次元探索問題 minimize $f(\boldsymbol{x}^l + \alpha \boldsymbol{d}^l)$, $\alpha > 0$ を解き，ステップ幅 α^l を求め $\boldsymbol{x}^{l+1} := \boldsymbol{x}^l + \alpha^l \boldsymbol{d}^l$, $l := l + 1$ として手順 1 へ戻る．

ニュートン法において，ヘッセ行列 $\nabla^2 f(\boldsymbol{x}^l)$ が正定値行列ならば，逆行列もまた正定値行列となるから，式 (4.51) の方向ベクトル $\boldsymbol{d}^l$ は，

$$\nabla f(\boldsymbol{x}^l)\boldsymbol{d}^l = -\nabla f(\boldsymbol{x}^l)\left[\nabla^2 f(\boldsymbol{x}^l)\right]^{-1} \nabla^T f(\boldsymbol{x}^l) < 0 \tag{4.52}$$

を満たし，降下方向になることがわかる．しかし，$\nabla^2 f(\boldsymbol{x}^l)$ が正則でなければ，式 (4.51) の $\boldsymbol{d}^l$ を決定することはできないし，また正則であっても，正定値行列でなけれ

ば，$\boldsymbol{d}^l$ は必ずしも降下方向にはならない．このような状況に対処するため，$\nabla^2 f(\boldsymbol{x}^l)$ の代わりに $\nabla^2 f(\boldsymbol{x}^l) + \gamma I$ を用いることが提案されている．ここで I は単位行列で，$\gamma \geqq 0$ は行列 $\nabla^2 f(\boldsymbol{x}^l)$ が正定値行列になるように決められる．もちろん $\gamma = 0$ のときはニュートン法と一致し，γ を十分大きくとれば最急降下法に近づくことは明らかである．

例 4.12　2 変数の 2 次関数に対するニュートン法

例 4.11 と同じ 2 次関数

$$q(\boldsymbol{x}) = a + \boldsymbol{b}^T \boldsymbol{x} + \frac{1}{2}\boldsymbol{x}^T Q \boldsymbol{x} = 2x_1^2 - x_1 x_2 + 2x_2^2$$

$$Q = \begin{bmatrix} 4 & -1 \\ -1 & 4 \end{bmatrix}, \quad \boldsymbol{b} = \begin{pmatrix} 0 \\ 0 \end{pmatrix}, \quad a = 0$$

に対して，ニュートン法を適用してみよう．

例 4.11 で示したように，最適解は $\boldsymbol{x}^o = (0,0)^T$ で

$$\nabla q(\boldsymbol{x}) = \boldsymbol{x}^T Q = (4x_1 - x_2, -x_1 + 4x_2), \quad \nabla^2 q(\boldsymbol{x}) = \begin{bmatrix} 4 & -1 \\ -1 & 4 \end{bmatrix}$$

であるので，ヘッセ行列の逆行列は，

$$\left[\nabla^2 q(\boldsymbol{x})\right]^{-1} = \frac{1}{15}\begin{bmatrix} 4 & 1 \\ 1 & 4 \end{bmatrix}$$

となることがわかる．

例 4.11 と同様に，初期点 $\boldsymbol{x}^1 = (2,3)^T$ から出発すれば $q(\boldsymbol{x}^1) = 20$，$\nabla q(\boldsymbol{x}^1) = (5,10)$ であるので，

$$\boldsymbol{d}^1 = -\frac{1}{15}\begin{bmatrix} 4 & 1 \\ 1 & 4 \end{bmatrix}\begin{pmatrix} 5 \\ 10 \end{pmatrix} = \begin{pmatrix} -2 \\ -3 \end{pmatrix}$$

となる．したがって，2 次関数に対する 1 次元探索問題の最適ステップ幅 (4.46) を用いれば $\alpha^1 = 1$ であるので，次の点 $\boldsymbol{x}^2$ は，

$$\boldsymbol{x}^2 = \begin{pmatrix} 2 \\ 3 \end{pmatrix} + \begin{pmatrix} -2 \\ -3 \end{pmatrix} = \begin{pmatrix} 0 \\ 0 \end{pmatrix}$$

となり，1 回の更新で最適解 $\boldsymbol{x}^o = (0,0)^T$ が求められることになる．◀

ニュートン法では，ヘッセ行列の逆行列を計算するので，1 回当たりの計算量が多くて，しかもかなりの記憶容量を必要とするという欠点がある．また，ヘッセ行列が

正定でなければ，降下方向を定めるために，γI を加えるというような修正を施さなければならないという問題点もある．そこで，ニュートン法の方向ベクトル (4.51) の代わりに，ヘッセ行列の逆行列 $[\nabla^2 f(\boldsymbol{x}^l)]^{-1}$ を何らかの意味で近似するような行列 H^l により定められる方向ベクトル

$$\boldsymbol{d}^l = -H^l \nabla^T f(\boldsymbol{x}^l) \tag{4.53}$$

を利用することが考えられる．ここで，ヘッセ行列の逆行列の近似行列 H^l は，勾配ベクトルに関する情報により逐次生成され，しかも，$f(\boldsymbol{x})$ の最小点におけるヘッセ行列の逆行列に収束することが望ましい．

このような考えに基づく手法は，**準ニュートン法** (quasi-Newton method)[23] あるいは**可変計量法** (variable metric method) とよばれ，制約のない問題に対する最も有効な最適化手法として注目されてきている．その中でも，C.C. Broydon, R. Fletcher, D. Goldfarb, D.F. Shanno らによってそれぞれ独立に提案された **Broydon-Fletcher-Goldfarb-Shanno 法（BFGS 法）**での H^l の更新公式

$$H^{l+1} := \left[I - \frac{\boldsymbol{p}^l (\boldsymbol{q}^l)^T}{(\boldsymbol{q}^l)^T \boldsymbol{p}^l} \right] H^l \left[I - \frac{\boldsymbol{q}^l (\boldsymbol{p}^l)^T}{(\boldsymbol{q}^l)^T \boldsymbol{p}^l} \right] + \frac{\boldsymbol{p}^l (\boldsymbol{p}^l)^T}{(\boldsymbol{q}^l)^T \boldsymbol{p}^l} \tag{4.54}$$

$$\boldsymbol{p}^l := \boldsymbol{x}^{l+1} - \boldsymbol{x}^l = \alpha^l \boldsymbol{d}^l \tag{4.55}$$

$$\boldsymbol{q}^l := \nabla^T f(\boldsymbol{x}^{l+1}) - \nabla^T f(\boldsymbol{x}^l) \tag{4.56}$$

は，ほかの準ニュートン法に比べて，より望ましい性質をもつことが Broydon や Fletcher によって指摘されている．このような BFGS 法のアルゴリズムは，次のようになる．

■ **BFGS 法のアルゴリズム**

手順 0　初期点 $\boldsymbol{x}^1$ と初期正定対称行列 H^1 を選び，$l := 1$ とする．

手順 1　現在の点において停止基準を満たせば終了する．そうでなければ $\boldsymbol{d}^l := -H^l \nabla^T f(\boldsymbol{x}^l)$ とおく．

手順 2　1 次元探索問題 minimize $f(\boldsymbol{x}^l + \alpha \boldsymbol{d}^l)$, $\alpha > 0$ を解き，ステップ幅 α^l を定め，$\boldsymbol{x}^{l+1} := \boldsymbol{x}^l + \alpha^l \boldsymbol{d}^l$ とおく．

手順 3　l が n の倍数でなければ

$$H^{l+1} := \left[I - \frac{\boldsymbol{p}^l (\boldsymbol{q}^l)^T}{(\boldsymbol{q}^l)^T \boldsymbol{p}^l} \right] H^l \left[I - \frac{\boldsymbol{q}^l (\boldsymbol{p}^l)^T}{(\boldsymbol{q}^l)^T \boldsymbol{p}^l} \right] + \frac{\boldsymbol{p}^l (\boldsymbol{p}^l)^T}{(\boldsymbol{q}^l)^T \boldsymbol{p}^l}$$

---
[23] 準ニュートン法の詳細は，参考文献の拙著 [8, 14] 等を参照されたい．

$$\boldsymbol{p}^l := \boldsymbol{x}^{l+1} - \boldsymbol{x}^l = \alpha^l \boldsymbol{d}^l, \quad \boldsymbol{q}^l := \nabla^T f(\boldsymbol{x}^{l+1}) - \nabla^T f(\boldsymbol{x}^l)$$

とおく．l が n の倍数ならば $H^{l+1} := H^1$ とおく．$l := l+1$ として手順 1 へ戻る．

ここで，初期行列 H^1 は通常単位行列 I が用いられることと，一般の非線形関数に対しては，n 回の繰り返し計算のあとで，周期的に $H^{l+1} = H^1$ とリセットされていることに注意しよう．

例 4.13 2 変数の 2 次関数に対する BFGS 法

例 4.11 と同じ 2 次関数

$$q(\boldsymbol{x}) = a + \boldsymbol{b}^T \boldsymbol{x} + \frac{1}{2}\boldsymbol{x}^T Q \boldsymbol{x} = 2x_1^2 - x_1 x_2 + 2x_2^2$$

$$Q = \begin{bmatrix} 4 & -1 \\ -1 & 4 \end{bmatrix}, \quad \boldsymbol{b} = \begin{pmatrix} 0 \\ 0 \end{pmatrix}, \quad a = 0$$

に対して，BFGS 法を適用してみよう．

例 4.11 と同様に，初期点 $\boldsymbol{x}^1 = (2,3)^T$ から出発して，最適ステップ幅を式 (4.46) で定めることにして，$H^1 = I$ と設定すれば，例 4.11 で示したように，$q(\boldsymbol{x}^1) = 20$, $\nabla q(\boldsymbol{x}^1) = (5,10)$, $\boldsymbol{d}^1 = -(5,10)^T$, $\alpha^1 = 5/16$, $\boldsymbol{x}^2 = (1/16)(7,-2)^T$, $\nabla q(\boldsymbol{x}^2) = (15/16)(2,-1)$ となる．

$$\boldsymbol{p}^1 = \frac{1}{16}\begin{pmatrix} 7 \\ -2 \end{pmatrix} - \begin{pmatrix} 2 \\ 3 \end{pmatrix} = \frac{25}{16}\begin{pmatrix} -1 \\ -2 \end{pmatrix}$$

$$\boldsymbol{q}^1 = \frac{15}{16}\begin{pmatrix} 2 \\ -1 \end{pmatrix} - \begin{pmatrix} 5 \\ 10 \end{pmatrix} = \frac{25}{16}\begin{pmatrix} -2 \\ -7 \end{pmatrix}$$

より，

$$\boldsymbol{p}^1(\boldsymbol{q}^1)^T = \left(\frac{25}{16}\right)^2 \begin{pmatrix} -1 \\ -2 \end{pmatrix}(-2,-7) = \left(\frac{25}{16}\right)^2 \begin{bmatrix} 2 & 7 \\ 4 & 14 \end{bmatrix}$$

$$(\boldsymbol{q}^1)^T \boldsymbol{p}^1 = \left(\frac{25}{16}\right)^2 (-2,-7)\begin{pmatrix} -1 \\ -2 \end{pmatrix} = \frac{25^2}{16}$$

$$\boldsymbol{q}^1(\boldsymbol{p}^1)^T = \left(\frac{25}{16}\right)^2 \begin{pmatrix} -2 \\ -7 \end{pmatrix}(-1,-2) = \left(\frac{25}{16}\right)^2 \begin{bmatrix} 2 & 4 \\ 7 & 14 \end{bmatrix}$$

$$\boldsymbol{p}^1(\boldsymbol{p}^1)^T = \left(\frac{25}{16}\right)^2 \begin{pmatrix} -1 \\ -2 \end{pmatrix}(-1,-2) = \left(\frac{25}{16}\right)^2 \begin{bmatrix} 1 & 2 \\ 2 & 4 \end{bmatrix}$$

となるので，BFGS 公式 (4.54) に代入すれば，

$$H^2 = \left[\begin{bmatrix}1 & 0\\0 & 1\end{bmatrix} - \frac{1}{16}\begin{bmatrix}2 & 7\\4 & 14\end{bmatrix}\right]\begin{bmatrix}1 & 0\\0 & 1\end{bmatrix}\left[\begin{bmatrix}1 & 0\\0 & 1\end{bmatrix} - \frac{1}{16}\begin{bmatrix}2 & 4\\7 & 14\end{bmatrix}\right] + \frac{1}{16}\begin{bmatrix}1 & 2\\2 & 4\end{bmatrix}$$
$$= \frac{1}{16^2}\begin{bmatrix}261 & -38\\-38 & 84\end{bmatrix}$$

となる．したがって，

$$\boldsymbol{d}^2 = -\frac{1}{16^2}\begin{bmatrix}261 & -38\\-38 & 84\end{bmatrix}\frac{15}{16}\begin{pmatrix}2\\-1\end{pmatrix} = \frac{75}{16^2}\begin{pmatrix}-7\\2\end{pmatrix}$$

となり，式 (4.46) より，

$$\alpha^2 = -\frac{\dfrac{15}{16}\,(2,-1)\,\dfrac{75}{16^2}\begin{pmatrix}-7\\2\end{pmatrix}}{\dfrac{75}{16^2}\,(-7,2)\begin{bmatrix}4 & -1\\-1 & 4\end{bmatrix}\dfrac{75}{16^2}\begin{pmatrix}-7\\2\end{pmatrix}} = \frac{16}{75}$$

となるので，

$$\boldsymbol{x}^3 = \frac{1}{16}\begin{pmatrix}7\\-2\end{pmatrix} + \frac{16}{75}\frac{75}{16^2}\begin{pmatrix}-7\\2\end{pmatrix} = \begin{pmatrix}0\\0\end{pmatrix}$$

となり，2 回の更新で最適解が求められる．このような 2 変数の 2 次関数の数値例に対する BFGS 法による探索過程は，図 4.17 のようになることがわかる．

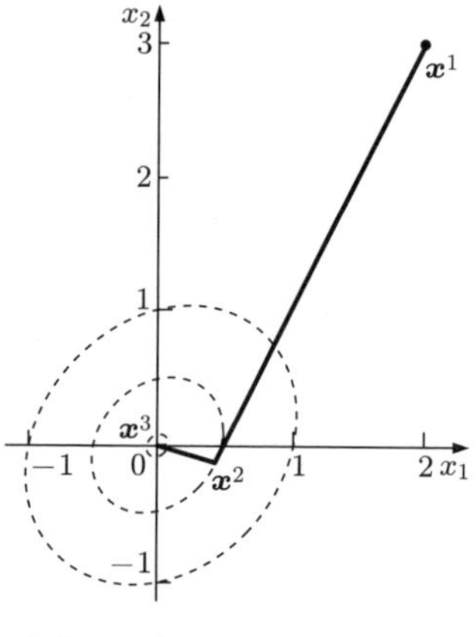

図 4.17　2 変数の 2 次関数の数値例に対する BFGS 法

◀

4.6 非線形計画問題に対する最適化手法

本節では，制約条件のある最適化問題を制約のない問題に変換して解くという基本的な考えに基づくペナルティ法について述べたあと，ほかの代表的な手法として，線形計画法におけるシンプレックス法の考え方をそのまま非線形計画問題へ拡張したとみなされる一般縮小勾配法を取り上げる．

4.6.1 ペナルティ法

次のような一般の制約条件のある最小化問題を考える．

$$\left.\begin{aligned} &\text{minimize} \quad f(\boldsymbol{x}) \\ &\text{subject to} \quad \boldsymbol{x} \in X \subset R^n \end{aligned}\right\} \tag{4.57}$$

ペナルティ法 (penalty method) では，制約のある問題 (4.57) に対して，制約を満たさない点 $\boldsymbol{x} \notin X$ には非常に大きなペナルティ（罰金）を科すことを意味する項 $rP(\boldsymbol{x})$ を目的関数 $f(\boldsymbol{x})$ に付け加えて制約のない問題

$$\text{minimize} \quad F(\boldsymbol{x}, r) = f(\boldsymbol{x}) + rP(\boldsymbol{x}) \tag{4.58}$$

を考える．この問題をパラメータ r を変化させて繰り返し解くことにより，もとの制約のある問題 (4.57) の最適解を求める．ここで，$P(\boldsymbol{x})$ は**ペナルティ関数** (penalty function) とよばれる連続関数で，

$$P(\boldsymbol{x}) \begin{cases} = 0, & \boldsymbol{x} \in X \\ > 0, & \boldsymbol{x} \notin X \end{cases} \tag{4.59}$$

を満たし，r は正のパラメータである．

問題 (4.58) は $\boldsymbol{x} \in X$ のときは $P(\boldsymbol{x}) = 0$ であるので，問題 (4.57) と等価である．また，$\boldsymbol{x} \notin X$ のときは $P(\boldsymbol{x}) > 0$ であるので $r \to \infty$ に対して $F(\boldsymbol{x}, r)$ は無限大のペナルティが科せられることになり，$\boldsymbol{x} \notin X$ なる点は $F(\boldsymbol{x}, r)$ の最小点にはなり得ない．したがって，$r \to \infty$ のときには，問題 (4.58) はもとの問題 (4.57) の解へ収束することが期待できる．

制約集合 X が，4.1 節の非線形計画問題 (4.2) のように不等式で

$$X = \{\boldsymbol{x} \mid g_i(\boldsymbol{x}) \leqq 0, \ i = 1, 2, \ldots, m\} \tag{4.60}$$

と定義されている場合は，ペナルティ関数[24]

$$P(\boldsymbol{x}) = \sum_{i=1}^{m} \{\max(0, g_i(\boldsymbol{x}))\}^2 \tag{4.61}$$

がよく用いられる．1 変数で $g_1(x) = x - b$, $g_2(x) = a - x$, $a < b$ のときの $rP(x)$ を図示すると，図 4.18 のようになる．

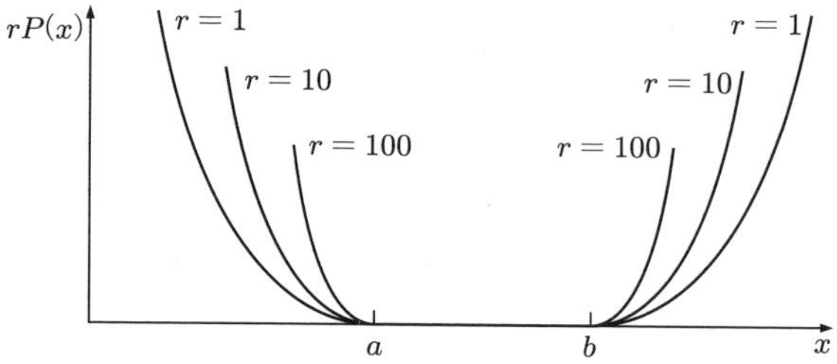

図 4.18　ペナルティ項 $rP(x)$

さて，強意単調増加で無限大に発散する正数列 $\{r^l\}$, $l = 1, 2, \ldots$ に対して，

$$\text{minimize} \quad F(\boldsymbol{x}, r^l) = f(\boldsymbol{x}) + r^l P(\boldsymbol{x}) \tag{4.62}$$

の最適解の点列を $\{\boldsymbol{x}^l\}$ とする．

このとき，問題 (4.57) の最適解 $\boldsymbol{x}^o \in X$ と r^l，r^{l+1} に対する問題 (4.62) の最適解 $\boldsymbol{x}^l$，$\boldsymbol{x}^{l+1}$ に対して，次の不等式が成立することがわかる[25]．

$$\left.\begin{array}{l} F(\boldsymbol{x}^l, r^l) \leqq F(\boldsymbol{x}^{l+1}, r^{l+1}) \\ P(\boldsymbol{x}^l) \geqq P(\boldsymbol{x}^{l+1}) \\ f(\boldsymbol{x}^l) \leqq f(\boldsymbol{x}^{l+1}) \\ f(\boldsymbol{x}^o) \geqq F(\boldsymbol{x}^l, r^l) \geqq f(\boldsymbol{x}^l) \end{array}\right\} \tag{4.63}$$

これらの不等式より，点列 $\{\boldsymbol{x}^l\}$ の任意の集積点は，問題 (4.57) の最適解であるというペナルティ法の収束法則が容易に導かれる[26]．

---

24) 制約集合 X に不等式制約 $g_i(\boldsymbol{x}) \leqq 0$, $i = 1, 2, \ldots, m$ のみならず，等式制約 $h_j(\boldsymbol{x}) = 0$, $j = 1, 2, \ldots, l$ も含まれる場合には，$P(\boldsymbol{x}) = \sum_{i=1}^{m} \{\max(0, g_i(\boldsymbol{x}))\}^2 + \sum_{j=1}^{l} |h_j(\boldsymbol{x})|^2$ と考えればよい．

25) 不等式の証明は演習問題 4.17 の解答を参照せよ．

26) 証明は演習問題 4.18 の解答を参照せよ．ここで，点列 $\{\boldsymbol{x}^l\}$ から適当に選んだ部分列 $\{\boldsymbol{x}^{l_i}\}$ が点 $\boldsymbol{x}$ に収束すれば，$\boldsymbol{x}$ を点列 $\{\boldsymbol{x}^l\}$ の集積点という．明らかに点列の極限はその点列の集積点でもあるが，逆は必ずしも成立しない．

◆定理 4.16　ペナルティ法の収束法則

$f(\boldsymbol{x})$ を連続関数とし，問題 (4.57) の最適解 $\boldsymbol{x}^o$ の存在と，任意の l に対する問題 (4.62) の最適解 $\boldsymbol{x}$ の存在を仮定する．このとき，点列 $\{\boldsymbol{x}^l\}$ の任意の集積点は，問題 (4.57) の最適解である．

以上の準備のもとでペナルティ法のアルゴリズムを述べると，次のようになる．

■ペナルティ法のアルゴリズム

手順 0　初期点 $\boldsymbol{x}^0$ と初期パラメータ r^1 を選び，$l := 1$ とする．

手順 1　$\boldsymbol{x}^{l-1}$ を初期点とし，$F(\boldsymbol{x}, r^l)$ の最小点 $\boldsymbol{x}^l$ を求める．

手順 2　現在の点 $\boldsymbol{x}^l$ において停止基準を満たせば終了する．そうでなければ $r^{l+1} := cr^l$, $c > 1$ とし，$l := l + 1$ として手順 1 へ戻る．

ここで，手順 1 の $F(\boldsymbol{x}, r^l)$ の最小化は，これまで述べてきた制約のない問題の最適化手法を適用すればよい．また，手順 2 の停止基準としては，降下法の式 (4.44) による基準のほかにも，ペナルティ法の場合には，与えられた許容値 $\varepsilon > 0$ に対して $r^l P(\boldsymbol{x}^l) < \varepsilon$ ならば終了するという基準も考えられる．

例 4.14　例 1.3 の 2 変数の非線形の生産計画の問題に対するペナルティ法

例 1.3 の 2 変数の非線形の生産計画の問題

$$
\begin{aligned}
\text{minimize} \quad & f(\boldsymbol{x}) = x_1^2 + x_2^2 - 4x_1 - 11x_2 \\
\text{subject to} \quad & 2x_1 + 6x_2 \leqq 27 \\
& 3x_1 + 2x_2 \leqq 16 \\
& 4x_1 + x_2 \leqq 18 \\
& x_1 \geqq 0,\ x_2 \geqq 0
\end{aligned}
$$

にペナルティ法を適用してみよう．

この問題に対するペナルティ関数 (4.61)[27] は，

$$
\begin{aligned}
P(\boldsymbol{x}) = & \{\max(0, 2x_1 + 6x_2 - 27)\}^2 + \{\max(0, 3x_1 + 2x_2 - 16)\}^2 \\
& + \{\max(0, 4x_1 + x_2 - 18)\}^2 + \{\max(0, -x_1)\}^2 + \{\max(0, -x_2)\}^2
\end{aligned}
$$

となるので，初期点 $\boldsymbol{x}^0 = (3, 5)^T$ と初期パラメータ $r^1 = 0.001$ から出発し，$c = 10$ と設定して，$r^2 = 0.01$，$r^3 = 0.1$，$r^4 = 1$，$r^5 = 10$，$r^6 = 100$，$r^7 = 1000$，

[27] この例のようなペナルティ関数に対しては，得られた解についての場合分けを行い，演算子 max のない関数の勾配を計算すればよい．

表 4.2 2 変数の非線形の生産計画の問題に対するペナルティ法の計算結果

l	r^l	$\boldsymbol{x}^l$	$f(\boldsymbol{x}^l)$	$F(\boldsymbol{x}^l, r^l)$	$rP(\boldsymbol{x}^l)$	$P(\boldsymbol{x}^l)$
1	0.001	(1.9783, 5.4408)	−34.2460	−34.1532	0.0929	92.8508
2	0.01	(1.8571, 5.0714)	−34.0459	−33.5357	0.5102	51.0204
3	0.1	(1.6000, 4.3000)	−32.6500	−32.2500	0.4000	4.0000
4	1	(1.5122, 4.0366)	−31.8705	−31.8110	0.0595	0.0595
5	10	(1.5012, 4.0037)	−31.7624	−31.7562	0.0062	0.0006
6	100	(1.5001, 4.0004)	−31.7512	−31.7506	0.0006	0.0000
7	1000	(1.5000, 4.0000)	−31.7501	−31.7501	0.0001	0.0000
8	10000	(1.5000, 4.0000)	−31.7500	−31.7500	0.0000	0.0000

$r^8 = 10000$ に対する $F(\boldsymbol{x}, r^l) = f(\boldsymbol{x}) + r^l P(\boldsymbol{x})$ の最小化問題を解けば[28]，表 4.2 の結果が得られる．このようにペナルティ法のアルゴリズムに従えば，表 4.2 に示されているように，$F(\boldsymbol{x}, r^l)$ の最小値は最適解 $\boldsymbol{x}^o = (1.5, 4)^T$，$f(\boldsymbol{x}^o) = -31.75$ に収束することがわかる． ◀

ペナルティ法は，任意の初期点から出発しても良い反面，計算の途中で生成される点は一般には実行可能にはならないことと，パラメータ r^l の値が大きくなれば $F(\boldsymbol{x}, r^l)$ の最小化を数値的に行うことが困難になるという欠点がある．

このようなペナルティ法の欠点を改良するために，ラグランジュ関数に，ペナルティ項を付け加えた増大ラグランジュ関数を導入して，増大ラグランジュ関数の制約のない最小化とラグランジュ乗数（およびパラメータ）の更新により有限のパラメータ値に対して，最適解を求めるという**増大ラグランジュ関数法** (augmented Lagrangian method) あるいは**乗数法** (multiplier method) とよばれる手法が提案されている．また，Kuhn-Tucker 条件を連立非線形方程式とみなし，準ニュートン法で解くという着想に基づく手法は，目的関数の 2 次近似式と制約式の線形近似式による 2 次計画問題を逐次解き，ラグランジュ関数のヘッセ行列の近似行列を準ニュートン法の更新公式により改良して最適解を求めるので，**逐次 2 次計画法** (successive quadratic programming) とよばれ，効率的な手法として注目されてきている[29]．

4.6.2 一般縮小勾配法

これまで考察してきたペナルティ法は，線形計画法のシンプレックス法とはまったく異なる考え方に基づく最適化手法として提案されてきた．しかし，線形計画法におけるシンプレックス法の考え方をそのまま非線形計画問題へ拡張できないものか，と

28) このような最小化問題は，非線形計画問題に対する Excel ソルバーで解くことができる（Web 掲載付録）．
29) 増大ラグランジュ関数法や逐次 2 次計画法の詳細は参考文献の拙著 [8, 14] 等を参照されたい．

いう着想があった．このような最初の試みは，目的関数のみを非線形に拡張した 1963 年の P. Wolfe による**縮小勾配法** (reduced gradient method) にみられる．その後 1969 年に，J. Abadie と J. Carpenter は目的関数のみならず制約式も非線形の場合に拡張した**一般縮小勾配法**（generalized reduced gradient method，**GRG 法**）を提案した．L.S. Lasdon らは，さらに Abadie らの成果をふまえ，GRG 法に改良を加えるとともに計算機プログラムを作成して計算効率のすぐれていることを示した．

非線形の等式制約とすべての変数に対する上下限制約のもとで，非線形の目的関数を最小化するという，次のような非線形計画問題を考えてみよう．

$$\left.\begin{array}{ll}\text{minimize} & f(\boldsymbol{x}) \\ \text{subject to} & \boldsymbol{h}(\boldsymbol{x}) = \boldsymbol{0} \\ & \boldsymbol{l} \leqq \boldsymbol{x} \leqq \boldsymbol{u}\end{array}\right\} \tag{4.64}$$

ここで，$\boldsymbol{x} = (x_1, x_2, \ldots, x_n)^T$，$\boldsymbol{h}(\boldsymbol{x}) = (h_1(\boldsymbol{x}), h_2(\boldsymbol{x}), \ldots, h_m(\boldsymbol{x}))^T$，$\boldsymbol{u} = (u_1, u_2, \ldots, u_n)^T$，$\boldsymbol{l} = (l_1, l_2, \ldots, l_n)^T$ で，上下限制約のない変数 x_i に対しては，$u_i = \infty$，$l_i = -\infty$ である．

GRG 法では線形計画法と同様に，不等式制約に対しては，スラック変数や余裕変数を導入して等式制約に直して式 (4.64) の形式の問題に変換するので，不等式制約を陽に含んでいない問題 (4.64) は一般性を失わないことに注意しよう．

GRG 法の基本的な考え方は，線形計画法の**シンプレックス法** と同様に m 個の等式制約式 $h_i(\boldsymbol{x}) = 0, i = 1, 2, \ldots, m$ を用いて m 個の**基底変数**（従属変数）を残りの $(n-m)$ 個の**非基底変数**（独立変数）で表すという点にある．

いま，制約式を満たす任意の点 $\boldsymbol{x}$ において，m 個の基底変数のベクトル $\boldsymbol{x}_B$ と $(n-m)$ 個の非基底変数のベクトル $\boldsymbol{x}_N$ に分割した

$$\boldsymbol{x} = (\boldsymbol{x}_B, \boldsymbol{x}_N) \tag{4.65}$$

に対して，対応する $\boldsymbol{l}$，$\boldsymbol{u}$ の分割を $\boldsymbol{l} = (\boldsymbol{l}_B, \boldsymbol{l}_N)$，$\boldsymbol{u} = (\boldsymbol{u}_B, \boldsymbol{u}_N)$ とすれば，制約式は次のように表される．

$$\boldsymbol{l}_B \leqq \boldsymbol{x}_B \leqq \boldsymbol{u}_B, \quad \boldsymbol{l}_N \leqq \boldsymbol{x}_N \leqq \boldsymbol{u}_N \tag{4.66}$$

$$\boldsymbol{h}(\boldsymbol{x}_B, \boldsymbol{x}_N) = \boldsymbol{0} \tag{4.67}$$

GRG 法では，制約式を満たす任意の点 $\boldsymbol{x}$ において，このような $\boldsymbol{x}$ の分割 $\boldsymbol{x} = (\boldsymbol{x}_B, \boldsymbol{x}_N)$ が存在して，

$$\boldsymbol{l}_B < \boldsymbol{x}_B < \boldsymbol{u}_B \tag{4.68}$$

となり，しかも，$\partial h_i(\boldsymbol{x})/\partial x_j$ を第 (i,j) 成分とする $m \times n$ 行列 $\nabla_{\boldsymbol{x}} \boldsymbol{h}(\boldsymbol{x})$ の対応する分割 $\nabla_{\boldsymbol{x}} \boldsymbol{h}(\boldsymbol{x}) = [\nabla_{\boldsymbol{x}_B} \boldsymbol{h}(\boldsymbol{x}), \nabla_{\boldsymbol{x}_N} \boldsymbol{h}(\boldsymbol{x})]$ における $m \times m$ の**基底行列**

$$B(\boldsymbol{x}) = \nabla_{\boldsymbol{x}_B} \boldsymbol{h}(\boldsymbol{x}) \tag{4.69}$$

は正則であるという**非退化の仮定** (nondegeneracy assumption) が設けられる．

$m \times m$ 基底行列 $B(\boldsymbol{x}) = \nabla_{\boldsymbol{x}_B} \boldsymbol{h}(\boldsymbol{x})$ が $\bar{\boldsymbol{x}}$ において正則であるように選ばれたとき，定理 4.3 の陰関数の定理より，$(\bar{\boldsymbol{x}}_B, \bar{\boldsymbol{x}}_N)$ のある適当な近傍において等式制約 (4.67) を満たす陰関数

$$\boldsymbol{x}_B = \boldsymbol{x}_B(\boldsymbol{x}_N) \tag{4.70}$$

が存在するので，もとの問題 (4.64) の目的関数 $f(\boldsymbol{x})$ は，非基底変数 $\boldsymbol{x}_N$ のみの関数として次のように表される．

$$f(\boldsymbol{x}_B(\boldsymbol{x}_N), \boldsymbol{x}_N) \equiv F(\boldsymbol{x}_N) \tag{4.71}$$

したがって，もとの問題 (4.64) は，$(\bar{\boldsymbol{x}}_B, \bar{\boldsymbol{x}}_N)$ の近傍において非基底変数 $\boldsymbol{x}_N$ の上限 $\boldsymbol{u}_N$ と下限 $\boldsymbol{l}_N$ のみを制約とする次の**縮小問題** (reduced problem) に帰着する．

$$\left.\begin{array}{ll} \text{minimize} & F(\boldsymbol{x}_N) \\ \text{subject to} & \boldsymbol{l}_N \leqq \boldsymbol{x}_N \leqq \boldsymbol{u}_N \end{array}\right\} \tag{4.72}$$

ここで，関数 $F(\boldsymbol{x}_N)$ は**縮小目的関数** (reduced objective function)，その勾配 $\nabla F(\boldsymbol{x}_N)$ は**縮小勾配** (reduced gradient) ともよばれる．GRG 法はこのような縮小問題を逐次繰り返して解くことにより，もとの問題を解くわけである．

さて，縮小勾配 $\nabla F(\boldsymbol{x}_N)$ を定式化してみよう．式 (4.71) よりただちに

$$\nabla F(\boldsymbol{x}_N) = \nabla_{\boldsymbol{x}_N} f(\boldsymbol{x}) + \nabla_{\boldsymbol{x}_B} f(\boldsymbol{x}) \frac{\partial \boldsymbol{x}_B(\boldsymbol{x}_N)}{\partial \boldsymbol{x}_N} \tag{4.73}$$

となることがわかる．ここで，$\bar{\boldsymbol{x}}$ のある適当な近傍のすべての点 $\boldsymbol{x}$ に対して，

$$\boldsymbol{h}(\boldsymbol{x}_B(\boldsymbol{x}_N), \boldsymbol{x}_N) = \boldsymbol{0} \tag{4.74}$$

であるから，

$$d\boldsymbol{h}(\boldsymbol{x}_B(\boldsymbol{x}_N), \boldsymbol{x}_N) = \nabla_{\boldsymbol{x}_B} \boldsymbol{h}(\boldsymbol{x}) d\boldsymbol{x}_B + \nabla_{\boldsymbol{x}_N} \boldsymbol{h}(\boldsymbol{x}) d\boldsymbol{x}_N = \boldsymbol{0} \tag{4.75}$$

となるので，$\nabla_{\boldsymbol{x}_B} \boldsymbol{h}(\boldsymbol{x}) = B(\boldsymbol{x})$ が $\bar{\boldsymbol{x}}$ で正則であることを考慮すれば，

$$\frac{\partial \boldsymbol{x}_B(\boldsymbol{x}_N)}{\partial \boldsymbol{x}_N} = -B^{-1}(\boldsymbol{x}) \nabla_{\boldsymbol{x}_N} \boldsymbol{h}(\boldsymbol{x}) \tag{4.76}$$

が得られる．ここで，式 (4.76) を式 (4.73) に代入すれば，縮小勾配の公式

$$\nabla F(\boldsymbol{x}_N) = \nabla_{\boldsymbol{x}_N} f(\boldsymbol{x}) - \nabla_{\boldsymbol{x}_B} f(\boldsymbol{x}) B^{-1}(\boldsymbol{x}) \nabla_{\boldsymbol{x}_N} \boldsymbol{h}(\boldsymbol{x}) \tag{4.77}$$

が導かれるので，これを用いて上下限制約のみの縮小問題 (4.72) を解くことになる．

すなわち，縮小問題 (4.72) は，上下限制約があるので，これを破らないように修正した縮小勾配を用いた降下法で解くことができる．たとえば，最急降下法を用いる場合には，方向ベクトル $\boldsymbol{d} = (\boldsymbol{d}_B, \boldsymbol{d}_N)$ を次のように修正すればよい．

$$(\boldsymbol{d}_N)_i = \begin{cases} 0, & (\boldsymbol{x}_N)_i = (\boldsymbol{l}_N)_i \text{ かつ } (\nabla F(\boldsymbol{x}_N))_i > 0 \\ 0, & (\boldsymbol{x}_N)_i = (\boldsymbol{u}_N)_i \text{ かつ } (\nabla F(\boldsymbol{x}_N))_i < 0 \\ -(\nabla F(\boldsymbol{x}_N))_i, & \text{その他} \end{cases} \tag{4.78}$$

$$\boldsymbol{d}_B = -B^{-1}(\boldsymbol{x}) \nabla_{\boldsymbol{x}_N} \boldsymbol{h}(\boldsymbol{x}) \boldsymbol{d}_N \tag{4.79}$$

方向ベクトルを式 (4.78) のように修正することによって，上下限制約を破る方向には移動しないことになる．

いま，

$$\boldsymbol{\pi} = \nabla_{\boldsymbol{x}_B} f(\boldsymbol{x}) B^{-1}(\boldsymbol{x}) \tag{4.80}$$

とおけば，$\boldsymbol{\pi}$ は制約式 $\boldsymbol{h}(\boldsymbol{x}) = \boldsymbol{0}$ に対する**ラグランジュ乗数** (Lagrange multiplier) になることがあとでわかる．この $\boldsymbol{\pi}$ を用いれば縮小勾配は次のように表される．

$$\nabla F(\boldsymbol{x}_N) = \nabla_{\boldsymbol{x}_N} f(\boldsymbol{x}) - \boldsymbol{\pi} \nabla_{\boldsymbol{x}_N} \boldsymbol{h}(\boldsymbol{x}) \tag{4.81}$$

ここで，もとの非線形計画問題 (4.64) の目的関数と制約式がすべて線形であれば，線形計画法のシンプレックス法で解説したように，式 (4.81) は式 (2.54) の相対費用係数（$\bar{c}_j = c_j - \boldsymbol{\pi} \boldsymbol{p}_j$）に帰着し，式 (4.80) の $\boldsymbol{\pi}$ は式 (2.52) で導入したシンプレックス乗数（$\boldsymbol{\pi} = \boldsymbol{c}_B B^{-1}$）になることに注意しよう．

さて，方向ベクトル $\boldsymbol{d}$ が，たとえば，上下限制約を考慮した最急降下法 (4.78), (4.79) によって定められたとしよう．このとき，一般には次の点 $\boldsymbol{x}^{l+1} = \boldsymbol{x}^l + \alpha^l \boldsymbol{d}^l$ は非線形制約式 $\boldsymbol{h}(\boldsymbol{x}) = \boldsymbol{0}$ を満たさないので，実行可能解を得るためには，

$$\boldsymbol{h}(\boldsymbol{x}_B, \boldsymbol{x}_N^{l+1}) = \boldsymbol{0}, \quad \boldsymbol{x}_N^{l+1} = \boldsymbol{x}_N^l + \alpha^l \boldsymbol{d}_N^l \tag{4.82}$$

を満たす $\boldsymbol{x}_B$ を求めなければない．このような実行可能解は，非線形方程式 (4.82) に，$\boldsymbol{x}_B^{l+1,1} = \boldsymbol{x}_B^{l+1}$ を初期点とする**擬ニュートン法** (pseudo-Newton method) の更新公式

$$x_B^{l+1,t+1} = x_B^{l+1,t} - B^{-1}(x_B^{l+1,1}, x_N^{l+1})h(x_B^{l+1,t}, x_N^{l+1}), \quad t = 1, 2, \ldots \tag{4.83}$$

を適用することにより求められる[30]．

ここで，擬ニュートン法において基底変数 $\boldsymbol{x}_B$ のある成分 $(\boldsymbol{x}_B)_r$ が上下限制約を破るときには，現在の点と前の点との間で線形補間をして，$(\boldsymbol{x}_B)_r$ が上下限制約の境界上になるように α の値を縮小して，$(\boldsymbol{x}_B)_r$ の代わりに上下限制約が活性とならない非基底変数 $(\boldsymbol{x}_N)_s$ を基底変数とする基底変換を行うことになるが，このような基底変換は非退化の仮定より可能であることがわかる．

さて，縮小勾配の公式ともとの問題 (4.64) に対する **Kuhn-Tucker 条件**との関係を調べてみよう．

もとの問題の**ラグランジュ関数**を次のように定義する．

$$L(\boldsymbol{x}, \boldsymbol{\pi}, \boldsymbol{\lambda}, \boldsymbol{\mu}) = f(\boldsymbol{x}) - \boldsymbol{\pi}\boldsymbol{h}(\boldsymbol{x}) + \boldsymbol{\lambda}(\boldsymbol{l} - \boldsymbol{x}) + \boldsymbol{\mu}(\boldsymbol{x} - \boldsymbol{u}) \tag{4.84}$$

ここで，$\boldsymbol{\pi} = (\pi_1, \pi_2, \ldots, \pi_m)$，$\boldsymbol{\lambda} = (\lambda_1, \lambda_2, \ldots, \lambda_n)$，$\boldsymbol{\mu} = (\mu_1, \mu_2, \ldots, \mu_n)$ はそれぞれ等式制約，下限制約，上限制約に対するラグランジュ乗数である．このとき，問題 (4.64) に対する Kuhn-Tucker 条件を $\boldsymbol{x}_B$ と $\boldsymbol{x}_N$ の項で表すと次のようになる．

$$\left.\begin{aligned}
&\nabla_{\boldsymbol{x}_B} L = \nabla_{\boldsymbol{x}_B} f(\boldsymbol{x}) - \boldsymbol{\pi} B(\boldsymbol{x}) - \boldsymbol{\lambda}_B + \boldsymbol{\mu}_B = \boldsymbol{0} \\
&\nabla_{\boldsymbol{x}_N} L = \nabla_{\boldsymbol{x}_N} f(\boldsymbol{x}) - \boldsymbol{\pi} \nabla_{\boldsymbol{x}_N} \boldsymbol{h}(\boldsymbol{x}) - \boldsymbol{\lambda}_N + \boldsymbol{\mu}_N = \boldsymbol{0} \\
&\boldsymbol{\lambda}(\boldsymbol{l} - \boldsymbol{x}) = \boldsymbol{\mu}(\boldsymbol{x} - \boldsymbol{u}) = 0 \\
&\boldsymbol{x} \geqq \boldsymbol{l}, \quad \boldsymbol{x} \leqq \boldsymbol{u}, \quad \boldsymbol{\lambda} \geqq \boldsymbol{0}, \quad \boldsymbol{\mu} \geqq \boldsymbol{0}
\end{aligned}\right\} \tag{4.85}$$

ここで，$\boldsymbol{\lambda}_B$，$\boldsymbol{\mu}_B$ および $\boldsymbol{\lambda}_N$，$\boldsymbol{\mu}_N$ は，それぞれ基底変数 $\boldsymbol{x}_B$ と非基底変数 $\boldsymbol{x}_N$ に対応する $\boldsymbol{\lambda}$，$\boldsymbol{\mu}$ の部分ベクトルである．

基底変数 $\boldsymbol{x}_B$ は $\boldsymbol{l}_B < \boldsymbol{x}_B < \boldsymbol{u}_B$ を満たすので，式 (4.85) の第3式より，

$$\boldsymbol{\lambda}_B = \boldsymbol{\mu}_B = \boldsymbol{0} \tag{4.86}$$

となる．式 (4.86) を式 (4.85) の第1式に代入すれば，ラグランジュ乗数 $\boldsymbol{\pi}$ は次のように表される．

$$\boldsymbol{\pi} = \nabla_{\boldsymbol{x}_B} f(\boldsymbol{x}) B^{-1}(\boldsymbol{x}) \tag{4.87}$$

式 (4.87) と式 (4.80) が対応するので，式 (4.80) で定義したベクトル $\boldsymbol{\pi}$ は，等式制

---

30) 式 (4.83) は，ニュートン法のように $B^{-1}(\boldsymbol{x}_B^{l+1,t}, \boldsymbol{x}_N^{l+1})$ を毎回計算する代わりに，$(\boldsymbol{x}_B^{l+1,1}, \boldsymbol{x}_N^{l+1})$ における B^{-1} の値で代用しているので，Lasdon らは擬ニュートン法とよんでいる．

約 $\boldsymbol{h}(\boldsymbol{x}) = \boldsymbol{0}$ に対するラグランジュ乗数であることがわかる．

また，式 (4.85) の第 2 式より，

$$\nabla_{\boldsymbol{x}_N} f(\boldsymbol{x}) - \boldsymbol{\pi}\nabla_{\boldsymbol{x}_N}\boldsymbol{h}(\boldsymbol{x}) = \boldsymbol{\lambda}_N - \boldsymbol{\mu}_N \tag{4.88}$$

となるが，左辺はまさしく式 (4.81) の縮小勾配 $\nabla F(\boldsymbol{x}_N)$ であることがわかる．式 (4.88) を縮小問題 (4.72) と関連づけてみよう．式 (4.85) の第 3 式から $(\boldsymbol{l}_N)_i < (\boldsymbol{x}_N)_i < (\boldsymbol{u}_N)_i$ のとき $(\boldsymbol{\lambda}_N)_i = (\boldsymbol{\mu}_N)_i = 0$，$(\boldsymbol{x}_N)_i = (\boldsymbol{l}_N)_i$ のとき $(\boldsymbol{\mu}_N)_i = 0$，$(\boldsymbol{x}_N)_i = (\boldsymbol{u}_N)_i$ のとき $(\boldsymbol{\lambda}_N)_i = 0$ となることを考慮すれば，次の関係式が導かれる[31]．

$$(\nabla F(\boldsymbol{x}_N))_i = \begin{cases} 0, & (\boldsymbol{l}_N)_i < (\boldsymbol{x}_N)_i < (\boldsymbol{u}_N)_i \text{ のとき} \\ (\boldsymbol{\lambda}_N)_i \geqq 0, & (\boldsymbol{x}_N)_i = (\boldsymbol{l}_N)_i \text{ のとき} \\ -(\boldsymbol{\mu}_N)_i \leqq 0, & (\boldsymbol{x}_N)_i = (\boldsymbol{u}_N)_i \text{ のとき} \end{cases} \tag{4.89}$$

ここで，式 (4.89) はまさしく縮小問題に対する Kuhn-Tucker の最適性条件であることがわかる．したがって，もとの問題 (4.64) に対する Kuhn-Tucker 条件は縮小問題 (4.72) に対する最適性条件とみなすことができ，縮小勾配の公式における $\boldsymbol{\pi}$ は等式制約に対するラグランジュ乗数であることがわかる．

これまでの考察に基づいて GRG 法のアルゴリズムの概略をまとめると，次のようになる．

■ GRG 法のアルゴリズム

手順 0 制約式と非退化の仮定を満たす初期点 $\boldsymbol{x}^1 = (\boldsymbol{x}_B^1, \boldsymbol{x}_N^1)$ を選び，$l := 1$ とする．

手順 1 現在の点 $\boldsymbol{x}^l = (\boldsymbol{x}_B^l, \boldsymbol{x}_N^l)$ において停止基準（たとえば，$\|\boldsymbol{d}\| < \varepsilon$，ここで $\varepsilon > 0$ は与えれた許容値）を満たせば終了する．そうでなければ縮小勾配 $\nabla F(\boldsymbol{x}_N^l)$ を計算して，適当な降下方向 $\boldsymbol{d}_N^l$ を定める．

手順 2 1 次元探索問題

$$\text{minimize}\, F(\boldsymbol{x}_N^l + \alpha\boldsymbol{d}_N^l),\ \alpha > 0,\quad \boldsymbol{l}_N \leqq \boldsymbol{x}_N^l + \alpha\boldsymbol{d}_N^l \leqq \boldsymbol{u}_N$$

をとき，ステップ幅 α^l と $\boldsymbol{x}_N^{l+1} = \boldsymbol{x}_N^l + \alpha^l\boldsymbol{d}_N^l$ に対応する $\boldsymbol{x}_B^{l+1}$ を求める．ここで，基底変数が上下限制約を破る場合には，α を縮小して境界上の点を求め基底変換を行う．$l := l + 1$ として手順 1 へ戻る．

---

[31] $(\boldsymbol{a})_i$ はベクトル $\boldsymbol{a}$ の i 番目の成分を表す．

例 4.15　例 1.3 の非線形生産計画問題に対する GRG 法

例 1.3 の非線形生産計画問題

$$\begin{array}{lrl} \text{minimize} & f(\boldsymbol{x}) = & x_1^2 + x_2^2 - 4x_1 - 11x_2 \\ \text{subject to} & & 2x_1 + 6x_2 \leqq 27 \\ & & 3x_1 + 2x_2 \leqq 16 \\ & & 4x_1 + \ \ x_2 \leqq 18 \\ & & x_1 \geqq 0,\ x_2 \geqq 0 \end{array}$$

に GRG 法を適用してみよう．

スラック変数 x_3，x_4，x_5 を導入すれば，

$$\begin{array}{lrl} \text{minimize} & f(\boldsymbol{x}) = & x_1^2 + x_2^2 - 4x_1 - 11x_2 \\ \text{subject to} & & 2x_1 + 6x_2 + x_3 = 27 \\ & & 3x_1 + 2x_2 + x_4 = 16 \\ & & 4x_1 + \ \ x_2 + x_5 = 18 \\ & & x_j \geqq 0,\ j = 1, 2, \ldots, 5 \end{array}$$

のような線形の等式制約の問題に変換され，$\boldsymbol{h}(\boldsymbol{x}) = \boldsymbol{0}$ は線形等式なので，縮小勾配は

$$\begin{aligned} \nabla F(\boldsymbol{x}_N) &= \nabla_{\boldsymbol{x}_N} f(\boldsymbol{x}) + \nabla_{\boldsymbol{x}_B} f(\boldsymbol{x}) \frac{\partial \boldsymbol{x}_B(\boldsymbol{x}_N)}{\partial \boldsymbol{x}_N} \\ &= \nabla_{\boldsymbol{x}_N} f(\boldsymbol{x}) - \nabla_{\boldsymbol{x}_B} f(\boldsymbol{x}) B^{-1} N \end{aligned}$$

となる．ここで，B，N は制約式の係数行列の基底部分と非基底部分の行列である．

初期点 $\boldsymbol{x}^1 = (0, 0, 27, 16, 18)^T$ から出発し，$\boldsymbol{x}_N = (x_1, x_2)$，$\boldsymbol{x}_B = (x_3, x_4, x_5)$ とする．このとき，

$$N = \begin{bmatrix} 2 & 6 \\ 3 & 2 \\ 4 & 1 \end{bmatrix},\ B = \begin{bmatrix} 1 & 0 & 0 \\ 0 & 1 & 0 \\ 0 & 0 & 1 \end{bmatrix}$$

であるので，$\nabla_{\boldsymbol{x}_N} f(\boldsymbol{x}) = (2x_1 - 4, 2x_2 - 11)$，$\nabla_{\boldsymbol{x}_B} f(\boldsymbol{x}) = (0, 0, 0)$ より，

$$\begin{aligned} \nabla F(\boldsymbol{x}_N) &= \nabla_{\boldsymbol{x}_N} f(\boldsymbol{x}) - \nabla_{\boldsymbol{x}_B} f(\boldsymbol{x}) B^{-1} N \\ &= (-4, -11) - (0, 0, 0) \begin{bmatrix} 1 & 0 & 0 \\ 0 & 1 & 0 \\ 0 & 0 & 1 \end{bmatrix} \begin{bmatrix} 2 & 6 \\ 3 & 2 \\ 4 & 1 \end{bmatrix} = (-4, -11) \end{aligned}$$

となる．式 (4.78), (4.79) より方向ベクトルは，

$$\boldsymbol{d}_N = \begin{pmatrix} 4 \\ 11 \end{pmatrix}, \ \boldsymbol{d}_B = -\begin{bmatrix} 1 & 0 & 0 \\ 0 & 1 & 0 \\ 0 & 0 & 1 \end{bmatrix} \begin{bmatrix} 2 & 6 \\ 3 & 2 \\ 4 & 1 \end{bmatrix} \begin{pmatrix} 4 \\ 11 \end{pmatrix} = \begin{pmatrix} -74 \\ -34 \\ -27 \end{pmatrix}$$

である．ここで，式 (4.79) は $\boldsymbol{h}(\boldsymbol{x}) = \boldsymbol{0}$ が線形等式制約なので，$\boldsymbol{d}_B = -B^{-1}N\boldsymbol{d}_N$ となっている．このとき次の点 $\boldsymbol{x}^2$ は

$$\boldsymbol{x}^2 = \begin{pmatrix} 0 \\ 0 \\ 27 \\ 16 \\ 18 \end{pmatrix} + \alpha \begin{pmatrix} 4 \\ 11 \\ -74 \\ -34 \\ -27 \end{pmatrix}$$

となる．ここで，$x_j \geqq 0,\ j = 1, 2, \ldots, 5$ であることより $\alpha \leqq 0.365$ となる．0.365 以下の正の α に対して目的関数の値は減少するので，$\alpha = 0.365$ となり，$\boldsymbol{x}^2 = (1.46, 4.01, 0, 3.59, 8.15)^T$ が得られる．

$x_3 = 0$ の代わりに，x_2 を基底変数とする基底変換により $\boldsymbol{x}_N = (x_1, x_3)$, $\boldsymbol{x}_B = (x_2, x_4, x_5)$ とすれば

$$N = \begin{bmatrix} 2 & 1 \\ 3 & 0 \\ 4 & 0 \end{bmatrix}, \quad B = \begin{bmatrix} 6 & 0 & 0 \\ 2 & 1 & 0 \\ 1 & 0 & 1 \end{bmatrix}$$

で，

$$B^{-1} = \begin{bmatrix} 1/6 & 0 & 0 \\ -1/3 & 1 & 0 \\ -1/6 & 0 & 1 \end{bmatrix}, \quad B^{-1}N = \begin{bmatrix} 1/6 & 0 & 0 \\ -1/3 & 1 & 0 \\ -1/6 & 0 & 1 \end{bmatrix} \begin{bmatrix} 2 & 1 \\ 3 & 0 \\ 4 & 0 \end{bmatrix} = \begin{bmatrix} 1/3 & 1/6 \\ 7/3 & -1/3 \\ 11/3 & -1/6 \end{bmatrix}$$

となる．このとき，$\nabla_{\boldsymbol{x}_N} f(\boldsymbol{x}) = (2x_1 - 4, 0)$，$\nabla_{\boldsymbol{x}_B} f(\boldsymbol{x}) = (2x_2 - 11, 0, 0)$ より，

$$\begin{aligned} \nabla F(\boldsymbol{x}_N) &= \nabla_{\boldsymbol{x}_N} f(\boldsymbol{x}) - \nabla_{\boldsymbol{x}_B} f(\boldsymbol{x}) B^{-1} N \\ &= (-1.08, 0) - (-2.98, 0, 0) \begin{bmatrix} 1/3 & 1/6 \\ 7/3 & -1/3 \\ 11/3 & -1/6 \end{bmatrix} = (-0.09, 0.497) \end{aligned}$$

となる．式 (4.78)，(4.79) より方向ベクトルは，

$$(\boldsymbol{d}_N)_1 = 0.09,\ (\boldsymbol{d}_N)_3 = 0$$

$$\boldsymbol{d}_B = -\begin{bmatrix} 1/3 & 1/6 \\ 7/3 & -1/3 \\ 11/3 & -1/6 \end{bmatrix} \begin{pmatrix} 0.09 \\ 0 \end{pmatrix} = \begin{pmatrix} -0.03 \\ -0.21 \\ -0.33 \end{pmatrix}$$

であるので，

$$\boldsymbol{x}^3 = \begin{pmatrix} 1.46 \\ 4.01 \\ 0 \\ 3.59 \\ 8.15 \end{pmatrix} + \alpha \begin{pmatrix} 0.09 \\ -0.03 \\ 0 \\ -0.21 \\ -0.33 \end{pmatrix}$$

となる．$x_j \geqq 0,\ j = 1, 2, \ldots, 5$ より $\alpha \leqq 17.1$ となるので，この範囲で一次元探索を行えば，$\alpha = 0.444$ が得られ，$\boldsymbol{x}^3 = (1.5, 4, 0, 3.5, 8)^T$ となる．このときの縮小勾配は，

$$\begin{aligned} \nabla F(\boldsymbol{x}_N) &= \nabla_{\boldsymbol{x}_N} f(\boldsymbol{x}) - \nabla_{\boldsymbol{x}_B} f(\boldsymbol{x}) B^{-1} N = (-1, 0) - (-3, 0, 0) \begin{bmatrix} 1/3 & 1/6 \\ 7/3 & -1/3 \\ 11/3 & -1/6 \end{bmatrix} \\ &= (0, 0.5) \end{aligned}$$

となり，最適性の条件 (4.89) を満たし，しかも式 (4.78) より方向ベクトルは，

$$(\boldsymbol{d}_N)_1 = 0,\ (\boldsymbol{d}_N)_3 = 0$$

であるので，最適解を得て GRG 法のアルゴリズムは終了する．このような例 1.3 の 2 変数の非線形生産計画問題に対する GRG 法による探索過程は，図 4.19 に示されるように初期点 $\boldsymbol{x}^1 = (0, 0)$ から出発し，$\boldsymbol{x}^2 = (1.46, 4.01)$ を経て，基底変換を行って，最適解 $\boldsymbol{x}^3 = (1.5, 4)$ を得る．

これまで考察してきた 2 変数の非線形生産計画問題の制約式はすべて線形であったので，GRG 法というよりはむしろ縮小勾配法の数値例として，比較的理解しやすいものであった．これに対して，たとえばこの問題の線形制約 $2x_1 + 6x_2 \leqq 27$ が図 4.20 に示されるような非線形制約であったとしよう．このような場合には，初期点 $\boldsymbol{x}^1$ から次の解 $\boldsymbol{x}^2$ まではこれまでと同様の探索が行われるのに対して，$\boldsymbol{x}^2$ での方向ベクトル $\boldsymbol{d}$ は，図 4.20 に示されるように，制約領域の外側の方向になる．このような場合は，GRG 法の擬ニュートン法の更新公式 (4.83) を用いて，実行不可能な

解から実行可能解 $\boldsymbol{x}^3$ を求めることになる．GRG 法では，このような操作を繰り返すことにより，図 4.20 に示されるような最適解 $\boldsymbol{x}^o$ に到達することができるが，ここではこれ以上ふれないことにする．

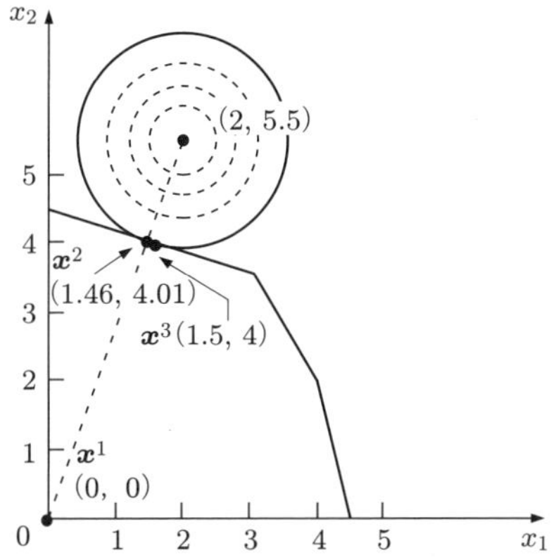

図 4.19 GRG 法の探索過程

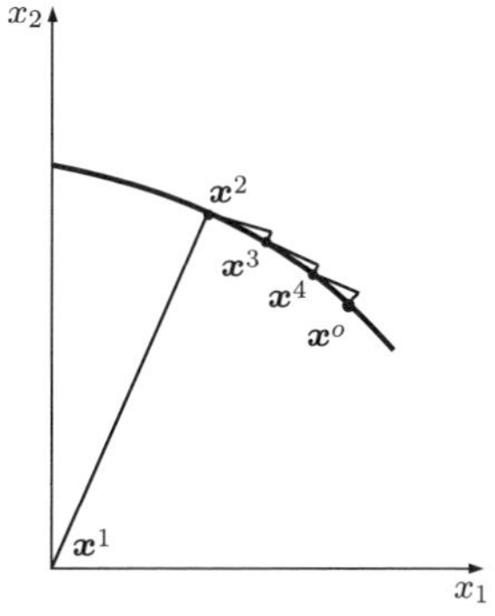

図 4.20 非線形制約の探索過程

◀

演習問題

4.1 R^n の二つの集合 X と Y がともに凸集合であれば，次の集合もまた凸集合であることを示せ．

$$X \pm Y = \{\boldsymbol{z} \in R^n \mid \boldsymbol{z} = \boldsymbol{x} \pm \boldsymbol{y},\ \boldsymbol{x} \in X,\ \boldsymbol{y} \in Y\}$$

$$\alpha X = \{\boldsymbol{z} \in R^n \mid \boldsymbol{z} = \alpha \boldsymbol{x},\ \boldsymbol{x} \in X,\ \alpha \in R\}$$

4.2 R^n の凸集合 X 上で定義された実数値関数 $f(\boldsymbol{x})$ が凸関数であるための必要十分条件は，任意の $\boldsymbol{x}^1, \boldsymbol{x}^2 \in X$ に対して，

$$g(\lambda) = f(\lambda \boldsymbol{x}^1 + (1 - \lambda)\boldsymbol{x}^2)$$

で定義される関数が $0 \leqq \lambda \leqq 1$ において凸関数であることを証明せよ．

4.3 R^n の凸集合 X 上で定義された実数値関数 $g_i(\boldsymbol{x}), i = 1, 2, \ldots, m$ を凸関数とし，R^m の凸集合 Y 上で定義された実数値関数 $h(\boldsymbol{y})$ を非減少凸関数とする．このとき，

$$f(\boldsymbol{x}) = h(g_1(\boldsymbol{x}), g_2(\boldsymbol{x}), \ldots, g_m(\boldsymbol{x}))$$

で定義される合成関数 $f(\boldsymbol{x})$ は X 上で凸関数であることを証明せよ．

4.4 R^n の凸集合 X 上で定義された実数値関数 $f(\boldsymbol{x})$ が X 上で微分可能であれば

(1) $f(\boldsymbol{x})$ が X 上で凸関数であるための必要十分条件は，

$$f(\boldsymbol{x}^1) - f(\boldsymbol{x}^2) \geqq \nabla f(\boldsymbol{x}^2)(\boldsymbol{x}^1 - \boldsymbol{x}^2) \quad \forall \boldsymbol{x}^1, \boldsymbol{x}^2 \in X$$

(2)　$f(\boldsymbol{x})$ が X 上で強意凸関数であるための必要十分条件は，

$$f(\boldsymbol{x}^1) - f(\boldsymbol{x}^2) > \nabla f(\boldsymbol{x}^2)(\boldsymbol{x}^1 - \boldsymbol{x}^2) \quad \forall \boldsymbol{x}^1, \boldsymbol{x}^2 \in X$$

であることを証明せよ．このことを幾何学的にいえば，X 上の微分可能な凸関数 $f(\boldsymbol{x})$ の点 $\bar{\boldsymbol{x}}$ での線形近似 $f(\bar{\boldsymbol{x}}) + \nabla f(\bar{\boldsymbol{x}})(\boldsymbol{x} - \bar{\boldsymbol{x}})$ は，任意の $\boldsymbol{x} \in X$ に対して $f(\boldsymbol{x})$ より大きくならないことを意味していることに注意しよう．

4.5　R^n の凸集合 X 上で定義された実数値関数 $f(\boldsymbol{x})$ が X 上で2階微分可能であれば

(1)　$f(\boldsymbol{x})$ が X 上で凸関数であるための必要十分条件は，$f(\boldsymbol{x})$ のヘッセ行列 $\nabla^2 f(\boldsymbol{x})$ が任意の $\boldsymbol{x} \in X$ に対して半正定であること，すなわち，

$$\boldsymbol{y}^T \nabla^2 f(\boldsymbol{x}) \boldsymbol{y} \geqq 0, \quad \forall \boldsymbol{y} \in R^n$$

(2)　$f(\boldsymbol{x})$ が X 上で強意凸関数であるための十分条件は，$f(\boldsymbol{x})$ のヘッセ行列 $\nabla^2 f(\boldsymbol{x})$ が任意の $\boldsymbol{x} \in X$ に対して正定であること，すなわち，

$$\boldsymbol{y}^T \nabla^2 f(\boldsymbol{x}) \boldsymbol{y} > 0, \quad \forall \boldsymbol{y} \in R^n, \quad \boldsymbol{y} \neq \boldsymbol{0}$$

が成立することを証明せよ．

4.6　非線形計画問題 (4.16) の制約集合 X が凸集合で目的関数 $f(\boldsymbol{x})$ が強意凸関数であれば，最適解は（もし存在すれば）強意大域的最適解であるという強意凸計画問題の最適性の条件を示せ．

4.7　非線形計画問題 (4.16) において，$f(\boldsymbol{x})$，$g_i(\boldsymbol{x})$ はすべて連続的微分可能で，実行可能解 $\bar{\boldsymbol{x}} \in X$ における**閉線形化錐** (closed linearizing cone)

$$\bar{G}(\bar{\boldsymbol{x}}) = \{\boldsymbol{z} \mid \nabla g_i(\bar{\boldsymbol{x}})\boldsymbol{z} \leqq 0,\ i \in I(\bar{\boldsymbol{x}}), \quad \boldsymbol{z} \in R^n\}$$

を定義する．このとき，Farkas の定理を用いて，問題 (4.16) に

$$\begin{aligned}
&\nabla_{\boldsymbol{x}} L(\bar{\boldsymbol{x}}, \bar{\boldsymbol{\lambda}}) = \boldsymbol{0}^T \\
&g_i(\bar{\boldsymbol{x}}) \leqq 0,\ \bar{\lambda}_i g_i(\bar{\boldsymbol{x}}) = 0,\ \bar{\lambda}_i \geqq 0, \quad i = 1, 2, \ldots, m
\end{aligned}$$

を満たすラグランジュ乗数ベクトル $\bar{\boldsymbol{\lambda}} = (\bar{\lambda}_1, \bar{\lambda}_2, \ldots, \bar{\lambda}_m)$ が存在するための必要十分条件は，$\bar{G}(\bar{\boldsymbol{x}}) \cap F(\bar{\boldsymbol{x}}) = \varnothing$ であるというラグランジュ乗数の存在定理を証明せよ．

4.8　非線形計画問題

$$\begin{aligned}
\text{minimize} \quad & f(x_1, x_2) = -x_1 - x_2 \\
\text{subject to} \quad & g_1(x_1, x_2) = x_1^2 - x_2 \leqq 0 \\
& g_2(x_1, x_2) = x_2 - 1 \leqq 0 \\
& g_3(x_1, x_2) = -x_1 \leqq 0
\end{aligned}$$

の最適解を図式解法により求めよ．さらに，最適解において Kuhn-Tucker 条件が成

立するかどうかを詳しく調べてみよ．

4.9 非線形計画問題

$$\begin{aligned}\text{minimize} \quad & f(x_1, x_2) = x_1 - x_2 \\ \text{subject to} \quad & g_1(x_1, x_2) = -x_1^3 + x_2 \leqq 0 \\ & g_2(x_1, x_2) = x_1^2 + x_2^2 - 2 \leqq 0 \\ & g_3(x_1, x_2) = -x_2 \leqq 0\end{aligned}$$

の最適解を，図式解法により求めよ．さらに，これらの最適解において Kuhn-Tucker 条件が成立するかどうかを詳しく調べてみよ．

4.10 線形計画問題

$$\begin{aligned}\text{minimize} \quad & z = \boldsymbol{cx} \\ \text{subject to} \quad & A\boldsymbol{x} \leqq \boldsymbol{b},\ \boldsymbol{x} \geqq \boldsymbol{0}\end{aligned}$$

に対する Kuhn-Tucker 条件を導け．ここで，$\boldsymbol{c}$ は n 次元行ベクトル，$\boldsymbol{x}$ は n 次元列ベクトル，$\boldsymbol{b}$ は m 次元列ベクトルで A は $m \times n$ 行列である．

4.11 2 次計画問題

$$\begin{aligned}\text{minimize} \quad & q(\boldsymbol{x}) = \boldsymbol{cx} + \frac{1}{2}\boldsymbol{x}^T Q\boldsymbol{x} \\ \text{subject to} \quad & A\boldsymbol{x} \leqq \boldsymbol{b},\ \boldsymbol{x} \geqq \boldsymbol{0}\end{aligned}$$

に対する Kuhn-Tucker 条件を導け．ここで，$\boldsymbol{c}$，$\boldsymbol{x}$，$\boldsymbol{b}$，A は前問と同じで Q は $n \times n$ 正定対称行列である．

4.12 非線形計画問題 (4.16) よりも若干一般的な非線形計画問題

$$\begin{aligned}\text{minimize} \quad & f(\boldsymbol{x}) \\ \text{subject to} \quad & g_i(\boldsymbol{x}) \leqq 0, \quad i = 1, 2, \ldots, k \\ & g_i(\boldsymbol{x}) \geqq 0, \quad i = k+1, k+2, \ldots, m\end{aligned}$$

に対する Kuhn-Tucker 条件を導け．

4.13 $f(\boldsymbol{x})$，$g_i(\boldsymbol{x})$ がすべて連続的微分可能であれば，非線形計画問題

$$\begin{aligned}\text{minimize} \quad & f(\boldsymbol{x}) \\ \text{subject to} \quad & g_i(\boldsymbol{x}) \leqq 0, \quad i = 1, 2, \ldots, m \\ & \boldsymbol{x} \geqq \boldsymbol{0}\end{aligned}$$

に対する Kuhn-Tucker 条件は，

$$\nabla f(\boldsymbol{x}^o) + \sum_{i=1}^{m} \lambda_i^o \nabla g_i(\boldsymbol{x}^o) \geqq \boldsymbol{0}$$

$$\left(\nabla f(\boldsymbol{x}^o) + \sum_{i=1}^{m} \lambda_i^o \nabla g_i(\boldsymbol{x}^o)\right) \boldsymbol{x}^o = 0,\ \boldsymbol{x}^o \geqq \mathbf{0}$$

$$g_i(\boldsymbol{x}^o) \leqq 0,\ \lambda_i^o g_i(\boldsymbol{x}^o) = 0,\ \lambda_i^o \geqq 0,\ i = 1, 2, \ldots, m$$

で与えられることを示せ．

4.14 非線形計画問題

$$\begin{array}{ll} \text{minimize} & f(x_1, x_2) = x_1^2 + x_2^2 \\ \text{subject to} & g_1(x_1, x_2) = -x_1 - 2x_2 + 3 \leqq 0 \\ & g_2(x_1, x_2) = -x_1 x_2 + 1 \leqq 0 \end{array}$$

の最適解を，図式解法により求めよ．さらに，これらの最適解において Kuhn-Tucker 条件，2 次の十分条件が成立することを確認し，得られた最適解が局所的最適解であることを示せ．

4.15 2 次関数

$$q(\boldsymbol{x}) = a + \boldsymbol{b}^T \boldsymbol{x} + \frac{1}{2} \boldsymbol{x}^T Q \boldsymbol{x} = \frac{3}{2}(x_1)^2 + \frac{3}{2}(x_2)^2 - x_1 x_2$$

$$Q = \begin{bmatrix} 3 & -1 \\ -1 & 3 \end{bmatrix}, \quad \boldsymbol{b} = \begin{pmatrix} 0 \\ 0 \end{pmatrix}, \quad a = 0$$

に対して，初期点 $\boldsymbol{x}^1 = (1, 2)^T$ から出発して，最急降下法，ニュートン法および BFGS 法を適用してみよ．

4.16 勾配ベクトル $\nabla f(\boldsymbol{x})$ は $f(\boldsymbol{x})$ の最急上昇方向となることを証明せよ．

4.17 $\boldsymbol{x}^l$ の定義と $r_{l+1} > r_l$ に注意して，ペナルティ法の不等式 (4.63) が成立することを証明せよ．

4.18 定理 4.16 のペナルティ法の収束法則を証明せよ．

4.19 線形独立制約想定を満たせば，GRG 法の非退化の仮定も満たすことを示せ．

4.20 GRG 法は出発点として初期の実行可能解を必要とするので，線形計画法のシンプレックス法と同様に第 1 段階と第 2 段階の二つの段階に分かれている．GRG 法の第 1 段階はどのようにすればよいかを，線形計画法の第 1 段階と同様に考えてみよ．

演習問題の解答

第 1 章

1.1 (1) 総利潤 $2x_1 + 5x_2$ を，$2x_1 + 6x_2 \leqq 27$，$8x_1 + 6x_2 \leqq 45$，$3x_1 + x_2 \leqq 15$，$x_1 \geqq 0$，$x_2 \geqq 0$ のもとで最大にせよ．

(2) 解図 1 から，最適解は $x_1 = 3$，$x_2 = 3.5$ で総利潤は 23.5 となる．

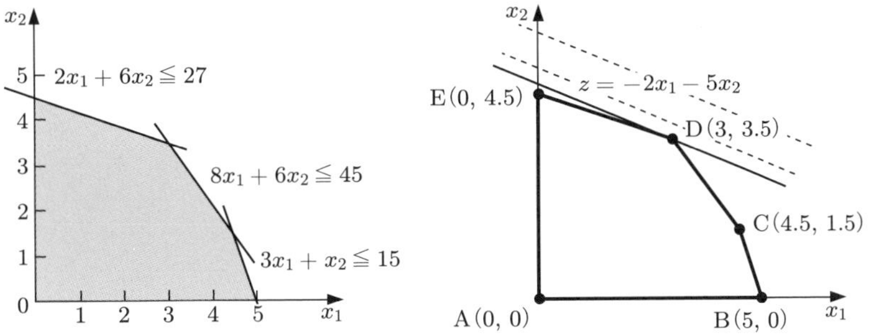

解図 1

1.2 (1) 総利潤 $2x_1+5x_2$ を，$2x_1+6x_2 \leqq 27$，$8x_1+6x_2 \leqq 45$，$3x_1+x_2 \leqq 15$，$x_1 \geqq 0$，$x_2 \geqq 0$，x_1：整数，x_2： 整数 のもとで最大にせよ．

(2) 解図 2 から，$(x_1, x_2) = (3, 3.5)$ に最も近い格子点 R (3, 3) は，整数計画問題の最適解 $(x_1, x_2) = (1, 4)$ から離れた点であり，近似最適解にはなり得ないことがわかる．このとき，最適解は $x_1 = 1$，$x_2 = 4$ で総利潤は 22 となる．

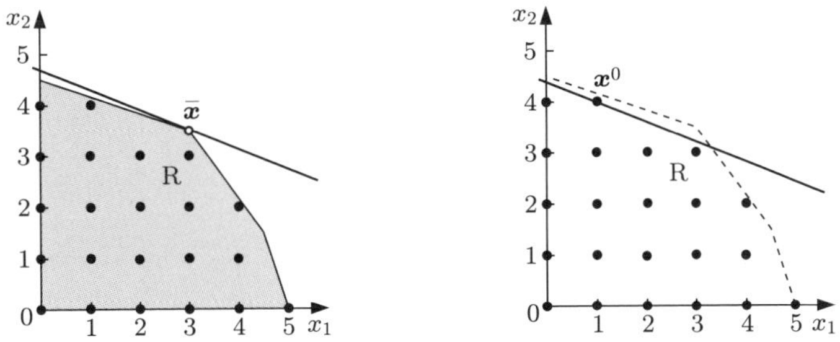

解図 2

1.3 (1) 総利潤 $-x_1^2-x_2^2+3x_1+14x_2$ を，$2x_1+6x_2 \leqq 27$，$8x_1+6x_2 \leqq 45$，$3x_1+x_2 \leqq 15$，$x_1 \geqq 0$，$x_2 \geqq 0$ のもとで最大にせよ．

(2) 解図 3 から，最適解は $x_1 = 0.6$，$x_2 = 4.3$ で総利潤は 43.15 となる．

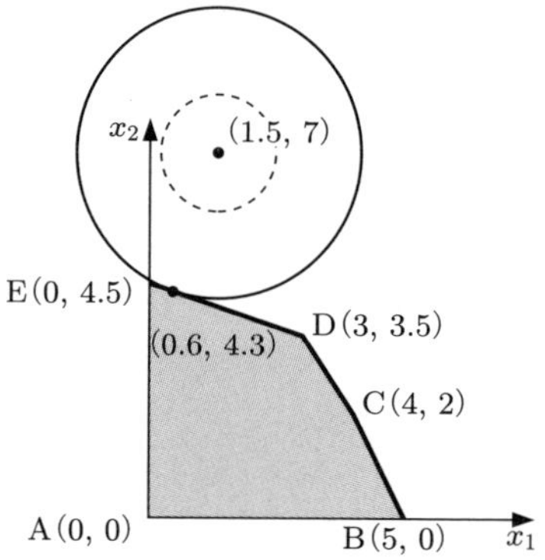

解図 3

1.4 総輸送費用 $\sum_{i=1}^{m}\sum_{j=1}^{n} c_{ij}x_{ij}$ を，$\sum_{j=1}^{n} x_{ij} \leqq a_i$, $i = 1, 2, \ldots, m$, $\sum_{i=1}^{m} x_{ij} \geqq b_j$, $j = 1, 2, \ldots, n$, $x_{ij} \geqq 0$ のもとで最小にせよ．

1.5 総費用 $\sum_{i=1}^{n}\sum_{j=1}^{n} c_{ij}x_{ij}$ を，$\sum_{j=1}^{n} x_{ij} = 1$, $i = 1, 2, \ldots, n$, $\sum_{i=1}^{n} x_{ij} = 1$, $j = 1, 2, \ldots, n$, $x_{ij} \in \{0, 1\}$ のもとで最小にせよ．

第 2 章

2.1 (1) maximize $z = 3x_1 + 2x_2$, subject to $2x_1 + 5x_2 \leqq 40$, $3x_1 + 1x_2 \leqq 30$, $3x_1 + 4x_2 \leqq 39$, $x_1 \geqq 0$, $x_2 \geqq 0$

(2) minimize $z = 9x_1 + 15x_2$, subject to $9x_1 + 2x_2 \geqq 54$, $1x_1 + 5x_2 \geqq 25$, $1x_1 + 1x_2 \geqq 13$, $x_1 \geqq 0$, $x_2 \geqq 0$

2.2 (1) $x_j = x_j^+ - x_j^-$, $x_j^+ \geqq 0$, $x_j^- \geqq 0$ とおき $|x_j| = x_j^+ + x_j^-$ と変形すれば，minimize $\sum_{j=1}^{n} c_j(x_j^+ + x_j^-)$, subject to $\sum_{j=1}^{n} a_{ij}(x_j^+ - x_j^-) = b_i$, $i = 1, 2, \ldots, m$, $x_j^+ \geqq 0$, $x_j^- \geqq 0$, $j = 1, 2, \ldots, n$ と定式化される．

(2) 変数 $t = 1/(\sum_{j=1}^{n} d_j x_j + d_0)$, $y_j = x_j t$, $j = 1, 2, \ldots, n$ を導入すれば，minimize $\sum_{j=1}^{n} c_j y_j + c_0 t$, subject to $\sum_{j=1}^{n} d_j y_j + d_0 t = 1$, $\sum_{j=1}^{n} a_{ij} y_j - b_i t = 0$, $i = 1, 2, \ldots, m$, $y_j \geqq 0$, $j = 1, 2, \ldots, n$, $t > 0$ と定式化される．

(3) 補助変数 λ を導入して，$\sum_{j=1}^{n} c_j^l x_j$, $l = 1, 2, \ldots, L$ を制約式に変換すれば，minimize λ, subject to $\sum_{j=1}^{n} c_j^l x_j \leqq \lambda$, $l = 1, 2, \ldots, L$, $\sum_{j=1}^{n} a_{ij} x_j = b_i$, $i = 1, 2, \ldots, m$, $x_j \geqq 0$, $j = 1, 2, \ldots, n$ と定式化される．

2.3 $z^* = \boldsymbol{c}\boldsymbol{x}^l$, $l = 1, 2, \ldots, L$ がすべて最適解のとき，$\boldsymbol{c}\boldsymbol{x}^* = \sum_{l=1}^{L} \lambda_l \boldsymbol{c}\boldsymbol{x}^l = \sum_{l=1}^{L} \lambda_l z^* = z^*$ となる．また，$A\boldsymbol{x}^l = \boldsymbol{b}$, $l = 1, 2, \ldots, L$ であるから $\sum_{l=1}^{L} \lambda_l A\boldsymbol{x}^l = \sum_{l=1}^{L} \lambda_l \boldsymbol{b}$ となり，$A\boldsymbol{x}^* = \boldsymbol{b}$ である．$\boldsymbol{x}^* \geqq \boldsymbol{0}$ となることは明らかである．

2.4 x_k^+ と x_k^- に対応する制約式の列ベクトルは線形従属であることより明らかである．

2.5 (1) スラック変数 x_3，x_4，x_5 を導入してシンプレックス法を適用すれば，ピボット

項が順次 [6], [6] となり，サイクル 2 で最適解 $x_2 = 3.5$, $x_1 = 3$, $x_3 = x_4 = 0$, $x_5 = 2.5$, $z = -23.5$ を得る．

(2) スラック変数 x_3, x_4 を導入してシンプレックス法を適用すれば，ピボット項が順次 [6], [4] となり，サイクル 2 で最適解 $x_2 = 70/3$, $x_1 = 20/3$, $x_3 = x_4 = 0$, $z = -200/3$ を得る．

(3) スラック変数 x_3, x_4, x_5 を導入してシンプレックス法を適用すれば，順次ピボット項が [12], [25/4] となり，サイクル 2 で最適解 $x_2 = 32/3$, $x_4 = 24$, $x_1 = 272/3$, $x_3 = x_5 = 0$, $z = -944/3$ を得る．

(4) ピボット項が [10] となり，サイクル 1 で x_1 の列がすべて負となるので，解は非有界となる．

(5) 自由変数を $x_1 = x_1^+ - x_1^-$ とおけば，ピボット項が順次 [20], [5], [0.2] となり，サイクル 3 で最適解 $x_2 = 11$, $x_1^+ = 9.75$, $x_1^- = x_2 = x_3 = x_4 = 0$, $z = -315$ を得る．

(6) 人為変数 x_5, x_6 を導入して第 1 段階を開始すれば，順次ピボット項が [3], [5/3] となり，サイクル 2 で $w = 0$ となるので，第 2 段階に進めば，ピボット項が [4/5] となり，1 回のピボット操作で，最適解 $x_2 = 5/4$, $x_3 = 1/2$, $x_1 = x_4 = 0$, $z = -17/4$ を得る．ただし，$\bar{c}_1 = 0$ となるので x_1 を基底変数にすれば別の最適解が得られる．

2.6 m 個の制約式の両辺に $\pi_1, \pi_2, \ldots, \pi_m$ なる未定乗数を掛けて，目的関数 z の式から引けば $z - \boldsymbol{\pi b} = \sum_{j=1}^{n}(c_j - \boldsymbol{\pi p}_j)x_j$ となるので，右辺の基底変数 $x_1, x_2, \ldots, x_m$ の係数が 0，すなわち，$c_j - \boldsymbol{\pi p}_j = 0$, $j = 1, 2, \ldots, m$ となるように $\pi_1, \pi_2, \ldots, \pi_m$ を定めるため，ベクトル行列形式で $\boldsymbol{\pi}B = \boldsymbol{c}_B$ と表せば，この式の解 $\boldsymbol{\pi} = \boldsymbol{c}_B B^{-1}$ はシンプレックス乗数ベクトルになる．

2.7 (1) 演習問題 2.2(1) のように変数変換したあと，シンプレックス法を適用する．順次ピボット項が [2], [1.5], [2/3] となり，サイクル 3 で最適解 $x_1 = 1.5$, $x_2 = 0$, $x_3 = 3.5$, $z = 8.5$ を得る．

(2) 演習問題 2.2(2) のように変数変換したあと，シンプレックス法を適用する．順次ピボット項が [2], [4], [3], [0.625] となり，サイクル 4 で最適解 $x_1 = 5/6$, $x_2 = 1/3$, $x_3 = 0$, $z = 0.6$ を得る．

(3) 演習問題 2.2(3) のように変数変換したあと，シンプレックス法を適用する．順次ピボット項が [1], [2], [6] となり，サイクル 3 で最適解 $x_1 = 5/6$, $x_2 = 0$, $x_3 = 5/3$, $z = -2.5$ を得る．

2.8 自己双対であるための条件は，$\boldsymbol{c} = -\boldsymbol{b}^T$, $A^T = -A$ となる．

2.9 不等式制約を $\leqq$ に統一し，$\boldsymbol{x}^2 = -\boldsymbol{x}^{2'}$ ($\boldsymbol{x}^{2'} \geqq \boldsymbol{0}$), $\boldsymbol{x}^3 = \boldsymbol{x}^{3+} - \boldsymbol{x}^{3-}$ ($\boldsymbol{x}^{3+} \geqq \boldsymbol{0}$, $\boldsymbol{x}^{3-} \geqq \boldsymbol{0}$) とおき，スラック変数 $\boldsymbol{\lambda}$, $\boldsymbol{\mu}$ を導入すれば，標準形の線形計画問題 minimize $z = \boldsymbol{c}^1\boldsymbol{x}^1 - \boldsymbol{c}^2\boldsymbol{x}^{2'} + \boldsymbol{c}^3\boldsymbol{x}^{3+} - \boldsymbol{c}^1\boldsymbol{x}^{3-}$, subject to $-A_{11}\boldsymbol{x}^1 + A_{12}\boldsymbol{x}^{2'} - A_{13}\boldsymbol{x}^{3+} + A_{13}\boldsymbol{x}^{3-} + \boldsymbol{\lambda} = -\boldsymbol{b}^1$, $A_{21}\boldsymbol{x}^1 - A_{22}\boldsymbol{x}^2 + A_{23}\boldsymbol{x}^{3+} - A_{23}\boldsymbol{x}^{3-} + \boldsymbol{\mu} = \boldsymbol{b}^2$, $A_{31}\boldsymbol{x}^1 - A_{32}\boldsymbol{x}^{2'} + A_{33}\boldsymbol{x}^{3+} - A_{33}\boldsymbol{x}^{3-} = \boldsymbol{b}^3$, $\boldsymbol{x}^1 \geqq \boldsymbol{0}$, $\boldsymbol{x}^{2'} \geqq \boldsymbol{0}$, $\boldsymbol{x}^{3+} \geqq \boldsymbol{0}$, $\boldsymbol{x}^{3-} \geqq \boldsymbol{0}$, $\boldsymbol{\lambda} \geqq \boldsymbol{0}$, $\boldsymbol{\mu} \geqq \boldsymbol{0}$ に変換されるので，対応する双対問題を定式化して整理することにより容易に確認できる．

2.10 $\bar{\boldsymbol{x}}$ を主問題の実行可能解とすれば $A\bar{\boldsymbol{x}} = \boldsymbol{b}$ であるので，$\boldsymbol{c}\bar{\boldsymbol{x}} = \bar{z}$ とおき，最初の式の両辺に双対問題の実行可能解 $\bar{\boldsymbol{\pi}}$ を掛けて 2 番目の式から引けば，$\boldsymbol{c}\bar{\boldsymbol{x}} - \bar{\boldsymbol{\pi}}A\bar{\boldsymbol{x}} = \bar{z} - \bar{\boldsymbol{\pi}}\boldsymbol{b}$ となる．$\bar{\boldsymbol{\pi}}\boldsymbol{b} = \bar{v}$ とおけば $(\boldsymbol{c} - \bar{\boldsymbol{\pi}}A)\bar{\boldsymbol{x}} = \bar{z} - \bar{v}$ を得る．ここで，$\boldsymbol{x}^o$，$\boldsymbol{\pi}^o$ をそれぞれ主問題と双対問題の最適解とし，そのときの目的関数の値をそれぞれ z^o，v^o とすれば，（強）双対定理より $(\boldsymbol{c} - \boldsymbol{\pi}^o A)\boldsymbol{x}^o = z^o - v^o = 0$ が得られる．逆に，$(\boldsymbol{c} - \boldsymbol{\pi}^o A)\boldsymbol{x}^o = \boldsymbol{c}\boldsymbol{x}^o - \boldsymbol{\pi}^o\boldsymbol{b} = 0$ を満たせば，弱双対定理より $\boldsymbol{x}^o$，$\boldsymbol{\pi}^o$ はそれぞれ主問題と双対問題の最適解であることがわかる．

2.11 (1) 余裕変数 x_3，x_4，x_5 を導入して，両辺に -1 を掛けて得られた正準形に双対シンプレックス法を適用すれば，ピボット項が順次 $[-3]$，$[-5/3]$，$[-3/5]$ となり，サイクル 3 で最適解 $x_2 = 11/3$，$x_3 = 5/3$，$x_1 = 8/3$，$x_4 = x_5 = 0$，$z = 65/3$ を得る．

(2) 余裕変数 x_3，x_4，x_5 を導入して，両辺に -1 を掛けて得られた正準形に双対シンプレックス法を適用すれば，ピボット項が順次 $[-5]$，$[-19/5]$，$[-4/19]$ となり，サイクル 3 で最適解 $x_5 = 20.5$，$x_2 = 1$，$x_1 = 8.5$，$x_3 = x_4 = 0$，$z = 30.5$ を得る．

(3) 余裕変数 x_4，x_5 を導入して，両辺に -1 を掛けて得られた正準形に双対シンプレックス法を適用すれば，ピボット項が順次 $[-3]$，$[-16/3]$ となり，サイクル 2 で最適解 $x_2 = 3.5$，$x_3 = 0.25$，$x_1 = x_4 = x_5 = 0$，$z = 7.75$ を得る．

(4) 余裕変数 x_4，x_5，x_6 を導入して，両辺に -1 を掛けて得られた正準形に双対シンプレックス法を適用すれば，ピボット項が順次 $[-8]$，$[-2]$ となり，サイクル 2 で最適解 $x_3 = 17.5$，$x_5 = 183.75$，$x_1 = 66.25$，$x_2 = x_4 = x_6 = 0$，$z = 317.5$ を得る．

2.12 制約式の右辺が $\boldsymbol{b}$ から $\boldsymbol{b}+\Delta\boldsymbol{b}$ に変化しても，シンプレックス乗数および最適性規準は変化しない．変化するのは，基底解 $\boldsymbol{x}_B$ と目的関数値 $\bar{z}$ だけであり，変化後の値に * を付けて表せば $\boldsymbol{x}_B^* = B^{-1}(\boldsymbol{b}+\Delta\boldsymbol{b}) = \boldsymbol{x}_B + B^{-1}\Delta\boldsymbol{b}$, $\bar{z}^* = \boldsymbol{\pi}(\boldsymbol{b}+\Delta\boldsymbol{b}) = \bar{z} + \boldsymbol{\pi}\Delta\boldsymbol{b}$ となる．したがって，(1) もし $\boldsymbol{x}_B^* \geqq \boldsymbol{0}$ ならば $\boldsymbol{x}_B^*$ がそのまま最適解となり，目的関数の変化値は $\boldsymbol{\pi}\Delta\boldsymbol{b}$ である．(2) もし $\boldsymbol{x}_B^* \geqq \boldsymbol{0}$ でなければ基底変数に負のものが現れたことになるが，最適性規準 $\bar{c}_j \geqq 0$ (j : 非基底) は成立しているので，双対シンプレックス法を適用すればよい．

第 3 章

3.1 $\delta_1 + \delta_2 + \ldots + \delta_m \geqq k$, $\delta_i \in \{0, 1\}$, $i = 1, 2, \ldots, m$ を満たす 0-1 変数 δ_i を導入すれば，δ_i のうち少なくとも k 個は 1 で残りはすべて 0 となるので，与えられた論理条件は $\sum_{j=1}^{n} a_{ij}x_j \leqq b_i + M_i(1 - \delta_i)$, $i = 1, 2, \ldots, m$ と定式化される．

3.2 第 j 計画の初年度経費を a_j, 予想利益を c_j, 予算総額を b [万円] とし, 変数 x_j が 1 のとき第 j 計画を採択, 0 のとき第 j 計画を採択しないものとすれば, プロジェクト選択問題は maximize $\sum_{j=1}^{n} c_j x_j$, subject to $\sum_{j=1}^{n} a_j x_j \leqq b$, $x_j \in \{0, 1\}$, $j = 1, 2, \ldots, n$ と定式化される．

3.3 (1) $x_i - x_j \geqq 0$ なる制約を付加すればよい．

(2) $x_i + x_j \geqq x_k$ なる制約を付加すればよい．

(3)　$(1-x_i)+(1-x_j) \geqq x_k$ なる制約を付加すればよい．

3.4 セールスマンが各都市 j へほかの都市の一つから一度だけ訪問する条件は，$\sum_{i=1}^{n} x_{ij} = 1$, $j=1,2,\ldots,n$ のように表現できる．また，セールスマンが各都市 i を出発してほかの都市の一つを一度だけ訪問するという条件は，$\sum_{j=1}^{n} x_{ij} = 1$, $i=1,2,\ldots,n$ のように表現することができる．ただし，$x_{ii}=1$ となることを防止するため $c_{ii}=\infty$, $i=1,2,\ldots,n$ と仮定する．このとき，総距離は $\sum_{i=1}^{n}\sum_{j=1}^{n} c_{ij}x_{ij}$ となる．ある都市を出発してその都市で終わるような $k\,(\leqq n+1)$ 都市の順路を，閉路という．非負の整数値をとる変数 $u_i\ (i=2,3,\ldots,n)$ を導入して，不等式制約条件 $u_i-u_j+nx_{ij} \leqq n-1$, $1 \leqq i \neq j \leqq n$ を付加すればよいことが次の議論により導かれる．この不等式により，どの閉路も都市 1 を含むことが保証されることがわかる．

このことを確かめるために，いま，等式条件はすべて満たしているある整数解に都市 1 を含まない閉路があると仮定すれば，この閉路に沿ったところでは $x_{ij}=1$, すなわちこの閉路上の都市 i と都市 j に対しては $u_i - u_j \leqq -1$ である．このようなすべての式を加えると，$0 \leqq -1$ となり，仮定に矛盾する．そこで，もし閉路があれば，それはセールスマンの順路として可能なものである．ここで，不等式を満たす u_i の値が存在することを示しておこう．都市 i を t 番目に訪問する都市ならば，$u_i = t$ とおいてみよう．もし $x_{ij}=0$ ならば，すべての u_i と u_j の値に対して $u_i-u_j+nx_{ij} = t-(t\pm k) \leqq n-1$ である．もし $x_{ij}=1$ ならば，$u_i-u_j+nx_{ij} = t-(t+1)+n = n-1$ となる．いずれの場合も不等式条件は満たされる．したがって，上の制約条件を満たすいかなる実行可能解も可能な順路となる．したがって，巡回セールスマン問題は，minimize $\sum_{i=1}^{n}\sum_{j=1}^{n} c_{ij}x_{ij}$, subject to $\sum_{i=1}^{n} x_{ij}=1$, $j=1,2,\ldots,n$, $\sum_{j=1}^{n} x_{ij}=1$, $i=1,2,\ldots,n$, $u_i-u_j+nx_{ij} \leqq n-1$, $1 \leqq i \neq j \leqq n$ と定式化される．

3.5 効率 $\gamma_j = c_j/a_j$ を計算して効率の良い順に並べ替えると，γ_1，γ_6，γ_2，γ_5，γ_4，γ_7，γ_3 となる．欲張り法では，$x_1=1$，$x_6=1$，$x_2=1$，$x_5=1$ と変数値が 1 に固定され，$x_7=0$，$x_3=0$ となり，最適値は 33 となる．けちけち法では，$x_3=0$，$x_7=0$ と変数値が 0 に固定され，$x_5=1$，$x_2=1$，$x_6=1$，$x_1=1$ となり，最適値は 33 となる．本問では，欲張り法で解いて得られた解とけちけち法で解いて得られた解は一致する．

3.6 (1)　もとの問題とラグランジュ緩和問題の実行可能領域をそれぞれ，X_0，$\bar{X}_0$ とすれば，$\bar{X}_0 \supseteq X_0$ である．また，$\boldsymbol{u} \geqq \boldsymbol{0}$ より $\boldsymbol{x} \in X_0$ なら $\boldsymbol{u}(A_1\boldsymbol{x}-\boldsymbol{b}^1) \leqq 0$ となるので，$\boldsymbol{cx}+\boldsymbol{u}(A_1\boldsymbol{x}-\boldsymbol{b}^1) \leqq \boldsymbol{cx}$, $\forall \boldsymbol{x} \in X_0$ である．ここで，$\bar{X}_0 \supseteq X_0$ であることを考慮すれば，$\boldsymbol{cx}(\boldsymbol{u})+\boldsymbol{u}(A_1\boldsymbol{x}(\boldsymbol{u})-\boldsymbol{b}^1) = \min\{\boldsymbol{cx}+\boldsymbol{u}(A_1\boldsymbol{x}-\boldsymbol{b}^1) \mid \boldsymbol{x} \in \bar{X}_0\} \leqq \min\{\boldsymbol{cx}+\boldsymbol{u}(A_1\boldsymbol{x}-\boldsymbol{b}^1) \mid \boldsymbol{x} \in X_0\} \leqq \min\{\boldsymbol{cx} \mid \boldsymbol{x} \in X_0\} = \boldsymbol{cx}^*$ （$\boldsymbol{x}^*$ はもとの問題の最適解）なる関係式が得られるので，ラグランジュ緩和問題の最適解 $\boldsymbol{x}(\boldsymbol{u})$ はもとの問題の下界値を与える．

(2)　$A_1\boldsymbol{x}(\boldsymbol{u}^*) \leqq \boldsymbol{b}^1$ であれば $\boldsymbol{x}(\boldsymbol{u}^*) \in X_0$ となるので，$\boldsymbol{cx}(\boldsymbol{u}^*) \geqq \boldsymbol{cx}^*$ なる関係式が得られる．一方，(1) で得られた関係式と $\boldsymbol{u}^*(A_1\boldsymbol{x}(\boldsymbol{u}^*)-\boldsymbol{b}^1)=0$ を用いれば，$\boldsymbol{cx}^* \geqq \boldsymbol{cx}(\boldsymbol{u}^*)+\boldsymbol{u}^*(A_1\boldsymbol{x}(\boldsymbol{u}^*)-\boldsymbol{b}^1) = \boldsymbol{cx}(\boldsymbol{u}^*)$ なる関係式が得られるの

で，これらの二つの関係式より $\boldsymbol{cx}(\boldsymbol{u}^*) = \boldsymbol{cx}^*$ となり，$\boldsymbol{x}(\boldsymbol{u}^*)$ はもとの問題の最適解である．

3.7 連続緩和問題 $\bar{P}_0$，$\bar{P}_1$，$\bar{P}_2$，$\bar{P}_3$，$\bar{P}_4$，$\bar{P}_5$，$\bar{P}_6$，$\bar{P}_7$，$\bar{P}_8$ を線形計画法で解いたときの全タブローを示すと，解表 1(a)～(i) のようになる．

解表 1

(a) 数値例の $\bar{P}_0$ のシンプレックス・タブロー

サイクル	基底	x_1	x_2	x_3	x_4	x_5	定数
0	x_3	2	[6]	1			27
	x_4	3	2		1		16
	x_5	4	1			1	18
	$-z$	−3	−8				0
1	x_2	1/3	1	1/6			4.5
	x_4	[7/3]		−1/3	1		7
	x_5	11/3		−1/6		1	13.5
	$-z$	−1/3		4/3			36
2	x_2		1	3/14	−1/7		3.5
	x_1	1		−1/7	3/7		3
	x_5			5/14	−11/7	1	2.5
	$-z$			9/7	1/7		37

(b) 数値例の $\bar{P}_1$ のシンプレックス・タブロー

サイクル	基底	x_1	x_2	x_3	x_4	x_5	x_6	定数
0	x_3	2	6	1				27
	x_4	3	2		1			16
	x_5	4	1			1		18
	x_6		[1]				1	3
	$-z$	−3	−8					0
1	x_3	2		1			−6	9
	x_4	[3]			1		−2	10
	x_5	4				1	−1	15
	x_2		1				1	3
	$-z$	−3	0				8	24
2	x_3			1	−2/3		−14/3	7/3
	x_1	1			1/3		−2/3	10/3
	x_5				−4/3	1	5/3	5/3
	x_2		1				1	3
	$-z$			1			6	34

(c) 数値例の $\bar{P}_2$ のシンプレックス・タブロー

サイクル	基底	x_1	x_2	x_3	x_4	x_5	x_6	定数
0	x_3	2	6	1				27
	x_4	3	2		1			16
	x_5	4	1			1		18
	x_7		[1]				-1	4
	$-z$	-3	-8					0
	$-w$		-1				1	-4
1	x_3	2		1			[6]	3
	x_4	3			1		2	8
	x_5	4				1	1	14
	x_2		1				-1	4
	$-z$	-3					-8	32
	$-w$							0
2	x_6	[1/3]		1/6			1	1/2
	x_4	7/3		$-1/3$	1			7
	x_5	11/3		$-1/6$		1		27/2
	x_2	1/3	1	1/6				9/2
	$-z$	$-1/3$		4/3				36
3	x_1	1		1/2			3	3/2
	x_4			$-3/2$	1		-7	7/2
	x_5			-2		1	-11	8
	x_2		1				-1	4
	$-z$			3/2			1	73/2

(d) 数値例の $\bar{P}_3$ のシンプレックス・タブロー

サイクル	基底	x_1	x_2	x_3	x_4	x_5	x_6	x_7	定数
0	x_3	2	6	1					27
	x_4	3	2		1				16
	x_5	4	1			1			18
	x_6		[1]				1		3
	x_7	1						1	3
	$-z$	-3	-8						0
1	x_3	2		1			-6		9
	x_4	3			1		-2		10
	x_5	4				1	-1		15
	x_2		1				1		3
	x_7	[1]						1	3
	$-z$	-3					8		24
2	x_3			1			-6	-2	3
	x_4				1		-2	-3	1
	x_5					1	-1	-4	3
	x_2		1				1		3
	x_1	1						1	3
	$-z$						8	3	33

(e) 数値例の $\bar{P}_4$ のシンプレックス・タブロー

サイクル	基底	x_1	x_2	x_3	x_4	x_5	x_6	x_7	定数
0	x_3	2	6	1					27
	x_4	3	2		1				16
	x_5	4	1			1			18
	x_6		1				1		3
	x_8	[1]						−1	4
	$-z$	−3	−8						0
	$-w$	−1						1	−4
1	x_3		6	1				2	19
	x_4		[2]		1			3	4
	x_5		1			1		4	2
	x_6		1				1		3
	x_1	1						−1	4
	$-z$		−8					−3	12
	$-w$								0
2	x_3			1	−3			−7	7
	x_2		1		1/2			3/2	2
	x_5				−1/2	1		5/2	0
	x_6				−1/2		1	−3/2	1
	x_1	1						−1	4
	$-z$				4			9	28

(f) 数値例の $\bar{P}_5$ のシンプレックス・タブロー

サイクル	基底	x_1	x_2	x_3	x_4	x_5	x_6	x_7	定数
0	x_3	2	6	1					27
	x_4	3	2		1				16
	x_5	4	1			1			18
	x_8		[1]				−1		4
	x_7	1						1	1
	$-z$	−3	−8						0
	$-w$		−1				1		−4
1	x_3	2		1			[6]		3
	x_4	3			1		2		8
	x_5	4				1	1		14
	x_2		1				−1		4
	x_7	1						1	1
	$-z$	−3					−8		32
	$-w$						0		0
2	x_6	1/3		1/6			1		1/2
	x_4	7/3		−1/3	1				7
	x_5	11/3		−1/6		1			27/2
	x_2	1/3	1	1/6					9/2
	x_7	[1]						1	1
	$-z$	−3		4/3					36
3	x_6			1/6			1	−1/3	1/6
	x_4			−1/3	1			−7/3	14/3
	x_5			−1/6		1		−11/3	59/6
	x_2		1	1/6				−1/3	25/6
	x_1	1						1	1
	$-z$			4/3				1/3	109/3

(g) 数値例の $\bar{P}_6$ のシンプレックス・タブロー

サイクル	基底	x_1	x_2	x_3	x_4	x_5	x_6	x_7	定数
0	x_3	2	6	1					27
	x_4	3	2		1				16
	x_5	4	1			1			18
	x_8		1				−1		4
	x_9	[1]						−1	2
	$-z$	−3	−8						0
	$-w$	−1	−1				1	1	−6
1	x_3		[6]	1				2	23
	x_4		2		1			3	10
	x_5		1			1		4	10
	x_8		1				−1		4
	x_1	1						−1	2
	$-z$		−8					−3	6
	$-w$		−1				1		−4
2	x_2		1	1/6				1/3	23/6
	x_4			−1/3	1			7/3	7/3
	x_5			−1/6		1		11/3	37/6
	x_8			−1/6			−1	−1/3	1/6
	x_1	1						−1	2
	$-z$			4/3				−1/3	110/3
	$-w$			1/6			1	1/3	−1/6

(h) 数値例の $\bar{P}_7$ のシンプレックス・タブロー

サイクル	基底	x_1	x_2	x_3	x_4	x_5	x_6	定数
0	x_3	2	6	1				27
	x_4	3	2		1			16
	x_5	4	1			1		18
	x_7		[1]					4
	x_6	1					1	1
	$-z$	−3	−8					0
	$-w$		−1					−4
1	x_3	2		1				3
	x_4	3			1			8
	x_5	4				1		14
	x_2		1					4
	x_6	[1]					1	1
	$-z$	−3						32
	$-w$		0					0
2	x_3			1			−2	1
	x_4				1		−3	5
	x_5					1	−4	10
	x_2		1					4
	x_1	1					1	1
	$-z$						3	35

(i) 数値例の $\bar{P}_8$ のシンプレックス・タブロー

サイクル	基底	x_1	x_2	x_3	x_4	x_5	x_6	x_7	定数
0	x_3	2	[6]	1					27
	x_4	3	2		1				16
	x_5	4	1			1			18
	x_8	0	1				-1		5
	x_7	1	0					1	1
	$-z$	-3	-8						0
	$-w$	0	-1				1	0	-5
1	x_2	1/3	1	1/6					9/2
	x_4	7/3		$-1/3$	1				7
	x_5	11/3		$-1/6$		1			27/2
	x_8	$-1/3$		$-1/6$			-1		1/2
	x_7	1						1	1
	$-z$	$-1/3$		4/3					36
	$-w$	1/3		1/6			1		$-1/2$

3.8 $\bar{P}_0$ を解いて，小数部分の大きい変数 x_1 を分枝変数に選び，$x_1 \leqq 4$，$x_1 \geqq 5$ を付加した二つの子問題 P_1，P_2 を生成する．$\bar{P}_1$ を解けば整数解にはならないので，x_2 を分枝変数に選び，$x_2 \leqq 4$，$x_2 \geqq 5$ を付加した二つの子問題 P_3，P_4 を生成する．$\bar{P}_2$ を解けば整数解にはならないので，x_2 を分枝変数に選び，$x_2 \leqq 2$，$x_2 \geqq 3$ を付加した二つの子問題 P_5，P_6 を生成する．$\bar{P}_3$ を解けば整数解になるので，暫定値を $\bar{z}^3 = -40$ に更新する．$\bar{P}_4$ を解けば整数解にはならず，$\bar{z}^4 = -32.5 \geqq \bar{z}^3 = -40$ となるので終端する．$\bar{P}_5$ を解けば整数解にはならないので，x_1 を分枝変数に選び，$x_1 \leqq 5$，$x_1 \geqq 6$ を付加した二つの子問題 P_7，P_8 を生成する．$\bar{P}_6$ を解けば実行不可能になるので終端する．$\bar{P}_7$ を解けば整数解になり，$\bar{z}^7 = -41 < -40$ であるので，暫定値を $\bar{z}^7 = -41$ に更新する．$\bar{P}_8$ を解けば整数解になり，$\bar{z}^8 = -42 < -41$ であるので，暫定値を $\bar{z}^8 = -42$ に更新する．このようにして，P_0 の最適解は P_8 の最適解 $x_1 = 6$，$x_2 = 0$，$z = -42$ となる．

3.9　$\bar{P}_0$, $\bar{P}_1$, $\bar{P}_2$, $\bar{P}_3$, $\bar{P}_4$ をシンプレックス法で解いたときの全タブローを示すと，解表 2(a)～(e) のようになる．

解表 2

(a) 例 3.8 の数値例の $\bar{P}_0$ のシンプレックス・タブロー

サイクル	基底	x_1	x_2	y	x_3	x_4	定数
0	x_3	4	−2	1	1	0	15
	x_4	2	[4]	3	0	1	18
	$-z$	−3	−4	−3	0	0	0
1	x_3	[5]	0	2.5	1	0.5	24
	x_2	0.5	1	0.75	0	0.25	4.5
	$-z$	−1	0	0	0	1	18
2	x_1	1	0	0.5	0.2	0.1	4.8
	x_2	0	1	0.5	−0.1	0.2	2.1
	$-z$	0	0	0.5	0.2	1.1	22.8

(b) 例 3.8 の数値例の $\bar{P}_1$ のシンプレックス・タブロー

サイクル	基底	x_1	x_2	y	x_3	x_4	x_5	定数
0	x_3	5	0	2.5	1	0.5	0	24
	x_2	0.5	1	0.75	0	0.25	0	4.5
	x_5	[1]	0	0	0	0	1	4
	$-z$	−1	0	0	0	1	0	18
1	x_3	0	0	2.5	1	0.5	−5	4
	x_2	0	1	0.75	0	0.25	−0.5	2.5
	x_1	1	0	0	0	0	1	4
	$-z$	0	0	0	0	1	1	22

(c) 例 3.8 の数値例の $\bar{P}_2$ のシンプレックス・タブロー

サイクル	基底	x_1	x_2	y	x_3	x_4	x_5	定数
0	x_3	[4]	−2	1	1	0	0	15
	x_4	2	4	3	0	1	0	18
	x_6	1	0	0	0	0	−1	5
	$-z$	−3	−4	−3	0	0	0	0
	$-w$	−1	0	0	0	0	1	−5
1	x_1	1	−0.5	0.25	0.25	0	0	3.75
	x_4	0	[5]	2.5	−0.5	1	0	10.5
	x_6	0	0.5	−0.25	−0.25	0	−1	1.25
	$-z$	0	−5.5	−2.25	0.75	0	0	11.25
	$-w$	0	−0.5	0.25	0.25	0	1	−1.25
2	x_1	1	0	0.5	0.2	0.1	0	4.8
	x_2	0	1	0.5	−0.1	0.2	0	2.1
	x_6	0	0	−0.5	−0.2	−0.1	−1	0.2
	$-z$	0	0	0.5	0.2	1.1	0	22.8
	$-w$	0	0	0.5	0.2	0.1	1	−0.2

(d) 例 3.8 の数値例の $\bar{P}_3$ のシンプレックス・タブロー

サイクル	基底	x_1	x_2	y	x_3	x_4	x_5	x_6	定数
	x_3	4	−2	1	1	0	0	0	15
	x_4	2	4	3	0	1	0	0	18
0	x_5	1	0	0	0	0	1	0	4
	x_6	0	[1]	0	0	0	0	1	2
	$-z$	−3	−4	−3	0	0	0	0	0
	x_3	4	0	1	1	0	0	2	19
	x_4	2	0	3	0	1	0	−4	10
1	x_5	[1]	0	0	0	0	1	0	4
	x_2	0	1	0	0	0	0	1	2
	$-z$	−3	0	−3	0	0	0	4	8
	x_3	0	0	1	1	0	−4	2	3
	x_4	0	0	[3]	0	1	−2	−4	2
2	x_1	1	0	0	0	0	1	0	4
	x_2	0	1	0	0	0	0	1	2
	$-z$	0	0	−3	0	0	3	4	20
	x_3	0	0	0	1	−1/3	−10/3	10/3	7/3
	y	0	0	1	0	1/3	−2/3	−4/3	2/3
3	x_1	1	0	0	0	0	1	0	4
	x_2	0	1	0	0	0	0	1	2
	$-z$	0	0	0	0	1	1	0	22

(e) 例 3.8 の数値例の $\bar{P}_4$ のシンプレックス・タブロー

サイクル	基底	x_1	x_2	y	x_3	x_4	x_5	x_6	定数
	x_3	4	−2	1	1	0	0	0	15
	x_4	2	4	3	0	1	0	0	18
0	x_5	1	0	0	0	0	1	0	4
	x_7	0	[1]	0	0	0	0	−1	3
	$-z$	−3	−4	−3	0	0	0	0	0
	$-w$	0	−1	0	0	0	0	1	−3
	x_3	4	0	1	1	0	0	−2	21
	x_4	2	0	3	0	1	0	[4]	6
1	x_5	1	0	0	0	0	1	0	4
	x_2	0	1	0	0	0	0	−1	3
	$-z$	−3	0	−3	0	0	0	−4	12
	$-w$	0	0	0	0	0	0	0	0
	x_3	5	0	2.5	1	0.5	0	0	24
	x_6	[0.5]	0	0.75	0	0.25	0	1	1.5
2	x_5	1	0	0	0	0	1	0	4
	x_2	0.5	1	0.75	0	0.25	0	0	4.5
	$-z$	−1	0	0	0	1	0	0	18
	x_3	0	0	−5	1	−2	0	−10	9
	x_1	1	0	1.5	0	0.5	0	2	3
3	x_5	0	0	−1.5	0	−0.5	1	−2	1
	x_2	0	1	0	0	0	0	−1	3
	$-z$	0	0	1.5	0	1.5	0	2	21

3.10 $\bar{P}_0$ を解けば整数解にならないので，x_2 を分枝変数に選び，$x_2 \leqq 2$，$x_2 \geqq 3$ を付加した二つの子問題 P_1，P_2 を生成する．$\bar{P}_1$ を解けば整数解にならないので，x_1 を分枝変数に選び，$x_1 \leqq 0$，$x_1 \geqq 1$ を付加した二つの子問題 P_3，P_4 を生成する．$\bar{P}_2$ を解けば実行不可能になるので終端する．$\bar{P}_3$ を解けば整数解になるので，暫定値を $\bar{z}^3 = -37/2$ に更新する．$\bar{P}_4$ を解けば，$\bar{z}^4 = -293/16 > -37/2$ であるので終端する．このようにして，P_0 の最適解は P_3 の最適解 $x_1 = 0$，$x_2 = 2$，$y = 5/2$，$z = -37/2$ となる．

第4章

4.1 $\boldsymbol{z}^1, \boldsymbol{z}^2 \in X \pm Y$ のとき，$\boldsymbol{z}^1 = \boldsymbol{x}^1 \pm \boldsymbol{y}^1, \boldsymbol{z}^2 = \boldsymbol{x}^2 \pm \boldsymbol{y}^2, \boldsymbol{x}^1, \boldsymbol{x}^2 \in X, \boldsymbol{y}^1, \boldsymbol{y}^2 \in Y$ である．$0 \leqq \lambda \leqq 1$ に対して $\lambda \boldsymbol{z}^1 + (1-\lambda)\boldsymbol{z}^2 = \lambda \boldsymbol{x}^1 + (1-\lambda)\boldsymbol{x}^2 \pm (\lambda \boldsymbol{y}^1 + (1-\lambda)\boldsymbol{y}^2) \in X \pm Y$ となり，$X \pm Y$ は凸集合である．次に，$\boldsymbol{z}^1, \boldsymbol{z}^2 \in \alpha X$ のとき，ある $\boldsymbol{x}^1, \boldsymbol{x}^2 \in X$ に対して，$\boldsymbol{z}^1 = \alpha \boldsymbol{x}^1$，$\boldsymbol{z}^2 = \alpha \boldsymbol{x}^2$ であるので，$0 \leqq \lambda \leqq 1$ に対して $\lambda \boldsymbol{z}^1 + (1-\lambda)\boldsymbol{z}^2 = \alpha\left(\lambda \boldsymbol{x}^1 + (1-\lambda)\boldsymbol{x}^2\right) \in \alpha X$ となり，αX は凸集合である．

4.2 任意の $\boldsymbol{x}^1, \boldsymbol{x}^2 \in X$ と $0 \leqq \lambda_1 \leqq 1$, $0 \leqq \lambda_2 \leqq 1$, $0 \leqq \mu \leqq 1$ に対して，X が凸集合であることを考慮すれば，$f(\boldsymbol{x})$ が凸関数であれば，$g(\mu\lambda_1 + (1-\mu)\lambda_2) = f((\mu\lambda_1 + (1-\mu)\lambda_2)\boldsymbol{x}^1 + (1-\mu\lambda_1-(1-\mu)\lambda_2)\boldsymbol{x}^2) = f(\mu(\lambda_1\boldsymbol{x}^1 + (1-\lambda_1)\boldsymbol{x}^2) + (1-\mu)(\lambda_2\boldsymbol{x}^1 + (1-\lambda_2)\boldsymbol{x}^2)) \leqq \mu f(\lambda_1\boldsymbol{x}^1 + (1-\lambda_1)\boldsymbol{x}^2) + (1-\mu)f(\lambda_2\boldsymbol{x}^1 + (1-\lambda_2)\boldsymbol{x}^2) = \mu g(\lambda_1) + (1-\mu)g(\lambda_2)$ となるので，$g(\lambda)$ は $0 \leqq \lambda \leqq 1$ において凸関数である．逆に，$g(\lambda)$ が $0 \leqq \lambda \leqq 1$ において凸関数であれば，任意の $\boldsymbol{x}^1, \boldsymbol{x}^2 \in X$ に対して $f(\lambda\boldsymbol{x}^1 + (1-\lambda)\boldsymbol{x}^2) = g(\lambda) \leqq \lambda g(1) + (1-\lambda)g(0) = \lambda f(\boldsymbol{x}^1) + (1-\lambda)f(\boldsymbol{x}^2)$ となり，$f(\boldsymbol{x})$ は X 上の凸関数である．

4.3 ベクトル値関数 $\boldsymbol{g}(\boldsymbol{x}) = (g_1(\boldsymbol{x}), g_2(\boldsymbol{x}), \ldots, g_m(\boldsymbol{x}))$ を導入して $f(\boldsymbol{x}) = h(\boldsymbol{g}(\boldsymbol{x}))$ と表せば，仮定より，任意の $\boldsymbol{x}^1, \boldsymbol{x}^2 \in R^n$ と $0 \leqq \lambda \leqq 1$ に対して $f(\lambda\boldsymbol{x}^1 + (1-\lambda)\boldsymbol{x}^2) = h(\boldsymbol{g}(\lambda\boldsymbol{x}^1 + (1-\lambda)\boldsymbol{x}^2)) \leqq h(\lambda\boldsymbol{g}(\boldsymbol{x}^1) + (1-\lambda)\boldsymbol{g}(\boldsymbol{x}^2)) \leqq \lambda h(\boldsymbol{g}(\boldsymbol{x}^1)) + (1-\lambda)h(\boldsymbol{g}(\boldsymbol{x}^2)) = \lambda f(\boldsymbol{x}^1) + (1-\lambda)f(\boldsymbol{x}^2)$ となるので，$f(\boldsymbol{x})$ は凸関数である．

4.4 (1) $f(\boldsymbol{x})$ が X 上で凸関数であれば，任意の $\boldsymbol{x}^1$, $\boldsymbol{x}^2 \in X$ と $0 \leqq \lambda \leqq 1$ に対して $f(\lambda\boldsymbol{x}^1 + (1-\lambda)\boldsymbol{x}^2) \leqq \lambda f(\boldsymbol{x}^1) + (1-\lambda)f(\boldsymbol{x}^2)$ であるので，任意の $0 < \lambda \leqq 1$ に対して $\{f(\boldsymbol{x}^2 + \lambda(\boldsymbol{x}^1 - \boldsymbol{x}^2)) - f(\boldsymbol{x}^2)\}/\lambda \leqq f(\boldsymbol{x}^1) - f(\boldsymbol{x}^2)$ となる．ここで，$f(\boldsymbol{x})$ は微分可能であるので $\lambda \to 0+$ とすれば $\nabla f(\boldsymbol{x}^2)(\boldsymbol{x}^1 - \boldsymbol{x}^2) \leqq f(\boldsymbol{x}^1) - f(\boldsymbol{x}^2)$ が成立する．逆に，任意の $\boldsymbol{x}^1$, $\boldsymbol{x}^2 \in X$ に対して $f(\boldsymbol{x}^1) - f(\boldsymbol{x}^2) \geqq \nabla f(\boldsymbol{x}^2)(\boldsymbol{x}^1 - \boldsymbol{x}^2)$ であれば，X が凸集合であるので，任意の $\boldsymbol{x}^1$, $\boldsymbol{x}^2$ に対して $\lambda\boldsymbol{x}^1 + (1-\lambda)\boldsymbol{x}^2 \in X$ となり，$f(\boldsymbol{x}^1) - f(\lambda\boldsymbol{x}^1 + (1-\lambda)\boldsymbol{x}^2) \geqq (1-\lambda)\nabla f(\lambda\boldsymbol{x}^1 + (1-\lambda)\boldsymbol{x}^2)(\boldsymbol{x}^1 - \boldsymbol{x}^2)$，$f(\boldsymbol{x}^2) - f(\lambda\boldsymbol{x}^1 + (1-\lambda)\boldsymbol{x}^2) \geqq -\lambda\nabla f(\lambda\boldsymbol{x}^1 + (1-\lambda)\boldsymbol{x}^2)(\boldsymbol{x}^1 - \boldsymbol{x}^2)$ なる二つの関係式が得られる．この二つの式にそれぞれ λ と $(1-\lambda)$ を掛けて和をとれば，$f(\lambda\boldsymbol{x}^1 + (1-\lambda)\boldsymbol{x}^2) \leqq \lambda f(\boldsymbol{x}^1) + (1-\lambda)f(\boldsymbol{x}^2)$ となるので，$f(\boldsymbol{x})$ は X 上で凸関数である．

(2) (1) の証明において，等号を含まない条件が成立すること以外は，まったく同様に証明できる．

4.5 (1) テイラーの定理から，任意の $\boldsymbol{x}^1, \boldsymbol{x}^2 \in X$ に対して $f(\boldsymbol{x}^1) = f(\boldsymbol{x}^2) + \nabla f(\boldsymbol{x}^2)(\boldsymbol{x}^1 - \boldsymbol{x}^2) + (1/2)(\boldsymbol{x}^1 - \boldsymbol{x}^2)^T \nabla^2 f(\theta\boldsymbol{x}^1 + (1-\theta)\boldsymbol{x}^2)(\boldsymbol{x}^1 - \boldsymbol{x}^2)$ を満たす $0 < \theta < 1$

が存在する．このとき，$f(\boldsymbol{x})$ が X 上で凸関数であれば，演習問題 4.4 より，任意の $\boldsymbol{x}^1, \boldsymbol{x}^2 \in X$ に対して $f(\boldsymbol{x}^1) \geqq f(\boldsymbol{x}^2) + \nabla f(\boldsymbol{x}^2)(\boldsymbol{x}^1 - \boldsymbol{x}^2)$ が成立することより $(\boldsymbol{x}^1 - \boldsymbol{x}^2)^T \nabla^2 f(\theta \boldsymbol{x}^1 + (1-\theta)\boldsymbol{x}^2)(\boldsymbol{x}^1 - \boldsymbol{x}^2) \geqq 0$ となる．ここで，X の凸性より $\theta \boldsymbol{x}^1 + (1-\theta)\boldsymbol{x}^2 \in X$ であることと，$\nabla^2 f(\boldsymbol{x})$ が $\boldsymbol{x}$ の連続関数であることより，任意の $\boldsymbol{x} \in X$ に対して $\boldsymbol{y}^T \nabla^2 f(\boldsymbol{x}) \boldsymbol{y} \geqq 0, \quad \boldsymbol{y} \in R^n$ が成立する．逆に，$\nabla^2 f(\boldsymbol{x})$ が任意の $\boldsymbol{x} \in X$ に対して半正定であるとしよう．テイラーの定理より，任意の $\boldsymbol{x}^1, \boldsymbol{x}^2$ に対して，$f(\boldsymbol{x}^1) = f(\boldsymbol{x}^2) + \nabla f(\boldsymbol{x}^2)(\boldsymbol{x}^1 - \boldsymbol{x}^2) + (1/2)(\boldsymbol{x}^1 - \boldsymbol{x}^2)^T \nabla^2 f(\theta \boldsymbol{x}^1 + (1-\theta)\boldsymbol{x}^2)(\boldsymbol{x}^1 - \boldsymbol{x}^2)$ を満たす $0 < \theta < 1$ が存在する．ここで，X の凸性より $\theta \boldsymbol{x}^1 + (1-\theta)\boldsymbol{x}^2 \in X$ であることと，$\nabla^2 f(\boldsymbol{x})$ が半正定であることより $f(\boldsymbol{x}^1) \geqq f(\boldsymbol{x}^2) + \nabla f(\boldsymbol{x}^2)(\boldsymbol{x}^1 - \boldsymbol{x}^2)$ となるので，演習問題 4.4 より，$f(\boldsymbol{x})$ は X 上の凸関数であることがわかる．

(2) (1) の十分性の証明において，等号を含まない条件が成立すること以外はまったく同様に証明できる．

4.6 定理 4.10 の証明の後半において，もし $f(\boldsymbol{x})$ が強意凸関数であれば，$f(\lambda \boldsymbol{x}^1 + (1-\lambda)\boldsymbol{x}^2) < \lambda f(\boldsymbol{x}^1) + (1-\lambda) f(\boldsymbol{x}^2) = f(\boldsymbol{x}^1)$ となることより，ただちに証明できる．

4.7 Farkas の定理の行列 A の列ベクトルを $-\nabla^T g_i(\bar{\boldsymbol{x}}), i \in I(\bar{\boldsymbol{x}})$ で構成し，$\boldsymbol{b} = \nabla^T f(\bar{\boldsymbol{x}})$, $\boldsymbol{\pi} = -\boldsymbol{z}^T$ と考える．$\nabla f(\bar{\boldsymbol{x}}) = -\sum_{i \in I(\bar{\boldsymbol{x}})} \bar{\lambda}_i \nabla g_i(\bar{\boldsymbol{x}})$ に $\bar{\lambda}_i, i \in I(\bar{\boldsymbol{x}})$ を満たす解が存在するための必要十分条件は，$\nabla g_i(\bar{\boldsymbol{x}})\boldsymbol{z} \leqq 0, i \in I(\bar{\boldsymbol{x}})$, $\nabla f(\bar{\boldsymbol{x}})\boldsymbol{z} < 0$ に解が存在しないこと，すなわち $\bar{G}(\bar{\boldsymbol{x}}) \cap F(\bar{\boldsymbol{x}}) = \varnothing$ であることがわかる．ここで，$i \notin I(\bar{\boldsymbol{x}})$ に対しては $\bar{\lambda}_i = 0$ と定義すれば $\nabla f(\bar{\boldsymbol{x}}) + \sum_{i=1}^m \bar{\lambda}_i \nabla g_i(\bar{\boldsymbol{x}}) = \boldsymbol{0}$，すなわち $\nabla_{\boldsymbol{x}} L(\bar{\boldsymbol{x}}, \bar{\boldsymbol{\lambda}}) = \boldsymbol{0}$ が得られる．さらに，$g_i(\bar{\boldsymbol{x}}) = 0$ ならば $\bar{\lambda}_i \geqq 0$, $g_i(\bar{\boldsymbol{x}}) < 0$ ならば $\bar{\lambda}_i = 0$ も成立する．

4.8 x_1-x_2 平面上での図式解法により (解図 4)，最適解は $\boldsymbol{x}^o = (x_1, x_2)^T = (1,1)^T$ であることが容易にわかる．このとき，$I(\boldsymbol{x}^o) = \{1,2\}$ で $\nabla f(\boldsymbol{x}^o) = (-1,-1)$, $\nabla g_1(\boldsymbol{x}^o) = (2,-1)$, $\nabla g_2(\boldsymbol{x}^o) = (0,1)$ となるので $\nabla f(\boldsymbol{x}^o) + \lambda_1^o \nabla g_1(\boldsymbol{x}^o) + \lambda_2^o \nabla g_2(\boldsymbol{x}^o) = (0,0)$ すなわち $(-1,-1) + \lambda_1^o(2,-1) + \lambda_2^o(0,1) = (0,0)$ を満たす λ_1^o, λ_2^o は $\lambda_1^o = 1/2$, $\lambda_2 = 3/2$ となり，Kuhn-Tucker 条件を満たすラグランジュ乗数ベクトル $\boldsymbol{\lambda}^o = (1/2, 3/2, 0)$ が存在し，最適解 $\boldsymbol{x}^o = (x_1, x_2)^T = (1,1)^T$ において Kuhn-Tucker 条件が成立する．

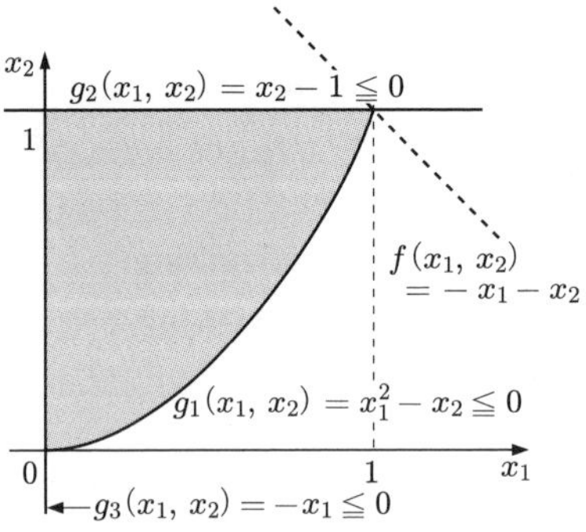

解図 4

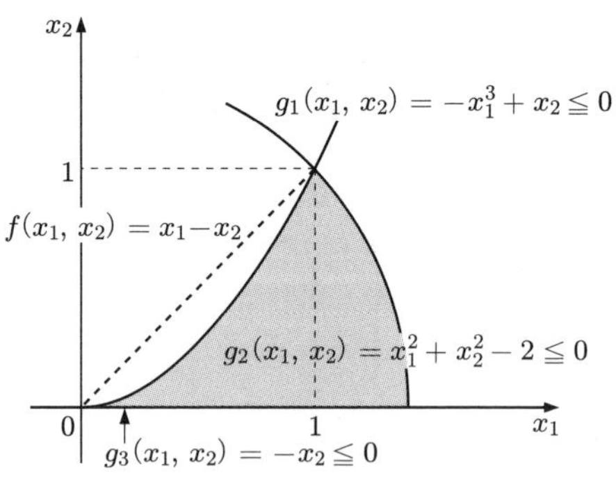

解図 5

4.9 x_1-x_2 平面上での図式解法により（解図 5），二つの最適解 $(1,1)^T$ と $(0,0)^T$ が得られる．最適解 $\boldsymbol{x}^o=(1,1)^T$ においては，$I(\boldsymbol{x}^o)=\{1,2\}$ で $\nabla f(\boldsymbol{x}^o)=(1,-1)$，$\nabla g_1(\boldsymbol{x}^o)=(-3,1)$，$\nabla g_2(\boldsymbol{x}^o)=(2,2)$ となるので $\nabla f(\boldsymbol{x}^o)+\lambda_1^o\nabla g_1(\boldsymbol{x}^o)+\lambda_2^o\nabla g_2(\boldsymbol{x}^o)=(0,0)$，すなわち $(1,-1)+\lambda_1^o(-3,1)+\lambda_2^o(2,2)=(0,0)$ を満たす λ_1^o, λ_2^o は，$\lambda_1^o=1/2$, $\lambda_2^o=1/4$ となる．Kuhn-Tucker 条件を満たすラグランジュ乗数ベクトル $\boldsymbol{\lambda}^o=(1/2,1/4,0)$ が存在し，Kuhn-Tucker 条件が成立する．最適解 $\boldsymbol{x}^o=(0,0)^T$ においては，$I(\boldsymbol{x}^o)=\{1,3\}$ で $\nabla f(\boldsymbol{x}^o)=(1,-1)$，$\nabla g_1(\boldsymbol{x}^o)=(0,1)$，$\nabla g_3(\boldsymbol{x}^o)=(0,-1)$ となるので，$\nabla f(\boldsymbol{x}^o)+\lambda_1^o\nabla g_1(\boldsymbol{x}^o)+\lambda_3^o\nabla g_3(\boldsymbol{x}^o)=(0,0)$，すなわち $(1,-1)+\lambda_1^o(0,1)+\lambda_3^o(0,-1)=(0,0)$ を満たす λ_1^o，λ_3^o は存在しない．

4.10 制約条件を $A\boldsymbol{x}-\boldsymbol{b}\leqq\boldsymbol{0}$，$-\boldsymbol{x}\leqq\boldsymbol{0}$ と考えて，ラグランジュ関数を $L(\boldsymbol{x},\boldsymbol{\lambda},\boldsymbol{\mu})=\boldsymbol{c}\boldsymbol{x}+\boldsymbol{\lambda}(A\boldsymbol{x}-\boldsymbol{b})-\boldsymbol{\mu}\boldsymbol{x}$ とすれば，Kuhn-Tucker 条件は $A\boldsymbol{x}+\boldsymbol{s}=\boldsymbol{b}$, $\boldsymbol{\mu}-\boldsymbol{\lambda}A=\boldsymbol{c}$, $\boldsymbol{\lambda}\boldsymbol{s}=0$, $\boldsymbol{\mu}\boldsymbol{x}=0$, $\boldsymbol{x}\geqq\boldsymbol{0}$, $\boldsymbol{s}\geqq\boldsymbol{0}$, $\boldsymbol{\lambda}\geqq\boldsymbol{0}^T$, $\boldsymbol{\mu}\geqq\boldsymbol{0}^T$ となる．

4.11 制約条件を $A\boldsymbol{x}-\boldsymbol{b}\leqq\boldsymbol{0}$，$-\boldsymbol{x}\leqq\boldsymbol{0}$ と考えて，ラグランジュ関数を $L(\boldsymbol{x},\boldsymbol{\lambda},\boldsymbol{\mu})=\boldsymbol{c}\boldsymbol{x}+(1/2)\boldsymbol{x}^TQ\boldsymbol{x}+\boldsymbol{\lambda}(A\boldsymbol{x}-\boldsymbol{b})-\boldsymbol{\mu}\boldsymbol{x}$ とすれば，Kuhn-Tucker 条件は $A\boldsymbol{x}+\boldsymbol{s}=\boldsymbol{b}$, $-Q\boldsymbol{x}-\boldsymbol{\lambda}A+\boldsymbol{\mu}=\boldsymbol{c}$, $\boldsymbol{\lambda}\boldsymbol{s}=0$, $\boldsymbol{\mu}\boldsymbol{x}=0$, $\boldsymbol{x}\geqq\boldsymbol{0}$, $\boldsymbol{s}\geqq\boldsymbol{0}$, $\boldsymbol{\lambda}\geqq\boldsymbol{0}^T$, $\boldsymbol{\mu}\geqq\boldsymbol{0}^T$ となる．

4.12 Kuhn-Tucker 条件は，$\nabla f(\boldsymbol{x}^o)+\sum_{i=1}^m\nabla g_i(\boldsymbol{x}^o)=\boldsymbol{0}$，$g_i(\boldsymbol{x}^o)\leqq 0$，$\lambda_i^o\geqq 0$，$i=1,2,\ldots,k$，$g_i(\boldsymbol{x}^o)\geqq 0$，$\lambda_i^o\leqq 0$，$i=k+1,2,\ldots,m$，$\lambda_i^o g_i(\boldsymbol{x}^o)=0$，$i=1,2,\ldots,m$ となる．

4.13 制約条件を $g_i(\boldsymbol{x})\leqq 0$，$i=1,2,\ldots,m$，$-\boldsymbol{x}\leqq\boldsymbol{0}$ と考え，ラグランジュ関数を $L(\boldsymbol{x},\boldsymbol{\lambda},\boldsymbol{\mu})=f(\boldsymbol{x})+\sum_{i=1}^m\lambda_i g_i(\boldsymbol{x})-\boldsymbol{\mu}\boldsymbol{x}$ として，Kuhn-Tucker 条件を適用して得られた条件式を整理すれば導かれる．

4.14 x_1-x_2 平面上での図式解法により，最適解 $(1,1)^T$ が得られる（解図 6）．最適解 $\boldsymbol{x}^o=(1,1)^T$ においては，$I(\boldsymbol{x}^o)=\{1,2\}$ で $\nabla f(\boldsymbol{x}^o)=(2,2)$, $\nabla g_1(\boldsymbol{x}^o)=(-1,-2)$, $\nabla g_2(\boldsymbol{x}^o)=(-1,-1)$ となる．$\nabla f(\boldsymbol{x}^o)+\lambda_1^o\nabla g_1(\boldsymbol{x}^o)+\lambda_2^o\nabla g_2(\boldsymbol{x}^o)=(0,0)$ すなわち $(2,2)+\lambda_1^o(-1,-2)+\lambda_2^o(-1,-1)=(0,0)$ を満たす λ_1^o，λ_2^o は $\lambda_1^o=0$, $\lambda_2^o=2$ となり，Kuhn-Tucker 条件を満たすラグランジュ乗数ベクトル $\boldsymbol{\lambda}^o=(0,2)$ が存在し，Kuhn-Tucker 条件が成立する．さらに，$\nabla g_2(\boldsymbol{x}^o)\boldsymbol{y}=0$ を満たす $\boldsymbol{0}$ で

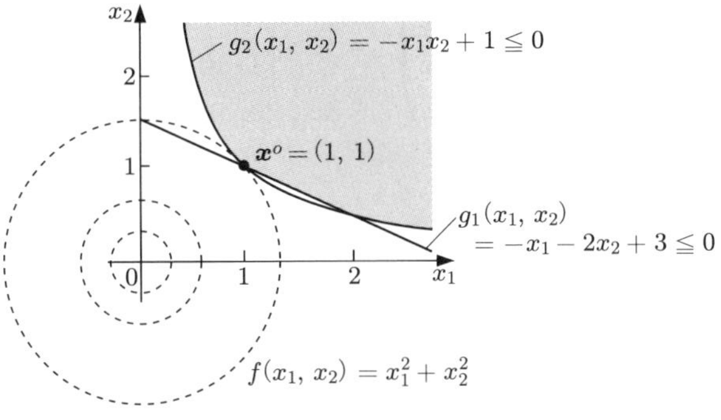

解図 6

ない $\boldsymbol{y}$ の集合は $\{\boldsymbol{y} \mid (t,-t)^T,\ t \in R - \{0\}\}$ であり，このような $\boldsymbol{y}$ に対して，$\boldsymbol{y}^T \nabla^2_{\boldsymbol{xx}} L(\boldsymbol{x}^o, \boldsymbol{\lambda}^o)\boldsymbol{y} = (t,-t)\begin{bmatrix} 2 & -2 \\ -2 & 2 \end{bmatrix}\begin{pmatrix} t \\ -t \end{pmatrix} = 8t^2 > 0$ となり，2 次の最適性の十分条件を満たしており，$\boldsymbol{x}^o = (1,1)^T$ はこの問題の局所的最適解である．

4.15 最適解は $\boldsymbol{x}^o = (0,0)^T$ で，$\nabla q(\boldsymbol{x}) = \boldsymbol{x}^T Q = (3x_1 - x_2, -x_1 + 3x_2)$ である．

初期点 $\boldsymbol{x}^1 = (1,2)^T$ から出発して最急降下法を適用する．$\nabla q(\boldsymbol{x}^1) = (1,5)$，$\boldsymbol{d}^1 = -(1,5)^T$，式 (4.46) から $\alpha^1 = 26/68$ となり，$\boldsymbol{x}^2 = (0.6176, 0.0882)^T$ を得る．次に，$\nabla q(\boldsymbol{x}^2) = (1.7647, -0.3529)$，$\boldsymbol{d}^2 = -(1.7647, -0.3529)^T$，式 (4.46) から $\alpha^2 = 0.2955$ となり，$\boldsymbol{x}^3 = (0.0936, 0.1925)^T$ を得て，最適解 $\boldsymbol{x}^o = (0,0)^T$ へ近づいていく．

初期点 $\boldsymbol{x}^1 = (1,2)^T$ から出発してニュートン法を適用する．$\nabla^2 q(\boldsymbol{x}) = \begin{bmatrix} 3 & -1 \\ -1 & 3 \end{bmatrix}$, $(\nabla^2 q(\boldsymbol{x}))^{-1} = \dfrac{1}{8}\begin{bmatrix} 3 & 1 \\ 1 & 3 \end{bmatrix}$ である．よって，$\boldsymbol{d}^1 = -\dfrac{1}{8}\begin{bmatrix} 3 & 1 \\ 1 & 3 \end{bmatrix}\begin{pmatrix} 1 \\ 5 \end{pmatrix} = -\begin{pmatrix} 1 \\ 2 \end{pmatrix}$，式 (4.46) から $\alpha^1 = 1$ となり，$\boldsymbol{x}^2 = (0,0)^T$ を得て，1 回の反復で最適解が求められる．

初期点 $\boldsymbol{x}^1 = (1,2)^T$ から出発して BFGS 法を適用する．$H^1 = I$ と設定すれば，$q(\boldsymbol{x}^1) = 11/2$, $\nabla q(\boldsymbol{x}^1) = (1,5)$, $\boldsymbol{d}^1 = -(1,5)^T$, $\alpha^1 = 13/34$, $\boldsymbol{x}^2 = (3/34)(7,1)^T$, $\nabla q(\boldsymbol{x}^2) = (6/17)(5,-1)$ となる．$\boldsymbol{p}^1 = (13/34)(-1,-5)^T$，$\boldsymbol{q}^1 = (13/17)(1,-7)^T$ より $(\boldsymbol{p}^1)^T \boldsymbol{q}^1 = 169/17$, $\boldsymbol{p}^1(\boldsymbol{q}^1)^T = \dfrac{169}{578}\begin{bmatrix} -1 & 7 \\ -5 & 35 \end{bmatrix}$, $\boldsymbol{p}^1(\boldsymbol{p}^1)^T = \dfrac{169}{1156}\begin{bmatrix} 1 & 5 \\ 5 & 25 \end{bmatrix}$, $\boldsymbol{q}^1(\boldsymbol{p}^1)^T = \dfrac{169}{578}\begin{bmatrix} -1 & -5 \\ 7 & 35 \end{bmatrix}$ となる．BFGS 公式に代入すれば

$$H^2 = \left[\begin{bmatrix} 1 & 0 \\ 0 & 1 \end{bmatrix} - \frac{1}{34}\begin{bmatrix} -1 & 7 \\ -5 & 35 \end{bmatrix}\right]\left[\begin{bmatrix} 1 & 0 \\ 0 & 1 \end{bmatrix} - \frac{1}{34}\begin{bmatrix} -1 & -5 \\ 7 & 35 \end{bmatrix}\right] + \frac{1}{68}\begin{bmatrix} 1 & 5 \\ 5 & 25 \end{bmatrix}$$
$$= \frac{1}{1156}\begin{bmatrix} 1291 & 267 \\ 267 & 451 \end{bmatrix}$$

となり，$\boldsymbol{d}^2 = \dfrac{1}{1156}\begin{bmatrix} 1291 & 267 \\ 267 & 451 \end{bmatrix}\dfrac{6}{17}\begin{pmatrix} 5 \\ -1 \end{pmatrix} = -\dfrac{78}{289}\begin{pmatrix} 7 \\ 1 \end{pmatrix}$ が得られ，2 回の反復で最適解が求められる．

4.16 目的関数の等高面 $f(\boldsymbol{x}) = c$ 上での変動 $d\boldsymbol{x} = (dx_1, dx_2, \ldots, dx_n)$ に対して，$f(\boldsymbol{x} + d\boldsymbol{x}) = c$ なので，全微分は $df(\boldsymbol{x}) = \dfrac{\partial f(\boldsymbol{x})}{\partial x_1}dx_1 + \dfrac{\partial f(\boldsymbol{x})}{\partial x_2}dx_2 + \cdots + \dfrac{\partial f(\boldsymbol{x})}{\partial x_n}dx_n = \nabla f(\boldsymbol{x})d\boldsymbol{x} = 0$ である．したがって，$\nabla f(\boldsymbol{x})$ は $f(\boldsymbol{x}) = c$ 上の方向 $d\boldsymbol{x}$ と直交している．$\|\boldsymbol{d}\| = 1$ のもとで，最急上昇方向は $\lim_{\alpha\to 0}\{f(\boldsymbol{x}+\alpha\boldsymbol{d}) - f(\boldsymbol{x})\}/\alpha = \nabla f(\boldsymbol{x})\boldsymbol{d}$ を最大化する $\boldsymbol{d}$ と定義される．コーシー・シュワルツの不等式より，$|\nabla f(\boldsymbol{x})\boldsymbol{d}| \leqq \|\nabla f(\boldsymbol{x})\| \cdot \|\boldsymbol{d}\| = \|\nabla f(\boldsymbol{x})\|$ となり，等号が成立するのは $\nabla^T f(\boldsymbol{x})$ と $\boldsymbol{d}$ が平行のときである．したがって，$\nabla f(\boldsymbol{x})$ は $f(\boldsymbol{x})$ の最急上昇方向である．

4.17 (1) $F(\boldsymbol{x}^{l+1}, r^{l+1}) = f(\boldsymbol{x}^{l+1}) + r^{l+1}P(\boldsymbol{x}^{l+1}) \geqq f(\boldsymbol{x}^{l+1}) + r^l P(\boldsymbol{x}^{l+1}) \geqq f(\boldsymbol{x}^l) + r^l P(\boldsymbol{x}^l) = F(\boldsymbol{x}^l, r^l)$

(2)　$f(\boldsymbol{x}^l) + r^l P(x^l) \leqq f(\boldsymbol{x}^{l+1}) + r^l P(x^{l+1})$, $f(\boldsymbol{x}^{l+1}) + r^{l+1} P(\boldsymbol{x}^{l+1}) \leqq f(\boldsymbol{x}^l) + r^{l+1} P(\boldsymbol{x}^l)$ を辺々加えて変形して得られる関係式 $(r^{l+1} - r^l) P(\boldsymbol{x}^{l+1}) \leqq (r^{l+1} - r^l) P(\boldsymbol{x}^l)$ より明らかである．

(3)　$f(\boldsymbol{x}^{l+1}) + r^l P(\boldsymbol{x}^{l+1}) \geqq f(\boldsymbol{x}^l) + r^l P(\boldsymbol{x}^l)$ と $P(\boldsymbol{x}^l) \geqq P(\boldsymbol{x}^{l+1})$ より明らかである．

(4)　$f(\boldsymbol{x}^o) = f(\boldsymbol{x}^o) + r^l P(\boldsymbol{x}^o) \geqq f(\boldsymbol{x}^l) + r^l P(\boldsymbol{x}^l) \geqq f(\boldsymbol{x}^l)$

4.18　点列 $\{\boldsymbol{x}^l\}$ から適当に選んだ部分列 $\{\boldsymbol{x}^{l_i}\}$ の集積点を $\bar{\boldsymbol{x}}$ とする．このとき f の連続性より，$\lim_{l_i \to \infty} f(\boldsymbol{x}^{l_i}) = f(\bar{\boldsymbol{x}})$ となる．また，演習問題 4.17 の解答 (1) と (4) により $F(\boldsymbol{x}^l, r^l)$ は非減少で上に有界であるので，$\lim_{l_i \to \infty} F(\boldsymbol{x}^{l_i}, r^{l_i}) = F^o \leqq f(\boldsymbol{x}^o)$ となる．これらの二つの関係式より，$\lim_{l_i \to \infty} r^{l_i} P(\boldsymbol{x}^{l_i}) = F^o - f(\bar{\boldsymbol{x}})$ が得られる．ここで，$P(\boldsymbol{x}^{l_i}) \geqq 0, r^{l_i} \to \infty$ であることを考慮すれば，$\lim_{l_i \to \infty} P(\boldsymbol{x}^{l_i}) = 0$ となるので，$P(\boldsymbol{x})$ の連続性より $P(\bar{\boldsymbol{x}}) = 0$ が得られ，集積点 $\bar{\boldsymbol{x}}$ は問題 (4.57) の実行可能解であることがわかる．さらに，演習問題 4.17 の (4) より $f(\boldsymbol{x}^l) \leqq f(\boldsymbol{x}^o)$ であることに注意すれば，$f(\bar{\boldsymbol{x}}) = \lim_{l_i \to \infty} f(\boldsymbol{x}^{l_i}) \leqq f(\boldsymbol{x}^o)$ となり，$\bar{\boldsymbol{x}}$ は問題 (4.57) の最適解である．

4.19　線形独立制約想定より $B(\boldsymbol{x})$ は正則になるので，非退化の仮定も満たすことは明らかである．

4.20　上下限制約のもとで制約式の 2 乗和を目的関数とする最適化問題を定式化して，第 1 段階を実行すればよい．あるいは，等式制約に超過分と不足分を示す非負の人為変数を導入し，これらの人為変数の総和を最小化する最適化問題を定式化して，第 1 段階を実行すればよい．

参考文献

本書で取り扱った数理計画法全般にわたる教科書としては，読者のレベルに応じて，和書の [14]，[16]，[17] などがあげられる．線形計画法をさらに進んで勉強する人は，創始者の執筆した洋書の [2] をはじめとして，洋書の [1]，[13] や和書の [8]，[10]，[12]，[18] などが有用である．整数計画法については，洋書の [11] や和書の [6]，[7]，[15] などが詳しい．非線形計画法の理論と手法に関しては，洋書の [3]，[5] や和書の [4]，[9] などが代表的である．また，和書の拙著 [8]，[9]，[12]，[14]，[15]，[18] は本書の直接の上級書となっているのでおすすめする．なかでも [8]，[9]，[12]，[15]，[18] には，多目的計画法やファジィ計画法に関する単独の章も設けられているので，これらの分野に興味のある読者におすすめしたい．さらに本格的に勉強する人には，次の洋書の拙著が有用である．

- M. Sakawa: *Fuzzy Sets and Interactive Multiobjective Optimization*, Plenum Press (1993).
- M. Sakawa: *Large Scale Interactive Fuzzy Multiobjective Programming*, Physica-Verlag (2000).
- M. Sakawa: *Genetic Algorithms and Fuzzy Multiobjective Optimization*, Kluwer Academic Publishers (2001).
- M. Sakawa and I. Nishizaki: *Cooperative and Noncooperative Multi-Level Programming*, Springer (2009).
- M. Sakawa, I. Nishizaki and H. Katagiri: *Fuzzy Stochastic Multiobjective Programming*, Springer (2011).
- M. Sakawa, H. Yano and I. Nishizaki: *Linear and Multiobjective Programming with Fuzzy Stochastic Extensions*, Springer (2013).

数理計画法に関する単行本

[1] S.I. Gass: *Linear Programming*, McGraw-Hill (1958), 4th Edition (1975)；小山昭雄訳：線型計画法，原書第 4 版，好学社 (1979).

[2] G.B. Dantzig: *Linear Programming and Extensions*, Princeton University Press (1963)；小山昭雄訳：線型計画法とその周辺，ホルト・サウンダース・ジャパン (1983).

[3] D.G. Luenberger: *Introduction to Linear and Non-Linear Programming*, Addison-Wesley (1973), 2nd Edition (1984).

[4] 今野浩，山下浩：非線形計画法，日科技連出版社 (1978).

[5] M.S. Bazarra and C.M. Shetty: *Nonlinear Programming: Theory and Algorithms*, John Wiley & Sons (1979), M.S. Bazarra, H.D. Sherali and C.M. Shetty, 2nd

Edition (1993), 3rd Edition (2006).
[6] 今野浩：整数計画法（講座・数理計画法 6），産業図書 (1981).
[7] 今野浩，鈴木久敏（編）：整数計画法と組合せ最適化，日科技連出版社 (1982).
[8] 坂和正敏：線形システムの最適化〈一目的から多目的へ〉，森北出版 (1984).
[9] 坂和正敏：非線形システムの最適化〈一目的から多目的へ〉，森北出版 (1986).
[10] 今野浩：線形計画法，日科技連出版社 (1987).
[11] H.M. Salkin and K. Mathur: *Foundations of Integer Programming*, North-Holland (1989).
[12] 坂和正敏：経営数理システムの基礎〈線形計画法に基づく意思決定〉，森北出版 (1991).
[13] G.B. Dantzig and M.N. Thapa: *Linear Programming, 1: Introduction*, Springer (1997).
[14] 坂和正敏：数理計画法の基礎，森北出版 (1999).
[15] 坂和正敏：離散システムの最適化〈一目的から多目的へ〉，森北出版 (2000).
[16] 坂和正敏，矢野均，西﨑一郎：わかりやすい数理計画法，森北出版 (2010).
[17] 福島雅夫：新版 数理計画入門，朝倉書店 (2011).
[18] 坂和正敏：線形計画法の基礎と応用，朝倉書店 (2012).

索　　引

■た 行

■な 行

■は 行

■ま 行

■や 行

■ら 行

■わ 行

著 者 略 歴

坂和 正敏（さかわ・まさとし）

1970 年 京都大学工学部数理工学科卒業
1975 年 京都大学大学院工学研究科博士課程数理工学専攻修了
京都大学工学博士
2010 年 広島大学大学院工学研究院電気電子システム数理部門教授
2012 年 広島大学大学院工学研究院電気電子システム数理部門特任教授
2015 年 広島大学名誉教授
現在に至る

西﨑 一郎（にしざき・いちろう）

1982 年 神戸大学工学部システム工学科卒業
1984 年 神戸大学大学院工学研究科システム工学専攻修士課程修了
1993 年 博士（工学）
2010 年 広島大学大学院工学研究院電気電子システム数理部門教授
現在に至る

編集担当 千先治樹（森北出版）
編集責任 石田昇司（森北出版）
組　　版 ウルス
印　　刷 ワコープラネット
製　　本 ブックアート

数理計画法入門

2014 年 11 月 20 日 第 1 版第 1 刷発行
2019 年 2 月 20 日 第 1 版第 2 刷発行

著　　者 坂和正敏・西﨑一郎
発 行 者 森北博巳
発 行 所 **森北出版株式会社**

東京都千代田区富士見 1–4–11（〒102–0071）
電話 03–3265–8341 ／ FAX 03–3264–8709
https://www.morikita.co.jp/
日本書籍出版協会・自然科学書協会 会員
JCOPY ＜（一社）出版者著作権管理機構 委託出版物＞

落丁・乱丁本はお取替えいたします．

Printed in Japan／ISBN978–4–627–92181–8